轻松自学PLC

（零基础·图解·视频）

杨清德　冉洪俊　主编

中国水利水电出版社

www.waterpub.com.cn

·北京·

内 容 提 要

　　《轻松自学 PLC（零基础·图解·视频）》是一本适合自学 PLC 应用技术的实用书籍，主要包括 PLC 应用过程中必须掌握的硬件配置技术、用户程序（软件）设计技术、典型生活场景与工业场景应用设计的实现技术及梯形图识读等内容，可以让读者顺利跨入 PLC 应用技术的大门。

　　《轻松自学 PLC（零基础·图解·视频）》内容丰富、语言精练，图、表、文与操作视频相互配合讲解，通俗易懂。本书适合自学 PLC 技术的电气工程技术人员阅读，也适合职业院校电工类专业作为 PLC 技术应用的教材使用。

图书在版编目（CIP）数据

轻松自学 PLC：零基础·图解·视频 / 杨清德，冉洪俊主编 . —北京：中国水利水电出版社，2022.4
　　ISBN 978-7-5226-0013-0

　　Ⅰ．①轻… Ⅱ．①杨… ②冉… Ⅲ．① PLC 技术 Ⅳ．① TM571.61

　　中国版本图书馆 CIP 数据核字 (2021) 第 196704 号

书　　名	轻松自学 PLC（零基础·图解·视频） QINGSONG ZIXUE PLC（LING JICHU·TUJIE·SHIPIN）
作　　者	杨清德　冉洪俊　主编
出版发行	中国水利水电出版社 （北京市海淀区玉渊潭南路 1 号 D 座 100038） 网址：www.waterpub.com.cn E-mail：zhiboshangshu@163.com 电话：（010）62572966-2205/2266/2201（营销中心）
经　　售	北京科水图书销售中心（零售） 电话：（010）88383994、63202643、68545874 全国各地新华书店和相关出版物销售网点
排　　版	北京智博尚书文化传媒有限公司
印　　刷	河北文福旺印刷有限公司
规　　格	185mm×260mm　16 开本　17 印张　467 千字
版　　次	2022 年 4 月第 1 版　2022 年 4 月第 1 次印刷
印　　数	0001—5000 册
定　　价	99.00 元

前　言

国务院发布的《中国制造 2025》中指出："坚持走中国特色新型工业化道路，以促进制造业创新发展为主题，以提质增效为中心，以加快新一代信息技术与制造业深度融合为主线，以推进智能制造为主攻方向。"随着我国工业化进程的加快，PLC 技术在电气化自动控制制造与研发、工业自动化、机电一体化、传统产业技术改造等方面的应用越来越广泛，发挥着不可替代的作用。很多企业因为自动化设备故障而不能及时得到解决和处理的案例很多，因此，广大电气技术人员、电工技术人员掌握 PLC 技术很有必要。

PLC 是计算机家族中的一员，是专门为工业控制应用设计制造的。PLC 技术结合了现在的计算机技术、自动控制技术、现代通信技术等优势，具有高灵活性、高可靠性、便捷性的特点。PLC、工业机器人和 CAD/CAM 并称为现代自动化工业的三大顶梁柱。

虽然不同品牌的 PLC 具体操作不一样，但原理是相通的。本书以三菱 FX 系列和其他常用品牌 PLC 为例，介绍了何为 PLC 技术、PLC 产品的选型与使用、PLC 编程基础知识、PLC 在典型生活场景和工业场景中的优势与应用。本书具有的特点如下。

1. 零基础，宽起点

不要求读者具有 PLC 的专业知识基础，只要曾经学习过电工技术基础等课程的初学者即可学习。对于有一定 PLC 基础的读者也有很大的帮助，可以少走很多弯路。

2. 先入门，再提高

遵循"先入门，再提高"的学习原则，本书编程案例较多且较简单，不牵涉太多的硬件、软件知识，解说详细，尽量避免复杂的理论分析和公式推导，具有初中文化程度即可看懂。考虑到初学者自学时一般无人指导，书中把 PLC 的知识点、操作技能点归类讲述，由浅入深、循序渐进，使读者能轻松理解并掌握 PLC 的基础知识及基本技能。

3. 图表文，配视频

书中配有大量的图表、图片、视频，便于读者理解比较抽象的知识及技能。

本书由杨清德、冉洪俊主编，参加编写工作的还有罗朝平、方志兵、黄勇等。

本书适合自学 PLC 技术的电气工程技术人员及管理人员阅读，也适合职业院校电类专业作为 PLC 技术教材使用。

笔者在编写本书的过程中，参考和引用了众多电工师傅和电气工作者提供的成功经验和资料，还参考了有关书籍，在此谨向他们表示最诚挚的谢意。

由于编者水平所限，书中疏漏之处在所难免，敬请读者批评、指正，盼赐教至 370136719@qq.com，以期再版时修改。

编　者

2021 年 7 月

目　录

第 1 章

似曾相识的 PLC

PLC（Programmable Logic Controller, 可编程逻辑控制器）是自动化控制中电气控制最重要的一部分，其应用能力的大小、应用水平的高低已成为衡量一个技术人员水平高低的重要标志；应用范围的深度和广度已成为度量一个行业自动化水平高低的重要尺度，甚至是度量一个国家工业现代化水平的重要尺度。初学 PLC，就从了解、认识 PLC 开始吧！

1.1 应运而生的PLC

1.1.1 什么是PLC

视频：认识PLC

1. PLC的定义

PLC是计算机家族中的一员。1987年2月，国际电工委员会（IEC）颁布了可编程序控制器标准草案第三稿，对可编程序控制器定义为：可编程序控制器是一种数字运算操作的电子系统，专为在工业环境下应用而设计。它采用了可编程序的存储器，用来在其内部存储、执行逻辑运算，顺序控制，定时，计数和算术运算等操作指令，并通过数字式和模拟式的输入与输出，控制各类机械的生产过程。可编程序控制器及其有关外围设备，都按易于与工业系统联成一个整体，易于扩充其功能的设计。

早期的可编程序控制器称作可编程逻辑控制器，主要用来代替继电器实现逻辑控制。随着技术的发展，这种装置的功能已经大大超过了逻辑控制的范围，因此，今天这种装置称作可编程序控制器，简称PC。但是为了避免与个人计算机（Personal Computer）的简称混淆，所以将可编程序控制器简称为PLC。

2. PLC的发展简史

1968年，美国通用汽车公司（GM公司）提出了PLC的设想，1969年，美国数字设备公司研制出了世界上第一台PLC，其后，PLC得到了迅速的发展。PLC的发展与计算机技术、微电子技术、数字通信技术和网络技术等密切联系。这些高新技术的发展推动了PLC的发展，PLC的发展又对这些高新技术提出了更高的要求，促进了它们的发展。

PLC的发展过程可分为5个阶段，见表1-1。

表1-1 PLC的发展过程

发展阶段	时 间 段	特 点
第一阶段	从第一台PLC诞生到20世纪70年代初期	CPU由中小规模集成电路组成，存储器为磁芯存储器
第二阶段	20世纪70年代初期到70年代末期	CPU采用微处理器，存储器采用EPROM
第三阶段	20世纪70年代末期到80年代中期	CPU采用8位和16位微处理器，有些还采用多微处理器结构，存储器采用EPROM、EAROM、CMOSRAM等
第四阶段	20世纪80年代中期到90年代中期	全面使用8位、16位微处理芯片的位片式芯片，处理速度达到1μs/步
第五阶段	20世纪90年代中期至今	使用16位和32位的微处理器芯片，有的已使用RISC芯片

3. PLC的发展方向

现代PLC的发展有以下两个主要趋势。

（1）向体积更小、速度更快、功能更强和价格更低的微小型方向发展。主要表现在为了减小体积、降低成本向高性能的整体型发展，在提高系统可靠性的基础上，产品的体积越来越小、功能越来越强。

（2）向大型网络化、高可靠性、良好的兼容性和多功能方向发展。主要表现在大中型 PLC 的高功能、大容量、智能化、网络化发展，使之能与计算机组成集成控制系统，以便对大规模的复杂系统进行综合的自动控制。

另外，PLC 在软件方面也有较大的发展，系统的开放性使得第三方软件能方便地在符合开放系统标准的 PLC 上得到移植。

总之，高功能、高速度、高集成度、容量大、体积小、成本低、通信联网功能强，成为 PLC 发展的总趋势。

4. PLC 的优点

（1）编程简单，使用方便。梯形图是 PLC 使用最多的编程语言，它是面向生产、面向用户的编程语言，与继电器控制环节线路相似。梯形图形象、直观、简单、易学，易于广大工程技术人员学习掌握。当生产流程需要改变时，可以现场更改程序、解决问题。同时，PLC 编程器的操作和使用也很简单、方便，这成为 PLC 获得普及和推广的原因之一。

（2）功能完善，通用性强。如今 PLC 不仅具有逻辑运算、定时、计数和顺序控制等功能，而且具有 A/D 和 D/A 转换、数值运算、数据处理、PID 控制、通信联网等许多功能。随着 PLC 产品的系列化、模块化发展和品种齐全的硬件装置不断更新换代，PLC 几乎可以组成满足各种需要的控制系统。

（3）可靠性高，抗干扰能力强。可靠性是指 PLC 的平均无故障工作时间。可靠性高、抗干扰能力强是 PLC 最重要的特点之一，其可靠性可达几十万小时，可以直接用于有强烈干扰的工业生产现场。目前，PLC 是公认的最可靠的工业控制设备之一。

（4）设计安装简单，维护方便。由于 PLC 用软件代替了传统电气控制的硬件，使控制柜的设计、安装和接线工作量大为减少，缩短了施工周期。PLC 的用户程序大部分可在实验室模拟调试，调试之后再将用户程序在 PLC 控制系统的生产现场安装、接线和调试，发现问题可以通过修改程序及时解决。PLC 的故障率极低，维修工作量很小。PLC 具有很强的自诊断功能，可以根据 PLC 上的故障指示或编程器上的故障信息，迅速查明原因、排除故障，因此维修极为方便。

（5）体积小，质量轻，能耗低。由于 PLC 采用了集成电路，其结构紧凑、体积小、能耗低，是实现机电一体化的理想设备。

（6）硬件配套，可组合。用户可以灵活、方便地选择，组成不同功能、不同规模的控制系统。

5. PLC 的缺点

（1）PLC 的软、硬件体系结构是封闭而不是开放的，如不同各类 PLC 的专用总线、专家通信网络及协议，I/O 模板不通用，甚至连机柜、电源模板也各不相同。

（2）虽然 PLC 的编程语言多数是梯形图，但不同种类 PLC 的组态、寻址、语言结构均不一致，因此，各公司的 PLC 互不兼容。

1.1.2　PLC 与传统控制系统的比较

目前，比较成熟的工业控制系统有继电器—接触器系统、单片机系统、计算机系统、集散控制系统等。下面将 PLC 与各类控制系统进行比较。

1. PLC与继电器—接触器控制系统的比较

继电器—接触器控制系统是针对一定的生产机械、固定的生产工艺而设计的，其基本特点是结构简单、生产成本低、抗干扰能力强、故障检修直观、适用范围广。它不仅可以实现生产设备、生产过程的自动控制，还可以满足大容量、远距离、集中控制的要求。因此，目前该类控制仍然是工业自动控制各领域中最基本的控制形式之一。

但是，由于继电器—接触器控制系统的逻辑控制与顺序控制只能通过"固定接线"的形式安装而成，因此在使用中不可避免地存在以下不足。

（1）通用性、灵活性差。由于采用硬接线方式，所以只能完成既定的逻辑控制、定时和计数等功能，即只能进行开关量的控制，一旦改变生产工艺过程，继电器控制系统必须重新设计控制电路，重新配线，难以适应多品种的控制要求。

（2）体积庞大，材料消耗多。安装继电器—接触器控制系统需要较大的空间，电器之间连接需要大量的导线。

（3）运行时电磁噪声大。多个继电器、接触器等电器的通、断会产生较大的电磁噪声。

（4）控制系统功能的局限性较大。继电器—接触器控制系统在精确定时、计数等方面功能欠缺，影响了系统的整体性能，因此只能适用于定时要求不高、计数简单的场合。

（5）可靠性低，使用寿命短。继电器—接触器控制系统采用的是触点控制方式，因此工作电流较大，工作频率较低，长时间使用容易损坏触点，或者出现触点接触不良等故障。

（6）不具备现代工业所需要的数据通信、网络控制等功能。由于PLC应用了微电子技术和计算机技术，各种控制功能是通过软件来实现的，只要改变程序，就可以适应生产工艺改变的要求，因此适应性强。PLC不仅具有逻辑运算、定时和计数等功能，而且能进行算术运算，因而它既可以进行开关量控制，又可以进行模拟量控制，还能与计算机联网，实现分级控制。PLC还有自诊断功能，所以在用微电子技术改造传统产业的过程中，传统的继电器控制系统必将被PLC所取代。

PLC控制是在继电器控制的基础上发展起来的，两种方式的电动机启/停控制比较如图1-1所示。

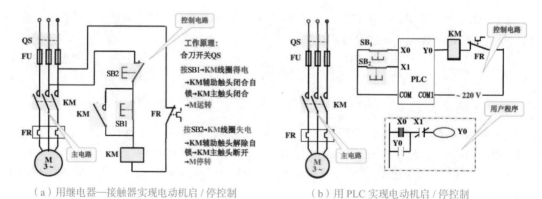

（a）用继电器—接触器实现电动机启/停控制　　　　（b）用PLC实现电动机启/停控制

图1-1　两种方式的电动机启/停控制比较电路图

2. PLC与单片机控制系统的比较

单片机控制系统仅适用于较简单的自动化项目，硬件上主要受限于CPU、内存容量及I/O接口，软件上主要受限于与CPU类型有关的编程语言，如图1-2所示。现代PLC的核心就是单片微处理器。

图 1-2　单片机控制系统

用单片机做控制部件在成本方面具有优势，但是从单片机到工业控制装置之间毕竟有一个硬件开发和软件开发的过程。

虽然 PLC 也有必不可少的软件开发过程，但两者所用的语言差别很大，单片机主要使用汇编语言开发软件，所用的语言复杂且易出错，开发周期长。而 PLC 使用专用的指令系统编程，简便易学，现场就可以开发调试。

与单片机比较，PLC 的输入与输出端更接近现场设备，不需添加太多的中间部件，这样节省了用户时间和总的投资。

一般来说，单片机或单片机系统的应用只是为某个特定的产品服务的，单片机控制系统的通用性、兼容性和扩展性都相当差。

3. PLC 与计算机控制系统的比较

PLC 是专为工业控制设计的，而微型计算机是为科学计算、数据处理等设计的。尽管两者在技术上都采用了计算机技术，但由于使用对象和环境的不同，PLC 具有面向工业控制、抗干扰能力强的优点，能够适应工程现场的温度、湿度。

PLC 使用面向工业控制的专用语言，编程及修改都比较方便，并有较完善的监控功能。而微型计算机系统不具备上述特点，一般对运行环境要求苛刻，使用高级语言编程，要求使用者有相当水平的计算机硬件和软件知识。

人们在应用 PLC 时，不必进行计算机方面的专门培训就能进行操作及编程。

4. PLC 与集散型控制系统的比较

PLC 是由继电器—接触器逻辑控制系统发展而来的，而传统的集散型控制系统（DCS）是由回路仪表控制系统发展而来的分布式控制系统，它在模拟量处理、回路调节等方面有一定的优势。

近年来，随着微电子技术、计算机技术和通信技术的发展，PLC 无论在功能上、速度上、智能化模块及联网通信上，都有很大的提高，并开始与小型计算机联网，构成了以 PLC 为重要部件的分布式控制系统。随着网络通信功能的不断增强，PLC 与 PLC 及计算机的互联，可以形成大规模的控制系统，现在各类 DCS 也面临着高端 PLC 的威胁。

由于 PLC 技术的不断发展，现代 PLC 基本上全部具备 DCS 过去所独有的一些复杂控制功能，且 PLC 具有操作简单的优势。最重要的是，PLC 的价格和成本优势是 DCS 系统无法比拟的。

1.1.3 PLC 的用途

目前，PLC 在国内外已广泛应用于钢铁、石油、化工、电力、建材、机械制造、汽车、轻纺、交通运输、环保等行业。随着其性能价格比的不断提高，其应用范围不断扩大，其用途大致有以下几个方面。

1. 开关量控制

开关量的逻辑控制是 PLC 最基本的应用，用 PLC 取代传统的继电器控制，实现逻辑控制和顺序控制。所控制的逻辑问题可以是组合的、时序的、即时的、延时的、不需计数的、需要计数的、固定顺序的、随机工作的等，如机床电气控制、家用电器（电视机、冰箱、洗衣机等）自动装配线的控制以及汽车、化工、造纸、轧钢自动生产线的控制等。

目前，PLC 的最大特点，也是别的控制器无法与其比拟的，就是它能方便并可靠地用于开关量的控制。

2. 过程控制

过程控制是指对温度、压力、流量等连续变化的模拟量的闭环控制。PLC 通过模拟量 I/O 模块，实现 A/D 与 D/A 转换，并对模拟量实行闭环 PID（比例—积分—微分）控制。现代的PLC 一般都有 PID 闭环控制功能，不仅大型、中型机可以进行模拟量控制，小型机也能进行这样的控制。这一控制功能已广泛应用在塑料挤压成型机、加热炉、热处理炉、锅炉等设备，以及轻工、化工、机械、冶金、电力、建材等行业。

3. 运动控制

PLC 使用专用的指令或运动控制模块，对直线运动或圆周运动进行控制，可实现单轴、双轴、三轴和多轴位置控制，使运动控制与顺序控制功能有机地结合在一起。PLC 的运动控制功能广泛用于各种机械，如金属切削机床、金属成型机械、装配机械、机器人及电梯等场合。

4. 数据采集

现代的 PLC 具有数学运算、数据传送、转换、排序和查表、位操作等功能，可以完成数据的采集、分析和处理。大型 PLC 的存储能力可达到兆级字节，这样庞大的数据存储区可以存储大量数据。PLC 可配置小型打印机，定期把 DM 区的数据打印出来；PLC 也可与计算机通信，由计算机把 DM 区的数据读出，并由计算机再对这些数据作处理。

5. 联网通信

联网通信是指 PLC 与 PLC 之间、PLC 与上位计算机或其他智能设备（如变频器、数控装置）之间的通信，实现信息交换，构成"集中管理、分散控制"的多级分布式控制系统，建立自动化网络。可以由 1 台计算机控制并管理多台 PLC，多的可达 32 台。也可以 1 台 PLC 与 2台或更多的计算机通信，交换信息，以实现多台计算机对 PLC 控制系统的监控。PLC 与 PLC也可以通信，可以一对一 PLC 通信，还可以几个 PLC 通信，甚至多到几十、几百个。

6. 信号监控

PLC 自检信号很多，可以进行 PLC 自身工作的监控，也可以对控制对象进行监控。自动控制监控、自诊断是非常必要的，它可以减少系统的故障，出了故障也好查找，可以提高累计平均无故障运行时间，降低故障修复时间，提高系统的可靠性。

1.2　PLC的结构种类及原理

1.2.1　PLC 的结构

实质上，PLC 就是工业用的专用计算机，它由硬件系统和软件系统两部分组成。为了提高系统的抗干扰能力，PLC 的结构与一般微型计算机有所区别。

视频：PLC 内部

1. PLC硬件系统

PLC 专为工业场合设计，采用了典型的计算机结构，主要由中央处理模块、存储模块、输入 / 输出模块、外部设备（编程器和专门设计的输入 / 输出接口电路等）和电源模块组成。典型的 PLC 硬件结构图如图 1-3 所示。

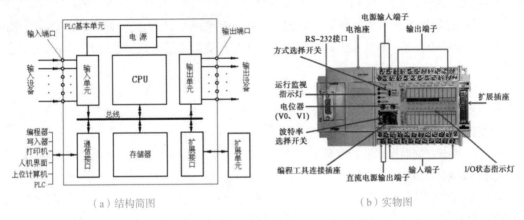

（a）结构简图　　　　　　　　　　　　　（b）实物图

图 1-3　典型的 PLC 硬件结构

主机内的各个部分通过电源总线、控制总线、地址总线连接。根据实际控制对象的需要，配置不同的外部设备，可以构成不同档次的 PLC 控制系统。

（1）中央处理模块。中央处理模块（CPU）是 PLC 的核心，负责指挥与协调 PLC 的工作。CPU 模块一般由控制器、运算器和寄存器组成，这些电路集成在一个芯片上。

PLC 常用的 CPU 主要采用通用微处理器、单片机或双极型位片式微处理器。通用的微处理器常用的是 8 位机和 16 位机，如 Z80A、8085、8086、6502、M6800、M6809、M68000 等。单片机常用的有 8039、8049、8031、8051 等。双极型位片式微处理器常用的有 AMD2900、AMD2903 等。

CPU 的主要功能如下。

1）从存储器中读取指令。

2）执行命令。

3）顺序取指令。

4）处理中断。

（2）存储模块。存储器是具有记忆功能的半导体电路，PLC 的存储器用来存储系统程序及用户程序。存储器分为 5 个区域，如图 1-4（a）所示。存储器的关系如图 1-4（b）所示。

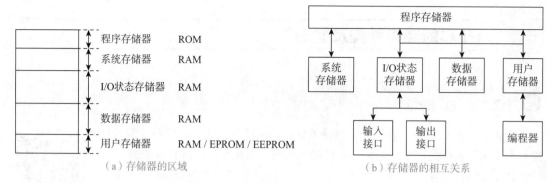

（a）存储器的区域　　　　　　　　　　　　（b）存储器的相互关系

图1-4　存储器的区域和相互关系

1）程序存储器属于只读存储器（ROM），PLC的操作系统存放在程序存储器中，程序由制造商固化，通常不能修改。存储器中的程序负责解释和编译用户编写的程序，监控I/O口的状态、对PLC进行自诊断、扫描PLC中的程序等。

2）系统存储器属于随机存储器（RAM），主要用于存储系统和监控程序，存储器固化在只读存储器ROM内部，芯片由生产厂家提供，用户只能读出信息而不能更改（写入）信息。其中：

监控程序——用于管理PLC的运行；

编译程序——用于将用户程序翻译成机器语言；

诊断程序——用于确定PLC的故障内容。

3）I/O状态存储器属于随机存储器，用于存储I/O装置的状态信息，每个输入接口和输出接口都在I/O映像表中分配一个地址，而且这个地址是唯一的。

4）数据存储器属于随机存储器，主要用于数据处理，为计数器、定时器、算术计算和过程参数存储数据。有的厂家将数据存储器细分为固定数据存储器和可变数据存储器。

5）用户存储器分为用户程序存储区和数据存储区，用来存放编程器（PRG）或磁带输入的程序，即用户编制的程序。用户程序存储区的内容可以由用户任意修改或增删。用户存储器的容量一般代表PLC的标称容量，通常小型机小于8KB，中型机小于64KB，大型机在64KB以上。

用户数据存储区用于存放PLC在运行过程中用到的和生成的各种工作数据。用户数据存储区包括输入数据映像区，输出数据映像区，定时器、计算器的预置值和当前值的数据区，以及存放中间结果的缓冲区等。这些数据是不断变化的，但不需要长久保存，因此采用随机读写存储器RAM。由于随机读写存储器RAM是一种挥发性的器件，即当供电电源关掉后，其存储的内容会丢失，因此在实际使用中通常为其配备掉电保护电路。当正常电源关断后，由备用电池为它供电，保护其存储的内容不丢失。

（3）输入/输出模块（I/O模块）。I/O模块是CPU与现场I/O装置或其他外部设备之间的连接部件，如图1-5所示。PLC提供了各种具有操作电平与驱动能力的I/O模块和各种用途的I/O组件供用户选用。如I/O电平转换、电气隔离、串/并行转换数据、误码校验、A/D转换或D/A转换及其他功能模块等。I/O模块将外界输入信号变成CPU能接收的信号，或者将CPU的输出信号变成需要的控制信号去驱动控制对象（包括开关量和模拟量），以确保整个系统正常工作。

图 1-5 PLC 的 I/O 模块

输入的开关量信号接在 IN 端和 0V 端之间，PLC 内部提供 24V 电源，输入信号通过光电隔离、R/C 滤波进入 CPU 控制板，CPU 发出输出信号至输出端。

1）输入接口电路，如图 1-6 所示。

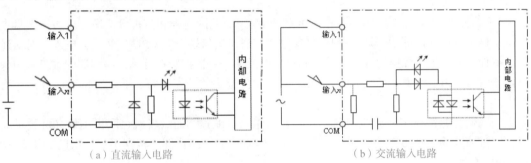

（a）直流输入电路　　　　　　　　　　　（b）交流输入电路

图 1-6　输入接口电路

2）PLC 的输出接口电路有 3 种方式：晶体管方式、晶闸管方式和继电器方式，如图 1-7 所示。

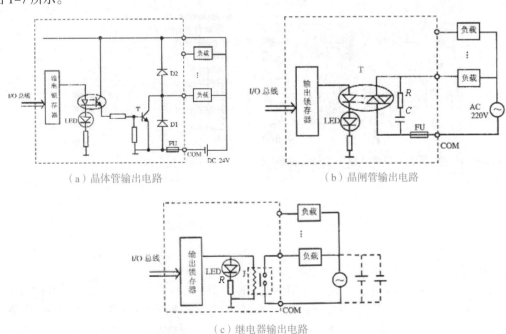

（a）晶体管输出电路　　　　　　　　　　（b）晶闸管输出电路

（c）继电器输出电路

图 1-7　输出接口电路

为了满足工业自动化生产更加复杂的控制需要，PLC 还配有很多 I/O 扩展模块接口，如图 1-8 所示为 FX$_{2N}$ 系列 PLC 的 I/O 扩展模块接口。

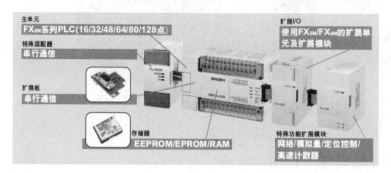

图 1-8　FX$_{2N}$ 系列 PLC 的 I/O 扩展模块接口

（4）外部设备。

1）编程器。编程器用于用户程序的编制、编辑、调试检查和监视等，还可以通过键盘去调用和显示 PLC 的一些内部状态和系统参数。它通过通信端口与 CPU 联系，完成人机对话连接。编程器上有供编程用的各种功能键和显示灯及编程、监控转换开关。编程器的键盘采用梯形图语言键符式命令语言助记符，也可以采用软件指定的功能键符，通过屏幕对话方式进行编程。

编程器分为简易型和智能型两类。前者只能联机编程，而后者既可联机编程又可脱机编程。同时前者输入梯形图的语言键符，后者可以直接输入梯形图。根据不同档次的 PLC 产品选配相应的编程器。

编程器有手持式和台式两种，最常用的是手持式编程器，如图 1-9 所示。

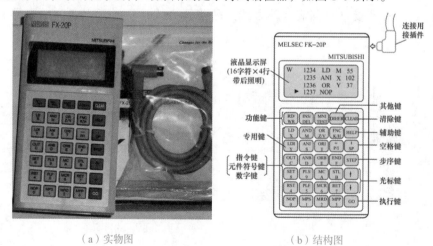

（a）实物图　　　　　　　　　　　　　　（b）结构图

图 1-9　三菱 FX 系列手持式编程器

2）其他外部设备。一般 PLC 配有盒式录音机、打印机、EPROM 写入器、高分辨率屏幕彩色图形监控系统等外部设备。

（5）电源模块。PLC 电源模块的作用是把交流电源（220V）转换成供 CPU、存储器等电子电路工作所需要的直流电源（5V、±12V、24V），供 PLC 各个单元正常工作，如图 1-10 所示。一般小型 PLC 没有专门的电源模块，中大型 PLC 系统才需要电源模块。PLC 的电源模块一般采用开关电源，因此对外部电源的稳定性要求不高，允许外部电源电压的额定值在 ±10%

的范围内波动。

图 1-10　PLC 的电源模块

有些 PLC 的电源模块还能向外提供直流 24V 稳压电源，用于对外部传感器供电（仅供输入端子使用，驱动 PLC 负载的电源由用户提供）。

在外部电源发生故障的情况下，为了防止 PLC 内部程序和数据等重要信息的丢失，PLC用锂电池做停电时的后备电源。

2. PLC软件系统

PLC 软件系统包括系统软件和应用软件两大部分。

（1）PLC 的系统软件。PLC 的系统软件是系统的管理程序、用户指令解释程序和一些供系统调用的标准程序块等。系统软件由 PLC 制造厂家编制并固化在 ROM 中，ROM 安装在PLC 上，随产品提供给用户。即系统软件在用户使用系统前就已经安装在 PLC 内，并永久保存，用户不能更改。

改进系统软件可以在不改变硬件系统的情况下大大改善 PLC 的性能，所以 PLC 制造厂家对系统软件的编制极为重视，使产品的系统软件不断升级和改善。

（2）PLC 的应用软件。PLC 的应用软件又称为用户软件、用户程序，是由用户根据生产过程的控制要求，采用 PLC 编程语言自行编制的应用程序。应用软件包括开关量逻辑控制程序、模拟量运算程序、闭环程序和操作站系统应用程序等。

1）开关量逻辑控制程序。开关量逻辑控制程序是 PLC 中最重要的一部分，一般采用梯形图、助记符或功能表图等编程语言编制。不同 PLC 生产厂家提供的编程语言有不同的形式，至今还没有一种能全部兼容的编程语言。

2）模拟量运算程序及闭环程序。通常，它们是在大 PLC 上实施的程序，由用户根据需要按 PLC 提供的软件和硬件功能进行编制，编程语言一般采用高级语言或汇编语言。

3）操作站系统应用程序。它是大型 PLC 系统经过通信联网后，由用户为进行信息交换和管理而编制的程序，包括各类画面的操作显示程序，一般采用高级语言实现。

1.2.2　PLC 的种类及主流产品

1. PLC的种类

PLC 的类型很多，可以从不同的角度进行分类，见表 1-2。

表 1–2 PLC 的种类

分类标准	类 别	说 明
按结构型式分类	整体式 PLC	整体式 PLC 由不同 I/O 点数的基本单元和扩展单元组成，一般将电源、CPU 和 I/O 部件集中在一个机箱内，具有结构紧凑、体积小、价格低的特点，如图 1–11（a）所示。但是 I/O 点数不能改变，且无 I/O 扩展模块接口。大多数小型 PLC 采用这种结构，如日本三菱公司的 FXIS–10/14/20/30
	模块式 PLC	把各个组成部分做成若干个独立的模块，如 CPU 模块、I/O 模块、电源模块及各种功能模块等，如图 1–11（b）所示。模块式 PLC 由框架和各种模块组成。 这种结构的特点是配置灵活，装配和维修方便，易于扩展。一般大中型的 PLC 采用这种结构
按 I/O 的点数分类	小型机	小型 PLC 的 I/O 点数在 256 以下。其中，点数小于 64 为超小型或微型 PLC
	中型机	中型 PLC 的 I/O 点数在 256 ～ 2048 之间
	大型机	大型 PLC 的 I/O 点数在 2048 以上，其中 I/O 点数超过 8192 为超大型机
按功能分类	低档机	具有逻辑运算、定时、计数、移位，以及自诊断、监控等基本功能，还可以增设少量模拟量输入 / 输出、算术运算、远程 I/O 和通信等功能
	中档机	除具有低档机的功能外，还具有较强的模拟量输入 / 输出、算术运算、数据传送和比较、远程 I/O、通信等功能
	高档机	除具有中档机的功能外，还有符号算术运算、位逻辑运算、矩阵运算、二次方根运算及其他特殊功能的函数运算、表格功能等。高档机具有更强的通信联网功能，可用于大规模过程控制系统

（a）整体式 PLC

（b）模块式 PLC

图 1–11 整体式 PLC 和模块式 PLC

2. PLC主流产品

由于 PLC 生产厂家众多，根据产品地域分为美国的 PLC 产品、欧洲的 PLC 产品、日本的 PLC 产品和国产的 PLC 产品。

美国和欧洲的 PLC 技术的研究和开发是相互独立的，因此，美国和欧洲的 PLC 产品有明显的差异。日本的 PLC 技术是由美国引进的，对美国的 PLC 产品有一定的继承性，但它主要定位于小型 PLC，而美国和欧洲则以大中型 PLC 而闻名。

（1）美国的 PLC 产品。美国是 PLC 生产大国，在美国注册的 PLC 厂商已超过百家。其中 AB 公司、通用电气（GE）公司、莫迪康（MODICON）公司、德州仪器（TI）公司、歌德（Gould）公司、西屋公司等都是著名的大公司。AB 公司是美国最大的 PLC 制造商，其产品约占美国 PLC 市场 50％的份额。该公司产品规格齐全，特殊功能模块和智能模块种类丰富。在我国引进的大型 PLC 中，美国 AB 公司的产品几乎占一半。

1）AB 公司主推的大、中型 PLC 产品是 PLC-5 系列，该系列是模块式结构，其中 PLC-5/250 最多可配置到 4096 个 I/O 点，PLC-3 最多可配置到 8096 个 I/O 点，均具有强大的控制和信息管理功能。

2）GE 公司主推的是小型 PLC 产品，如 GE-I、GE-I/J、GE-I/P 等。GE 系列中，除 GE-I/J 外，全部采用模块结构。GE 也有中型产品（如 GE-Ⅲ）和大型产品（如 GE-Ⅴ）。

3）歌德（Gould）公司主推具有联网功能的 PLC 产品，PLC 可与上位机联网通信，也可与多台联网，可扩展 I/O 点。

（2）欧洲的 PLC 产品。德国的西门子（SIEMENS）、AEG 及法国的 TI 公司是欧洲著名的 PLC 制造商。

德国的西门子在中、大型 PLC 产品领域与美国的 AB 公司齐名。西门子的主推产品是 S5 系列、S7 系列，如 S5-95U（微型机，整体式结构）、S5-115U（中型机，提供 5 种 CPU 模块）、S5-155H（大型机，它是由两台 S5-155U 组成的双机冗余系统）、S7-200（小型）、S7-300（中型）及 S7-400（大型）。

（3）日本的 PLC 产品。日本的小型 PLC 很有特色，在小型机领域中颇具盛名。某些用欧美的中型机或大型机才能实现的控制，用日本的小型机就可以解决。在开发较复杂的控制系统方面明显优于欧美的小型机，所以格外受用户欢迎。日本有许多 PLC 制造商，如欧姆龙、三菱、松下、富士、日立、东芝等。

日本的小型 PLC 具有明显的价格优势及良好的售后服务。

（4）国产的 PLC 产品。国内 PLC 厂家近年来发展较快，目前比较有影响的有深圳德维森、深圳艾默生、无锡光洋、无锡信捷、北京和利时、北京凯迪恩、北京安控、黄石科威、洛阳易达、浙大中控、浙大中自、南京冠德、兰州全志等。例如，深圳德维森公司自主研发生产了多种型号与规格的 PLC，有 V80、PPC11、PPC22 和 PPC31 等几个系列，产品种类齐全，性能稳定可靠，在性价比上有较大的优势。北京和利时公司的 FOPLC 系列和自主研发的 G3 系列，凭借公司在工程领域的实力，已逐步向工控中多个领域迈进。

国产 PLC 产品从技术方面来讲，与国外产品的差距已逐步缩小。

3. 在中国市场占有较大份额的公司

（1）德国西门子公司。其 S5 系列的产品有 S5-95U、S5-100U、S5-115U、S5-135U 及 S5-155U。S5-135U、S5-155U 为大型机，控制点数可达 6000 多点，模拟量可达 300 多路。最近还推出 S7 系列机，有 S7-200（小型）、S7-300（中型）及 S7-400 机（大型）。性能比 S5 系列大有提高。

（2）日本 OMRON 公司

有 CPM1A 型、P 型、H 型机，CQM1、CVM、CV 型机，Ha 型、F 型机等，大、中、小、微均有，特别在中、小、微方面更具特长，在中国及世界市场中都占有相当的份额。

（3）日本三菱公司

其小型机 F1 前期在国内用得很多，后又推出 FX2 机，性能有很大提高。它的中、大型机为 A 系列，如 AIS、AZC、A3A 等。

（4）日本日立公司

其 E 系列为箱体式的。基本箱体有 E-20、E-28、E-40、E-64。其 I/O 点数分别为 12/8、16/12、24/16 及 40/24。另外，还有扩展箱体，规格与主箱体相同，其 EM 系列为模块式的，可在 16～160 之间组合。

（5）日本东芝公司

其 EX 小型机及 EX–PLUS 小型机在国内用得很多。它的编程语言是梯形图，其专用的编程器用梯形图语言编程。另外，还有 EX100 系列模块式 PLC，点数较多，也是用梯形图语言编程。

（6）日本松下公司

FP1 系列为小型机，结构也是箱体式的，尺寸紧凑。FP3 为模块式，控制规模也较大，工作速度也很快，执行基本指令仅 0.1μs。

（7）日本富士公司

其 NB 系列为箱体式的小型机。NS 系列为模块式。

（8）美国施奈德公司（莫迪康）

其中 E984–785 可安 31 个远程站点，总控制规模可达 63535 点。小的为紧凑型，如 E984–120，控制点数为 256 点，在最大与最小之间，共 20 多个型号。最近又推出 Twido 系列 PLC，有 10、16、20、24、40 点几种规格。

（9）美国 AB（Alien–Bradley）公司

其 PLC–5 系列是很有名的，包括 PLC–5/10、PLC–5/11，…，PLC–5/250 多种型号。另外，它也有微型 PLC，如 ControLgix 系列和 SLC–500 系列。有三种配置，20、30 及 40 I/O 配置选择，I/O 点数分别为 12/8、18/12 及 24/16。

（10）美国 IPM 公司

其 IP1612 系列机，由于自带模拟量控制功能，自带通信口，集成度又非常高，虽然点数不多，仅 16 入、12 出，但性价比很高，很适合系统不大，但又有模拟量需控制的场合。新出的 IP3416 机，I/O 点数扩大到 34 入、12 出，而且还自带一个简易小编程器，性能又有了改进。

（11）美国 GE 公司与日本 FANAC 合资公司

GE–FANAC 的 90–70 机也是很吸引人的。据介绍。它具有 25 个特点。例如，用软设定代硬设定、结构化编程、多种编程语言等。它有 914、781／782、771／772、731／732 等多种型号。另外，还有中型机 90–30 系列，其型号有 344、331、323、321 等多种；还有 90–20 系列小型机，型号为 211。

（12）韩国和中国台湾地区的一些公司

韩国 LS（LG）公司的 K80S、K120S、K200S、K300S 和 K1000S 系列 PLC；台湾永宏的 FBS 系列 PLC，台达的 DVP 系列，盟立的 SC500 系列，丰炜的 VB 和 VH 系列及台安的 TP02 系列 PLC 等。

1.2.3 PLC 的简明原理及指标

1. PLC的扫描工作方式

视频：工作原理

所谓扫描，就是依次对各种规定的操作项目进行访问和处理，扫描用来描述 PLC 内部 CPU 的工作过程。

PLC 运行时，用户程序中有许多操作需要执行，但一个 CPU 每一时刻只能执行一个操作，因此 CPU 按程序规定的顺序依次执行各个操作。这种多个作业依次按顺序处理的工作方式称为扫描工作方式。这种扫描是周而复始、无限循环的，每扫描一次所用的时间称为扫描周期。PLC 工作的一个扫描周期如图 1–12 所示。

图 1-12　PLC 工作的一个扫描周期

　　顺序扫描的工作方式是 PLC 的基本工作方式。这种工作方式会对系统的实时响应产生一定滞后的影响。有的 PLC 为了满足某些对响应速度有特殊需要的场合，特别指定了特定的输入 / 输出端口以中断的方式工作，大大提高了 PLC 的实时控制能力。

　　PLC 在以扫描方式为主的情况下，也不排斥中断方式。即大量控制使用扫描方式，个别急需的处理，允许中断这个扫描运行的程序，转而去处理它。这样，可以做到所有的控制都能照顾到，个别应急的也能进行处理。

2. PLC的扫描工作流程

　　在 PLC 中，用户程序是按先后顺序存放的。在没有中断或跳转指令时，PLC 从第一条指令开始顺序执行，直到程序结束符后又返回到第一条指令，如此周而复始地不断循环执行程序。PLC 采用循环扫描的工作方式。顺序扫描工作方式简单直观，程序设计简化，并为 PLC 的可靠运行提供保证。在有些情况下需要插入中断方式，允许中断正在扫描运行的程序，以处理紧急任务。

　　不同型号 PLC 的扫描工作方式有所差异，典型的 PLC 扫描工作流程如图 1-13 所示。实际的 PLC 工作过程总是：公共处理—I/O 刷新—运行用户程序—公共处理……，反复不停地重复着。

　　PLC 上电后首先进行初始化，然后进入顺序扫描工作过程。一次顺序扫描过程可归纳为 5 个工作阶段，各阶段完成的任务如下。

　　（1）公共处理阶段。公共处理是每次扫描前的再一次自检，如果有异常情况，除了故障显示灯亮以外，还判断并显示故障的性质。一般性故障，则只报警不停机，等待处理。属于严重故障，则停止 PLC 的运行。

　　公共处理阶段所用的时间一般是固定的，不同机型的 PLC 有所差异。

　　（2）执行用户程序阶段

　　在程序执行阶段，CPU 对用户程序按先左后右、先上后下的顺序逐条地进行解释和执行。

　　CPU 从输入映像寄存器和元件映像寄存器中读取各继电器当前的状态，根据用户程序给出的逻辑关系进行逻辑运算，运算结果再写入元件映像寄存器中。

　　执行用户程序阶段的扫描时间长短主要取决以下几方面的因素：

　　1）用户程序中所用语句条数的多少。为了减少扫描时间，应使所编写的程序尽量简洁。

　　2）每条指令的执行时间。在实现同样控制功能的情况下，应选择那些执行时间短的指令来编写程序。

　　3）程序中有无改变程序流向的指令。

　　由此可见，执行用户程序的扫描时间是影响扫描周期时间长短的主要因素。而且，在不同时段执行用户程序的扫描时间也不尽相同。

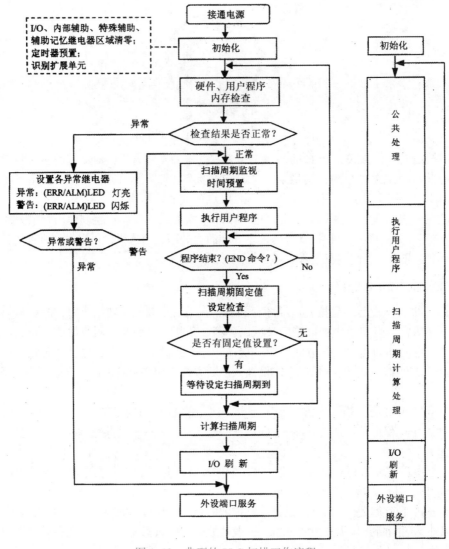

图 1-13　典型的 PLC 扫描工作流程

（3）扫描周期计算处理阶段

若预先设定扫描周期为固定值，则进入等待状态，直至达到该设定值时扫描再往下进行。若设定扫描周期为不确定的，则要进行扫描周期的计算。

扫描周期计算处理所用的时间非常短，对于 CPM1A 系列的 PLC，可将其视为 0。

（4）I/O 刷新阶段

在 I/O 刷新阶段，CPU 要做两件事情：一是刷新输入映像寄存器的内容，即采样输入信号；二是输出处理结果，即将所有输出继电器的元件映像寄存器的状态传送到相应的输出锁存电路中，再经输出电路的隔离和功率放大部分传送到 PLC 的输出端，驱动外部执行元件动作。此步操作称为输出状态刷新。I/O 刷新阶段的时间长短取决于 I/O 点数的多少。

（5）外设端口服务阶段

在这个阶段，CPU 完成与外设端口连接的外围设备的通信处理。完成上述各阶段的处理后，又返回公共处理阶段，周而复始地进行扫描。

如图 1-14 描述了信号从输入端子到输出端子的传递过程。

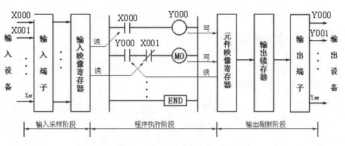

图 1-14　PLC 的信号传递过程

3. I/O 滞后现象

（1）产生 I/O 滞后现象的原因。

1）由于 PLC 采用循环顺序扫描的工作方式，而且对输入和输出信号只在每个扫描周期的 I/O 刷新阶段集中输入并集中输出，所以必然会出现 I/O 在逻辑关系上存在滞后现象。扫描周期越长，滞后现象越严重。

2）输入滤波器对信号的延迟作用。在 PLC 的输入电路中设置有滤波器，滤波器的时间常数越大，对输入信号的延迟作用越强。有的 PLC 其输入电路滤波器的时间常数可以调整。

3）如果考虑到 I/O 硬件电路的延时，PLC 的响应滞后就更大一些，如输出继电器的动作延迟，因此在要求 I/O 有较快响应的场合，最好不要使用继电器输出型的 PLC。

4）用户程序的语句编排。用户程序的语句编排不当，也会影响 I/O 滞后的时间。

I/O 延迟的最短响应时间（最短响应时间 = 输入延迟时间 + 一个扫描周期 + 输出延迟时间）如图 1-15（a）所示；I/O 延迟的最长响应时间（最长响应时间 = 输入延迟时间 + 两个扫描周期 + 输出延迟时间）如图 1-15（b）所示。

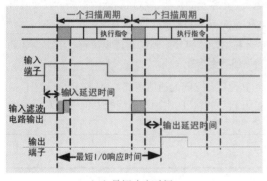

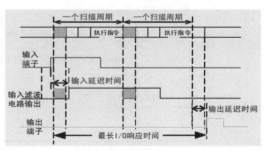

（a）最短响应时间　　　　　　　　　　　（b）最长响应时间

图 1-15　I/O 延迟时间

（2）I/O 滞后的影响

扫描周期越长，I/O 滞后现象就越严重。但 PLC 的扫描周期一般只有几十毫秒或更少，两次采样之间的时间很短，对于一般输入量来说可以忽略。可以认为输入信号一旦变化，就能立即传送到对应的输入缓冲器。同样，对于变化较慢的控制过程来说，由于滞后的时间不超过一个扫描周期，因此可以认为输出信号是及时的。

在实际应用中，这种滞后现象可以起到滤波的作用。对慢速控制系统来说，滞后现象反而增加了系统的抗干扰能力。但对控制时间要求较严格、响应速度要求较快的系统来说，就必须考虑滞后对系统性能的影响，在设计中尽量缩短扫描周期，或者采用中断的方式处理高速的任务请求。

视频：性能指标

4. PLC的性能指标

PLC 的种类很多，各个厂家的 PLC 产品技术性能不尽相同，表 1–3 列出了 PLC 的常用基本性能指标。

表 1–3　PLC 的常用基本性能指标

性能指标	说　明
存储容量	一般以 PLC 所能存放的用户程序的多少来衡量（也就是说，存储容量指的是用户程序存储器的容量）。用户程序存储器的容量决定了 PLC 可以容纳用户程序的长短，一般以字为单位来计算，每 1024 个字为 1KB。中、小型 PLC 的存储容量一般在 8KB 以下，大型 PLC 的存储容量可达到 256KB ～ 2MB。也有的 PLC 用存放用户程序的指令条数来表示容量
I/O 点数	I/O 点数即 PLC 面板上的输入、输出端子的个数。I/O 点数是衡量 PLC 性能的重要指标之一。I/O 点数越多，外部可接的输入器件和输出器件就越多，控制规模就越大
扫描速度	扫描速度是指 PLC 执行程序的速度，是衡量 PLC 性能的重要指标。一般以扫描 1KB 所用的时间来衡量扫描速度，通常以 ms/KB 为单位。通过比较各种 PLC 执行相同的操作所用的时间，可衡量其扫描速度的快慢
指令系统	PLC 编程指令种类越多，软件功能越强，其处理能力及控制能力就越强；用户的编程越简单、方便，越容易完成复杂的控制任务。 指令系统是衡量 PLC 能力强弱的主要指标
内部器件的种类和数量	内部器件包括各种继电器、计数器 / 定时器、数据存储器等。其种类越多、数量越大，存储各种信息的能力和控制能力就越强
扩展能力	PLC 的扩展能力包括 I/O 点数的扩展，存储容量的扩展，联网功能的扩展，以及各种功能模块的扩展等。在选择 PLC 时，常常要考虑 PLC 的扩展能力
特殊功能模块的数量	PLC 除了主控模块外，还可以配置各种特殊功能模块。特殊功能模块种类的多少和功能的强弱是衡量 PLC 产品水平高低的一个重要指标
通信功能	通信可分为 PLC 之间的通信和 PLC 与其他设备之间的通信两类。通信主要涉及通信模块、通信接口、通信协议和通信指令等内容。PLC 的组网和通信能力也是 PLC 产品水平的重要衡量指标之一

1.3　PLC网络通信

1.3.1　PLC 通信方式

1. 并行通信

视频：PLC 通信与接口

并行通信是以字节或字为单位的数据传输方式，除了 8 根或 16 根数据线、1 根公共线外，还需要通信双方联络用的控制线。这种通信方式一般发生在 PLC 的内部各元件之间、主机与扩展模块或近距离智能模板的处理器之间。

在并行传送时，一个数据的所有位同时传送，因此，每个数据位都需要一条单独的传输线，信息有多少二进制位就需要多少条传输线，如图 1–16 所示。

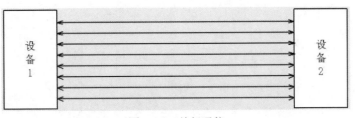

图 1-16　并行通信

并行通信的传送速度快，但传输线的根数多，抗干扰能力较差。

2.串行通信

串行通信是以二进制的位（bit）为单位的数据传输方式，每次只传送 1 位，只需要 2 根线（双绞线）就可以连接多台设备，组成控制网络。计算机和 PLC 都有通用的串行通信接口，如 RS-232C 或 RS-485 接口。

串行通信需要的信号线少，但传送速度较慢。

串行通信多用于 PLC 与计算机之间，多台 PLC 之间的数据传送。传送时，数据的各个不同位分时使用同一条传输线，从低位开始一位接一位按顺序传送，数据有多少位就需要传送多少次，如图 1-17 所示。

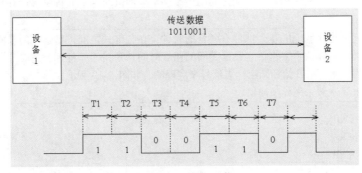

图 1-17　串行通信

在串行通信中，传输速率（又称波特率）的单位是 bit/s，即每秒传送的二进制位数。常用的标准传输速率为 300 ～ 38400bit/s 等。不同的串行通信网络的传输速率差别极大，有的只有数百位每秒，高速串行通信网络的传输速率可达 1Gbit/s。

（1）串行通信线路的工作方式。

串行通信按信息在设备间的传送方向又分为单工、半双工和全双工三种方式。

1）单工通信方式只能沿单一方向传输数据，如图 1-18（a）所示。

2）双工通信方式的信息可以沿两个方向传送，每一站既可以发送数据，也可以接收数据。双工方式又分为全双工和半双工。半双工方式用同一组线接收和发送数据，通信的双方在同一时刻只能发送数据或收数据，如图 1-18（b）所示。全双工方式中数据的发送和接收分别由两根或两组不同的数据线传送，通信的双方都能在同一时刻接收和发送信息，如图 1-18（c）所示。

（2）串行通信数据的收发方式。在串行通信中，接收方和发送方应使用相同的传输速率。接收方和发送方的标称传输速率虽然相同，但它们之间总是有一些微小的差别。如果不采取措施，在连续传送大量的信息时，将会因累积误差使接收方收到错误的信息。为了解决这一问题，需要使发送过程和接收过程同步。按同步方式的不同，串行通信分为同步通信和异步通信两种收发方式，见表1-4。

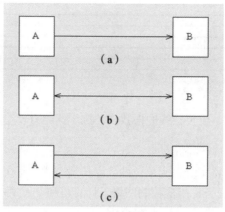

图1-18　串行通信的工作方式

表1-4　串行通信的收发方式

通信收发方式	说　明
同步通信	传送数据时不需要增加冗余的标志位，有利于提高传送速度，但要求有统一的时钟信号来实现发送端和接收端之间的严格同步，而且对同步时钟信号的相位一致性要求非常严格
异步通信	允许传输线上的各个部件有各自的时钟，在各部件之间进行通信时没有统一的时间标准，相邻两个字符传送数据之间的停顿时间长短是不一样的，它是靠发送信息时同时发出字符的开始和结束标志信号来实现的，如图1-19所示。 PLC一般采用异步通信

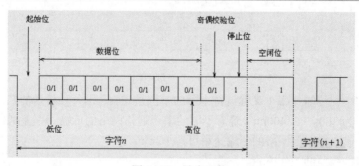

图1-19　异步通信

1.3.2　串行接口

串行通信的标准接口有RS-232C接口、RS-485接口和RS-422A接口。

1. RS-232C接口

RS-232C接口一般使用9针和25针DB型连接器，其中9针连接器使用量最大。

当通信距离比较近时，通信设备进行一对一的通信可以直接连接，最简单的方法只需3根线（发送线、接收线和信号地线）便可以实现全双工异步串行通信。RS-232C采用负逻辑，用-15～-5V表示逻辑状态1，用+15～+5V表示逻辑状态0，最大通信距离为15m，最高传输速率为20kbit/s。RS-232C接口的连接方法如图1-20所示。

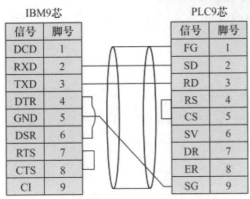

（a）IBM-PC 与 PLC RS-232C 接口的连接　　　（b）PLC 与 PLC RS-232C 接口的连接

图 1-20　RS-232C 接口的连接

2. RS-485 接口

RS-485 为半双工方式，只有一对平衡差分信号线，不能同时发送和接收。

使用 RS-485 通信接口和双绞线可以组成串行通信网络，如图 1-21 所示，构成分布式系统，系统中最多可以有 32 个站，新的接口器件已允许连接 128 个站。

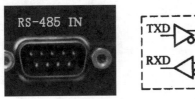
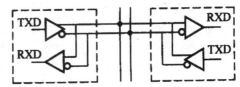

图 1-21　RS-485 接口的连接

3. RS-422A接口

RS-422A 采用平衡驱动、差分接收电路，从根本上取消了信号地线。RS-422A 的通信接线方式如图 1-22 所示，图中的小圆圈表示反相。

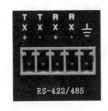
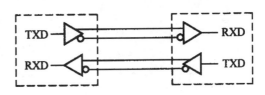

图 1-22　RS-422A 接口的连接

只要接收器有足够的抗共模干扰能力，就能从干扰信号中识别出驱动器输出的有用信号，从而克服外部干扰的影响。

RS-422A 在最大传输速率（10Mbit/s）时允许的最大通信距离为 12m，传输速率为

100kbit/s 时最大通信距离为 1200m，一台驱动器可以连接 10 台接收器。

1.3.3 网络结构

1. 简单网络结构

多台设备通过传输线相连，可以实现多设备间的通信，形成网络结构。图 1-23 所示就是一种最简单的网络结构，它由单主设备和多个从设备构成。

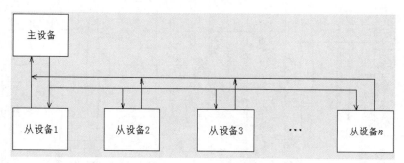

图 1-23　简单网络结构

2. 多级网络结构

视频：PLC 联网

现代大型工业企业中一般采用多级网络的形式，PLC 制造商经常用生产金字塔结构来描述其产品可实现的功能。这种金字塔结构的特点是：上层负责生产管理，底层负责现场检测与控制，中间层负责生产过程的监控与优化。国际标准化组织（ISO）对企业自动化系统确立了初步的模型，如图 1-24 所示。

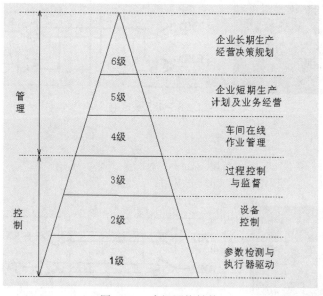

图 1-24　多级网络结构

1.3.4　PC 与 PLC 通信

在计算机监控系统中，首先遇到的问题就是通信问题，只有通信问题解决了，才有可能实现计算机对 PLC 整个工作系统的监控，如图 1-25 所示。

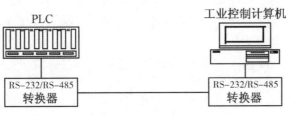

视频：PC 与 PLC
通信

图 1-25　计算机与 PLC 通信

1. 数据流通信形式

计算机 PC 和可编程控制器 PLC 之间的数据流通信有 3 种形式：计算机从 PLC 中读取数据、计算机向 PLC 中写入数据和 PLC 向计算机中写入数据。

（1）计算机从 PLC 中读取数据。

计算机从 PLC 中读取数据的过程分为以下 3 步。

1）计算机向 PLC 发送读数据命令。

2）PLC 接收到命令后，执行相应的操作，发送数据到计算机。

3）计算机在接收到相应的数据后，向 PLC 发送确认响应，表示数据已收到。

（2）计算机向 PLC 中写入数据。

计算机向 PLC 中写入数据的过程分为以下两步。

1）计算机向 PLC 发送写数据命令。

2）PLC 接收到写数据命令后，执行相应的操作。执行完成后向计算机发送确认信号，表示写数据操作已完成。

（3）PLC 向计算机中写入数据。

PLC 直接向上位计算机发送数据，计算机收到数据后进行相应的处理，不会向 PLC 发送确认信号。

2. 计算机与PLC通信中的数据处理

计算机与 PLC 之间的通信是基于数字通信方式，数字通信码即由计算机最基本的二进制编码方式实现，将 0 和 1 两个字符按程序制定的编码方式在计算机与 PLC 之间传输。这些 0、1 表示的字符，包括数字、英文字母、符号及中文。在进行串行数据传输时，若使用 8 位代表一个字节，ASCII 码小于 127 的大多数为可见字符，其他均属不可见字符。而在 VB 串行通信控件传输数据时，默认为传输文本，因此，在接收到 80H 以上数据时，会自动和下一字节组成一个汉字，这与实际要求明显不符，因为以字节为单位监视输入 / 输出口，数据当然会在 00H ～ 0FFH 之间，此时，若显示为汉字，则完全错误。当以文本模式存取数据时，这种方式从数据缓冲区中取回的是字符串，如果数据的 ASCII 码均在 0 ～ 127 时，则可采用这种方式；当以二进制方式取回数据时，这种以二进制方式从数据缓冲区取回的数据是二进制数据。如果不能确定传输数据的 ASCII 码值，则宜采用这种方式，否则在数据中出现控制符或 ASCII 码值大于 127 的字节时，就不能正常通信。

在数字通信数据的传输过程中，往往会受到工业生产中其他干扰源的干扰，给通信数据叠加上了很多干扰信号，这些干扰信号并不是我们想要得到的，如果使用原有程序对叠加了干扰信号的数字信号进行处理，就会导致通信错误，计算机就不能给 PLC 返回正确的操作信号，严重时可致使工业生产停滞。所以不论是计算机还是 PLC，当作为接收方时就需要对传输过来的数据进行检验码校验，确认数据无误才能使用，如果数据有误可对其进行纠正。常用的检测码有奇偶校验码，奇偶校验码是一种通过增加冗余位使码字中 1 的个数恒为奇数或偶数的编码方法，在实际使用时又可分为垂直奇偶校验、水平奇偶校验和水平垂直奇偶校验等几种，其中水平垂直奇偶校验可用来纠正部分差错。

数据发送端在发送数据之前，需要对数据进行编码转换，将汉字、英文字母这些双字节和单字节字符都统一转换成字节型数据再发送出去。具体的软件程序流程为先引用通信控件声明字节数组，将需要发送的数据填入到字节数组中，最后为字节数组名称填入 output 属性，通过通信接口传输完成发送数据。

数据接收端先将接收的缓冲区数据存入字节数组中，再根据程序需要从数组中读取数据，进行自动化控制或者显示数据。具体的软件程序流程第一步与发送端相同，引用通信控件声明字节数组，将接收的数据写入新声明的字节数组中，给字节数组名称填入 input 属性，当程序需要调用数据时，以 Lbound 和 Ubound 方法取得数据范围，再解析取到的字节型数据即可。

【友情提示】

计算机与 PLC 通信对于实现远程监控、数据采集与计量、数据分析、过程控制等有重要作用。如果希望看到程序、数据流在实际 PLC 中的运行情况，可以使用软件的在线监视功能来解决。

1.4 PLC的软元件

1.4.1 软元件简介

PLC 是在继电器控制线路基础上发展起来的，继电器控制线路中有时间继电器、中间继电器等，而 PLC 内部也有类似的器件，由于这些器件以软件形式存在，故称为软元件。

PLC 内部存储器的每个存储单元均称为软元件，各个软元件与 PLC 的监控程序、用户的应用程序合作，会产生或模拟出不同的功能。当软元件产生的是继电器功能时，称这类软元件为软继电器，简称继电器，它不是物理意义上的实物器件，而是一定的存储单元与程序结合的产物。

软元件的数量及类别是由 PLC 监控程序规定的，它的规模决定着 PLC 整体功能及数据处理的能力。在使用 PLC 的软元件时，主要查看相关的操作手册。

1. 输入继电器

输入继电器（I）一般有一个 PLC 的输入端子与之对应，它用于接收外部开关信号。外部的开关信号闭合，则输入继电器的线圈得电，在程序中其常开触点闭合，常闭触点断开。

2. 输出继电器

输出继电器（Q）一般有一个 PLC 的输出端子与之对应。当通过程序使输出继电器线圈得电时，PLC 上的输出端开关闭合，它可以作为控制外部负载的开关信号，同时在程序中其常开触点闭合，常闭触点断开。

3. 通用辅助继电器

通用辅助继电器（M）的作用和继电器控制系统中的中间继电器相同，它在 PLC 中没有输入 / 输出端子与之对应，因此它的触点不能驱动外部负载。

4. 特殊继电器

有些辅助继电器（SM）具有特殊功能或用来存储系统的状态变量、控制参数和信息，称其为特殊继电器。

5. 变量存储器

变量存储器（V）用来存储全局变量。它可以存放程序执行过程中控制逻辑操作的中间结果，也可以使用变量存储器保存与工序或任务相关的其他数据。

6. 局部变量存储器

局部变量存储器（L）用来存放局部变量。局部变量与变量存储器所存储的全局变量十分相似，主要区别在于全局变量是全局有效的，而局部变量是局部有效的。

7. 顺序控制继电器

有些 PLC 中也把顺序控制继电器（S）称为状态器。顺序控制继电器用在顺序控制或步进控制中。

8. 定时器

PLC 中的定时器（T）是累计时间增量的内部器件，相当于继电器控制系统中的通电型时间继电器，它可以提供无限对常开常闭延时触点。定时器中有一个设定值寄存器（一个字长）、一个当前值寄存器（一个字长）和一个用来存储其输出触点的映像寄存器（一个二进制位），这三个量使用同一地址编号，但使用场合不一样，意义也不同。

9. 计数器

计数器（C）用来累计输入脉冲的个数，经常用来对产品进行计数或进行特定功能的编程。

10. 模拟量输入映像寄存器（AI）、模拟量输出映像寄存器（AQ）

模拟量输入电路用来实现模拟量 / 数字量（A/D）之间的转换，而模拟量输出电路用以实现数字量 / 模拟量（D/A）之间的转换，而寄存器则是相对应的具有存储功能的触发器组合构成。

11. 高速计数器

一般计数器的计数频率受扫描周期的影响，不能太高，而高速计数器（HC）可累计比 CPU 的扫描速度更快的事件。

12. 累加器

累加器（AC）是用来暂存数据的寄存器，它用于存放运算数据、中间数据和结果。

🔔 【友情提示】

PLC 程序由指令和软元件组成，指令的功能是发出命令，软元件是指令的执行对象。例如，SET 为 1 指令，Y000 是 PLC 的一种软元件（输出继电器），SET Y000 表示命令 PLC 的输出继电器 Y000 的转台变为 1。由此可见，编写 PLC 程序必须了解 PLC 的指令级软元件。

1.4.2 三菱 FX 系列 PLC 的软元件

1. 输入继电器和输出继电器

（1）输入继电器。

输入继电器（X）用于接收 PLC 输入端子送入的外部开关信号，它与 PLC 的输入端子连接，其表示符号为 X，按八进制方式编号，输入继电器与外部对应的输入端子编号是相同的。三菱 FX3U–48MR/ES–A 型 PLC 外部有 8 个输入端子，其编号为 X000～X007、X010～X017、X020～X027，相应地内部也有 24 个相同编号的输入继电器来接收输入端子输入的开关信号。

一个输入继电器可以有无数个编号相同的常闭触点和常开触点，当某个输入端子（如 X000）外接开关闭合时，PLC 内部相同编号的输入继电器（X000）状态变为 ON，那么程序中相同编号的常开触点闭合，常闭触点断开。

（2）输出继电器。

输出继电器（Y），常称输出线圈，用于将 PLC 内部开关信号送出，它与 PLC 输出端子连接，其表示符号为 Y，也按八进制方式编号，输出继电器与外部对应的输出端子编号是相同的。三菱 FX3U–48MR/ES–A 型 PLC 外部有 24 个输出端子，其编号为 Y000～Y007、Y010～1017、Y020～Y027，相应地内部也有 24 个相同编号的输出继电器，这些输出继电器的状态由相同编号的外部输出端子送出。

一个输出继电器只有一个与输出端子连接的常开触点（又称硬触点），但在编程时可使用无数个编号相同的常开触点和常闭触点。当某个输出继电器（如 Y000）状态为 ON 时，它除了会使相同编号的输出端子内部的硬触点闭合外，还会使程序中的相同编号的常开触点闭合，常闭触点断开。

三菱 FX 系列 PLC 支持的输入继电器、输出继电器见表 1-5。

表 1-5 三菱 FX 系列 PLC 支持的输入继电器、输出继电器

型　号	FX$_{1S}$	FX$_{1N}$、FX$_{1NC}$	FX$_{2N}$、FX$_{2NC}$	FX$_{3G}$	FX$_{3U}$、FX$_{3UC}$
输入继电器	X000～X017 （16 点）	X000～X117 （128 点）	X000～X267 （184 点）	X000～X167 （128 点）	X000～X367 （248 点）
输出继电器	Y000～Y015 （14 点）	Y000～Y117 （128 点）	Y000～Y267 （184 点）	Y000～Y177 （128 点）	Y000～Y367 （248 点）

2. 辅助继电器

辅助继电器（M）是 PLC 内部继电器，它与输入继电器、输出继电器不同，不能接收输入端子送来的信号，也不能驱动输出端子。辅助继电器表示符号为 M，按十进制方式编号，如 M0～M499、M500～M1023 等。一个辅助继电器可以有无数个编号相同的常闭触点和常开触点。

辅助继电器分为四类：一般型、停电保持型、停电保持专用型、特殊用途型。三菱 FX 系列 PLC 的辅助继电器见表 1-6。

（1）一般型辅助继电器

一般型（又称通用型）辅助继电器在 PLC 运行时，如果电源突然停电，则全部线圈状态均变为 OFF。当电源再次接通时，除了因其他信号而变为 ON 的以外，其余的线圈仍将保持

OFF 状态，它们没有停电保持功能。

表 1-6　三菱 FX 系列 PLC 的辅助继电器

型　号	FX$_{1S}$	FX$_{1N}$、FX$_{1NC}$	FX$_{2N}$、FX$_{2NC}$	FX$_{3G}$	FX$_{3U}$、FX$_{3UC}$
一般型	M0~M383（384 点）	M0~M383（384 点）	M0~M499（500 点）	M0~M383（384 点）	M0~M499（500 点）
停电保持型（可设成一般型）	无	无	M500~M1023（524 点）	无	M500~M1023（524 点）
停电保持专用型	M384~M511（384 点）	M0~M383（384 点）EEPROM 长久保持 M512~M1535（1024 点），电容 10 天保持	M0~M383（384 点）	M0~M383（384 点）	M0~M383（384 点）
特殊用途型	M8000~M8255（256 点）	M8000~M8255（256 点）	M8000~M8255（256 点）	M8000~M8511（512 点）	M8000~M8511（512 点）

三菱 FX$_{3U}$ 系列 PLC 的一般型辅助继电器点数默认为 M0 ～ M49，也可以用编程软件将一般型设为停电保持型，设置方法如图 1-26 所示，在 GX Works2 软件的工程列表区双击参数项中的 "PLC 参数"，弹出 "FX 参数设置" 对话框，切换到 "软元件设置" 选项卡，从辅助继电器一行可以看出，系统默认 M500（起始）～ M1023（结束）范围内的辅助继电器具有锁存（停电保持）功能，如果将起始值改为 550，结束值仍为 1023，那么 M0 ～ M50 范围内的都是一般型辅助继电器。

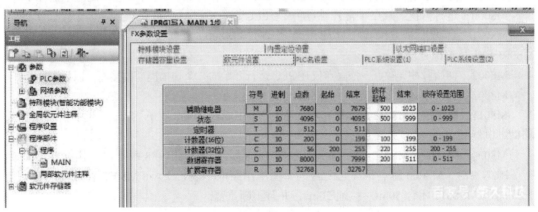

图 1-26　软元件停电保持（锁存）点数设置

从图 1-26 所示的对话框中不难看出，不但可以设置辅助继电器停电保持点数，还可以设置状态、定时器、计数器和数据寄存器的停电保持点数，编程时选择的 PLC 类型不同则该对话框的内容也有所不同。

（2）停电保持型辅助继电器

停电保持型辅助继电器与一般型辅助继电器的区别主要在于：前者具有停电保持功能，即能记忆停电前的状态，并在重新通电后保持停电前的状态，FX$_{3U}$ 系列 PLC 的停电保持型辅助继电器可分为停电保持型（M500 ～ M1023）和停电保持专用型（M1024 ～ M3071），停电保持专用型辅助继电器无法设成一般型。下面以图 1-27 所示的程序为例说明一般型辅助继电器和停电保持型辅助继电器的区别。

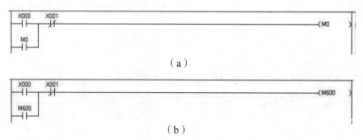

（a）

（b）

图 1-27　一般型和停电保持型辅助继电器的区别

图 1-27（a）中的程序采用了一般型辅助继电器，在通电时，如果 X000 常开触点闭合，辅助继电器 M0 状态变为 ON（或称 M0 线圈得电），M0 常开触点闭合，在 X000 触点断开后锁住 M0 继电器的状态值。如果 PLC 出现停电，M0 继电器状态值变为 OFF，在 PLC 恢复供电时，M0 继电器状态仍为 OFF，M0 常开触点处于断开。

图 1-27（b）中的程序采用了停电保持型辅助继电器，在通电时，如果 X000 常开触点闭合，辅助继电器 M600 状态变为 ON，M600 常开触点闭合。如果 PLC 出现停电，M600 继电器状态值保持为 ON，在 PLC 恢复供电时，M600 继电器状态仍为 ON，M0 常开触点闭合。若重新供电时 X001 触点处于开路状态，则 M600 继电器状态为 OFF。

（3）特殊用途型辅助继电器。

FX_{3U} 系列中有 512 个特殊辅助继电器，可分成触点型和线圈型两大类。

1）触点型特殊用途辅助继电器。

触点型特殊用途辅助继电器的线圈由 PLC 自动驱动，用户只可使用其触点，即在编写程序时，只能使用这种继电器的触点，不能使用其线圈。常用的触点型特殊用途辅助继电器如下。

M8000：运行监视 a 触点（常开触点），在 PLC 运行中，M8000 触点始终处于接通状态。

M8001：运行监视 b 触点（常闭触点），它与 M8000 触点逻辑相反，在 PLC 运行时，M8001 触点始终断开。

M8002：初始脉冲 a 触点，该触点仅在 PLC 运行开始的一个扫描周期内接通，以后周期断开。

M8003：为初始脉冲 b 触点，它与 M8002 逻辑相反。

M8011、M8012、M8013 和 M8014 分别是产生 10ms、100ms、1s 和 1min 时钟脉冲的特殊辅助继电器触点。

M8000、M8002、M8012 的时序关系如图 1-28 所示。从图 1-28 中可以看出，在 PLC 运行（RUN）时，M8000 触点始终是闭合的（图中用高电平表示），而 M8002 触点仅闭合一个扫描周期，M8012 闭合 50ms、接通 50ms，并且不断重复。

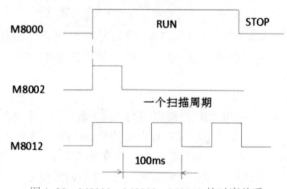

图 1-28　M8000、M8002、M8012 的时序关系

2）线圈型特殊用途辅助继电器。

线圈型特殊用途辅助继电器由用户程序驱动其线圈，使 PLC 执行特定的动作。常用的线圈型特殊用途辅助继电器如下。

M8030：电池 LED 熄灯。当 M8030 线圈得电（M8030 继电器状态为 ON）时，电池电压降低，发光二极管熄灭。

M8033：存储器保持停止。若 M8033 线圈得电（M8033 继电器状态值为 ON），PLC 停止时保持输出映像存储器和数据寄存器的内容。以图 1-29 所示的程序为例，当 X00 常开触点处于断开状态时，M8034 辅助继电器状态为 OFF，X001 ~ X003 常闭触点处于闭合状态，使 Y000 ~ Y002 线圈均得电，如果 X000 常开触点闭合，M8034 轴助继电器状态变为 ON，PLC 马上让所有的输出线圈失电，故 Y000 ~ Y003 常闭触点仍处于闭合状态。

图 1-29　线圈型特殊用途辅助继电器使用举例

M8034：所有输出禁止。若 M8034 线圈得电（即 M8034 继电器状态为 ON），PLC 的输出全部禁止。

M8039：恒定扫描模式。若 M8039 线圈得电（即 M8039 继电器状态为 ON），PLC 按数据寄存器 D8039 中指定的扫描时间工作。

3. 状态继电器

状态继电器（S）是构成状态转移图的基本元素，是 PLC 的软元件之一。状态继电器除了在状态转移图中使用以外，还可以做一般的辅助继电器用，它们的触点在 PLC 梯形图内可以自由使用，次数不限。三菱 FX_{2N} 系列 PLC 的状态继电器的分类、编号、数量及用途见表。

状态继电器也称顺序控制继电器，其表示符号为 S，按照十进制方式编号，如 S0 ~ S9、S10 ~ S19 等。状态继电器常用于顺序控制或步进控制中，并与其指令一起使用实现顺序或步进控制功能流程图的编程。

状态继电器的常开和常闭触点在 PLC 内可以自由使用，且使用次数不限。不用步进梯形图指令时，状态继电器（S）可作为辅助继电器（M）在程序中使用。

通常状态继电器可以分为下面 5 个类型。

（1）初始状态继电器：地址范围是 S0 ~ S9，共 10 个点。

（2）回零状态继电器：地址范围是 S10 ~ S19，共 10 个点。

（3）通用状态继电器：地址范围是 S20 ~ S499，共 480 个点。

（4）断电保持状态继电器：地址范围是 S500 ~ S899，共 400 个点。

（5）报警用状态继电器：地址范围是 S900 ~ S999，共 100 个点。这 100 个状态继电器可用作外部故障诊断输出。

4. 定时器

FX_{2N} 系列中定时器（T）可分为通用定时器、积算定时器两种。它们是通过对一定周期的时钟脉冲进行累计而实现定时的，时钟脉冲的周期为 1ms、10ms、100ms 三种，当所计数达到设定值时触点动作。设定值可用常数 K 或数据寄存器 D 的内容来设置。

（1）通用定时器。

通用定时器的特点是不具备断电的保持功能，即当输入电路断开或停电时定时器复位。通用定时器有 100ms 和 10ms 两种。

1）100ms 通用定时器（T0 ～ T199）共 200 点，其中 T192 ～ T199 为子程序和中断服务程序专用定时器。这类定时器是对 100ms 时钟累积计数，设定值为 1 ～ 32767，所以其定时范围为 0.1 ～ 3276.7s。

2）10ms 通用定时器（T200 ～ T245）共 46 点。这类定时器是对 10ms 时钟累积计数，设定值为 1 ～ 32767，所以其定时范围为 0.01 ～ 327.67s。

下面举例说明通用定时器的工作原理。如图 1-30 所示，当输入 X0 接通时，定时器 T200 从 0 开始对 10ms 时钟脉冲进行累积计数，当计数值与设定值 K123 相等时，定时器的常开接通 Y0，经过的时间为 123×0.01s=1.23s。当 X0 断开后定时器复位，计数值变为 0，其常开触点断开，Y0 也随之变为 OFF。若外部电源断电，定时器也将复位。

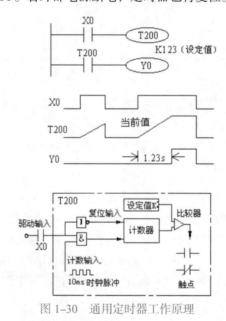

图 1-30　通用定时器工作原理

（2）积算定时器。

积算定时器具有计数累积的功能。在定时过程中如果断电或定时器线圈 OFF，积算定时器将保持当前的计数值（当前值），通电或定时器线圈 ON 后继续累积，即其当前值具有保持功能，只有将积算定时器复位，当前值才变为 0。

1）1ms 积算定时器（T246 ～ T249）共 4 个点，是对 1ms 时钟脉冲进行累积计数，定时的时间范围为 0.001 ～ 32.767s。

2）100ms 积算定时器（T250 ～ T255）共 6 个点，是对 100ms 时钟脉冲进行累积计数，定时的时间范围为 0.1 ～ 3276.7s。

以下举例说明积算定时器的工作原理。如图 1-31 所示，当 X0 接通时，T253 当前值计数器开始累积 100ms 的时钟脉冲的个数。当 X0 经 t0 后断开，而 T253 尚未计数到设定值 K345，其计数的当前值保留。当 X0 再次接通时，T253 从保留的当前值开始继续累积，经过 t1 时间，当前值达到 K345 时，定时器的触点动作。累积的时间为 t0+t1=0.1s×345=34.5s。当复位输入 X1 接通时，定时器才复位，当前值变为 0，触点也跟随复位。

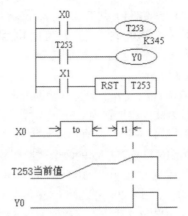

图 1–31 积算定时器工作原理

5. 计数器

FX$_{2N}$ 系列中的计数器（C）分为内部计数器和高速计数器两类。

（1）内部计数器。

内部计数器是在执行扫描操作时对内部信号（如 X、Y、M、S、T 等）进行计数。内部输入信号的接通和断开时间应比 PLC 的扫描周期稍长。

1）16 位增计数器（C0 ～ C199）共 200 个点。其中，C0 ～ C99 为通用型；C100 ～ C199 共 100 个点为断电保持型（断电保持型即断电后能保持当前值，待通电后继续计数）。这类计数器为递加计数，应用前先对其设置一设定值，当输入信号（上升沿）个数累加到设定值时，计数器动作，其常开触点闭合、常闭触点断开。计数器的设定值为 1 ～ 32767（16 位二进制），设定值除了用常数 K 设定外，还可间接通过指定数据寄存器设定。

下面举例说明通用型 16 位增计数器的工作原理。如图 1–32 所示，X10 为复位信号，当 X10 为 ON 时 C0 复位。X11 是计数输入，每当 X11 接通一次，计数器当前值就增加 1（注意 X10 断开，计数器不会复位）。当计数器计数当前值为设定值 10 时，计数器 C0 的输出触点动作，Y0 被接通。此后即使输入 X11 再接通，计数器的当前值也保持不变。当复位输入 X10 接通时，执行 RST 复位指令，计数器复位，输出触点也复位，Y0 被断开。

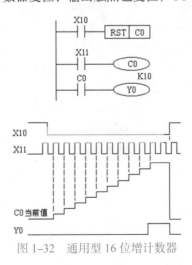

图 1–32 通用型 16 位增计数器

2）32位增/减计数器（C200～C234）共有35点32位增/减计数器。其中C200～C219（共20点）为通用型；C220～C234（共15点）为断电保持型。这类计数器与16位增计数器除位数不同外，还在于它能通过控制实现增/减双向计数。设定值范围均为 –214783648～+214783647（32位）。

C200～C234是增计数还是减计数，分别由特殊辅助继电器M8200～M8234设定。对应的特殊辅助继电器被置为ON时为减计数，置为OFF时为增计数。

计数器的设定值与16位增计数器一样，可直接用常数K或间接用数据寄存器D的内容作为设定值。在间接设定时，要用编号紧连在一起的两个数据计数器。

如图1-33所示，X10用来控制M8200，X10闭合时为减计数方式。X12为计数输入，C200的设定值为5（可正、可负）。设C200置为增计数方式（M8200为OFF），当X12计数输入累加由4到5时，计数器的输出触点动作。当前值大于5时计数器仍为ON状态。只有当前值由5到4时，计数器才变为OFF。只要当前值小于4，则输出保持为OFF状态。复位输入X11接通时，计数器的当前值为0，输出触点也随之复位。

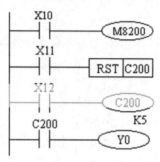

图1-33　32位增/减计数器

（2）高速计数器（C235～C255）。

高速计数器与内部计数器相比除允许输入频率高之外，应用也更为灵活，高速计数器均有断电保持功能，通过参数设定也可变成非断电保持。FX_{2N}有C235～C255共21点高速计数器。适合用于高速计数器输入的PLC输入端口有X0～X7。X0～X7不能重复使用，即如果某一个输入端已被某个高速计数器占用，它就不能再用于其他高速计数器，也不能作为他用。各高速计数器对应的输入端见表1-7。

高速计数器可分为以下几类。

1）单相单计数输入高速计数器（C235～C245）。其触点动作与32位增/减计数器相同，可进行增或减计数（取决于M8235～M8245的状态）。

如图1-34（a）所示为无启动/复位端单相单计数输入高速计数器的应用。当X10断开、M8235为OFF时，C235为增计数方式（反之为减计数）。由X12选中C235，从表1-7中可知，其输入信号来自X0，C235对X0信号增计数，当前值达到1234时，C235常开接通，Y0得电。X11为复位信号，当X11接通时，C235复位。

表1-7　高速计数器对应的输入端

输入计数器		X0	X1	X2	X3	X4	X5	X6	X7
单相	C235	U/D							
单计	C236		U/D						
数输	C237			U/D					
入	C238				U/D				

输入计数器		X0	X1	X2	X3	X4	X5	X6	X7
单相单计数输入	C239					U/D			
	C240						U/D		
	C241	U/D	R						
	C242			U/D	R				
	C243				U/D	R			
	C244	U/D	R					S	
	C245			U/D	R				S
单相双计数输入	C246	U	D						
	C247	U	D	R					
	C248				U	D	R		
	C249	U	D	R				S	
	C250				U	D	R		S
双相高速	C251	A	B						
	C252	A	B	R					
	C253				A	B	R		
	C254	A	B	R				S	
	C255				A	B	R		S

注：U 为增计数输入；D 为减计数输入；B 为 B 相输入；A 为 A 相输入；R 为复位输入；S 为启动输入。X6、X7 只能用作启动信号，而不能用作计数信号。

如图 1-34（b）所示为带启动 / 复位端单相单计数输入高速计数器的应用。X1 和 X6 分别为复位输入端和启动输入端。利用 X10 通过 M8244 可设定其增 / 减计数方式。当 X12 为接通且 X6 也接通时，则开始计数，计数的输入信号来自 X0，C244 的设定值由 D0 或 D1 指定。除了可用 X1 立即复位外，也可用梯形图中的 X11 复位。

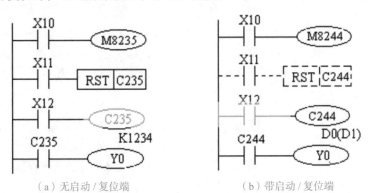

（a）无启动 / 复位端　　　　　　　　　　（b）带启动 / 复位端

图 1-34　单相单计数输入高速计数器

2）单相双计数输入高速计数器（C246 ~ C250）。这类高速计数器具有两个输入端，一个为增计数输入端，另一个为减计数输入端。利用 M8246 ~ M8250 的 ON/OFF 动作可监控 C246 ~ C250 的增计数 / 减计数动作。

如图 1-35 所示，X10 为复位信号，其有效（ON）则 C248 复位。由表 1-7 可知，也可以利用 X5 对其复位。当 X11 接通时，选中 C248，输入来自 X3 和 X4。

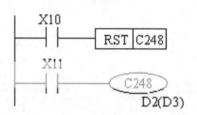

图 1-35 单相双计数输入高速计数器

3）双相高速计数器（C251～C255）。A 相和 B 相信号决定计数器是增计数还是减计数。当 A 相为 ON 时，B 相由 OFF 到 ON，则为增计数；当 A 相为 ON 时，若 B 相由 ON 到 OFF，则为减计数，如图 1-36（a）所示。

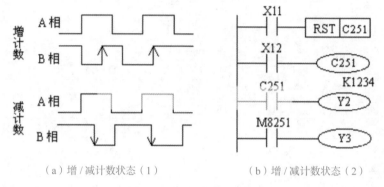

（a）增 / 减计数状态（1）　　　　（b）增 / 减计数状态（2）

图 1-36 双相高速计数器

如图 1-36（b）所示，当 X12 接通时，C251 计数开始。由表 1-7 可知，其输入来自 X0（A 相）和 X1（B 相）。只有当计数使当前值超过设定值时，Y2 为 ON。如果 X11 接通，则计数器复位。根据不同的计数方向，Y3 为 ON（增计数）或 OFF（减计数），即用 M8251～M8255 可监视 C251～C255 的增 / 减计数状态。

🔔 【友情提示】

高速计数器的计数频率较高，它们的输入信号的频率受两方面限制：一是全部高速计数器的处理时间，因为它们采用中断方式，所以计数器用得越少，可计数频率就越高；二是输入端的响应速度，其中，X0、X2、X3 最高频率为 10kHz，X1、X4、X5 最高频率为 7kHz。

6. 数据寄存器

PLC 在进行输入输出处理、模拟量控制、位置控制时，需要许多数据寄存器（D）存储数据和参数。三菱 FX 系列 PLC 数据寄存器分为通用数据寄存器（D0～D199）、断电保持数据寄存器（D200～D7999）、特殊数据寄存器（D8000～D8255）与变址寄存器（V/Z）。

（1）通用数据寄存器（D0～D199）：共 200 点。当 M8033 为 ON 时，D0～D199 有断电保护功能，即只要不写入其他数据，已写入的数据不会变化；但是，当特殊辅助继电器 M8033 已被驱动为 OFF 时，则它们无断电保护，这种情况下，PLC 由 RUN → STOP 或停电时，数据全部清零。

（2）断电保持数据寄存器（D200～D7999）：共 7800 点。其中 D200～D511（共 312 点）有断电保持功能，可以利用外部设备的参数设定改变通用数据寄存器与有断电保持功能数据寄存器的分配；在两台 PLC 进行点对点的通信时，D490～D509 供通信用；D512～D7999 的断电保持功能不能用软件改变，但可用指令清除它们的内容。根据参数设定可以将 D1000 以上作为文件寄存器。

（3）特殊数据寄存器（D8000～D8255）：共 256 点。特殊数据寄存器的作用是监控 PLC 的运行状态，如扫描时间、电池电压等，其内容在电源接通时，写入初始化值（一般先清零，然后由系统 ROM 来写入）。未加定义的特殊数据寄存器，用户不能使用。具体可参见用户手册。

（4）变址寄存器（V/Z）：FX_{2N} 系列 PLC 有 V0～V7 和 Z0～Z7 共 16 个变址寄存器，它们都是 16 位的寄存器。在传送和比较指令中，变址寄存器 V 和 Z 用来在程序执行过程中修改软元件的编号，循环程序需要使用的变址寄存器。变址寄存器 V 和 Z 实际上是一种特殊用途的数据寄存器，其作用相当于微机中的变址寄存器，用于改变元件的编号（变址）。例如，V0=5，在执行 D20V0 时，被执行的编号为 D25（D20+5）。变址寄存器可以像其他数据寄存器一样进行读写，需要进行 32 位操作时，可将 V、Z 串联使用（Z 为低位，V 为高位）。

第2章

PLC 的选与用

最简单的一个 PLC 控制系统，只需要一个 PLC 就能够实现；复杂的 PLC 控制系统，需要 PLC 加一些模块来实现。如何选择一个既合适又能节省成本的 PLC 控制系统，如何正确使用 PLC 控制系统？答案尽在本章内容中。

2.1 PLC选用面面观

2.1.1 选择原则及条件

1. PLC机型选择原则

在满足功能要求及保证可靠、维护方便的前提下，PLC 机型选择的基本原则见表 2-1。

表 2-1　PLC 机型选择的基本原则

序　号	选择项目	原　　则
1	结构型式	（1）整体式 PLC 的每一个 I/O 点的平均价格比模块式的便宜，且体积相对较小，一般用于系统工艺过程较为固定的小型控制系统中。 （2）模块式 PLC 的功能扩展灵活方便，I/O 点数量、输入点数与输出点数的比例、I/O 模块的种类等方面，选择余地较大。维修时只要更换模块，判断故障的范围也很方便，一般适用于较复杂系统和环境差（维修量大）的场合
2	安装方式	PLC 的安装方式有集中式、远程 I/O 式和多台 PLC 联网分布式。 （1）集中式不需要设置驱动远程 I/O 硬件，系统反应快、成本低，一般适用于小型系统。 （2）远程 I/O 式的装置分布范围很广，可以分散安装在 I/O 装置附近，I/O 连线比集中式的短，但需要增设驱动器和远程 I/O 电源。一般适用于大型系统。 （3）多台 PLC 联网分布式适用于多台设备分别独立控制，又要相互联系的场合，可以选用小型 PLC，但必须附加通信模块
3	功能要求	（1）一般小型（低档）PLC 具有逻辑运算、定时、计数等功能，对于只需要开关量控制的设备都可满足。 （2）对于以开关量控制为主，带少量模拟量控制的系统，可选用能带 A/D 和 D/A 单元，具有加减算术运算、数据传送功能的增强型低档 PLC。 （3）对于控制较复杂，要求实现 PID 运算、闭环控制、通信联网等功能的系统，可视控制规模大小及复杂程度，选用中档或高档 PLC
4	响应速度	PLC 的扫描工作方式引起的延迟可达 2～3 个扫描周期。对于大多数应用场合来说，PLC 的响应速度都可以满足要求，不是主要问题。对于某些个别场合，则要求考虑 PLC 的响应速度。 为了减少 PLC 的 I/O 响应的延迟时间，可以选用扫描速度高的 PLC 或选用具有高速 I/O 处理功能指令的 PLC，或者选用具有快速响应模块和中断输入模块的 PLC
5	可靠性	对于一般系统，PLC 的可靠性均能满足。对可靠性要求很高的系统，应考虑是否采用冗余控制系统或热备用系统
6	机型	一个企业应尽量做到 PLC 的机型统一。这是因为同一机型的 PLC，其编程方法相同，有利于技术力量的培训和技术水平的提高；同一机型的 PLC，其模块可互为备用，便于备品备件的采购和管理；同一机型的 PLC，其外围设备通用，资源可共享，易于联网通信，配上位计算机后易于形成一个多级分布式控制系统

在 PLC 型号和规格大体确定后，可以根据控制要求逐一确定 PLC 各组成部分的基本规格

与参数，并选择各组成模块的型号。选择模块型号时，应遵循以下原则。

（1）方便性原则：一般说来，作为 PLC，可以满足控制要求的模块往往有很多种，选择时应以简化线路设计、方便使用、尽可能减少外部控制器件为原则。例如，对于输入模块，应优先选择可以与外部检测元件直接连接的输入形式，避免使用接口电路。对于输出模块，应优先选择能够直接驱动负载的输出模块，尽量减少中间继电器等元件。

（2）通用性原则：进行选型时，要考虑到 PLC 各组成模块的统一与通用，避免模块种类过多。这样不仅有利于采购，减少备品备件，同时可以增加系统各组成部件的互换性，为设计、调试和维修提供方便。

（3）兼容性原则：选择 PLC 系统各组成模块时，应充分考虑到兼容性。为避免出现兼容性不好的问题，组成 PLC 系统的各主要部件的生产厂家不宜过多。如果有可能，尽量选择同一个生产厂家的产品。

2. 选用PLC的参考条件

随着 PLC 技术的进步，各厂家生产的 PLC 所具有的功能大同小异，差异并不十分明显。在选择 PLC 时，一般要以满足系统功能需要为宗旨，不要盲目贪大求全，以免造成投资和设备资源的浪费。可以依据厂商提供的 PLC 目录作比较，参考表 2-2 中的参考条件，全面权衡利弊、合理地选择机型。

表 2-2　选用 PLC 的参考条件

参考项目	具 体 说 明
基本容量及特色	（1）输入信号的电压范围。 （2）提供的指令功能：基本的操作指令、可延伸的应用指令、数据处理指令、算数指令、PID 指令等。 （3）指令处理速度（即执行速度）。 （4）内存容量。 （5）定时器、计数器功能。 （6）资料缓存器的容量。 （7）I/O 点数及扩充量。 （8）其他特殊功能，如浮点数运算、万年历与系统时钟、高速计算能力等。
可扩充能力	（1）与个人计算机联机的方便性。 （2）使用个人计算机编译软件的容易性。 （3）D/A 或 A/D 转换模块的供应情况。 （4）PLC 网络功能。 （5）控制运动装置功能，如步进马达、伺服马达、定位控制器。
电源规格	（1）交流电压的范围。 （2）电源断电时可允许瞬间时间为多长（PLC 仍不受影响且继续动作）。 （3）电源的保护措施，以及所能承受的最大使用电压及电流。 （4）整机功率消耗量。
输入规格	（1）输入的最高电压。 （2）输入可允许的最大电流。 （3）输入为 ON 时的最小电流，输入为 OFF 时的最大电流。 （4）回路的绝缘形式。

续表

参考项目	具 体 说 明
输出规格	（1）外部电压的形态及数值。 （2）是电阻性负载还是电感性负载。 （3）当输出开路时的最大泄漏电流值。 （4）输出端在 ON 时及 OFF 时的反应时间。 （5）输出回路所采用的回路绝缘方式。
环境条件	（1）PLC 使用的温度范围。 （2）耐震性。 （3）耐撞击性。 （4）耐噪声能力。 （5）耐电击能力。 （6）系统的整个绝缘阻抗。 （7）接地的设置。 （8）工作环境的限制，主要是 IP 防护等级。

2.1.2 I/O 模块的选择

PLC 与工业生产过程的联系是通过 I/O 模块来实现的。通过 I/O 模块可以检测被控生产过程的各种参数，并以这些现场数据作为控制信息对被控对象进行控制。同时，通过 I/O 模块将控制器的处理结果传给被控设备或工业生产过程，从而驱动各种执行机构来实现控制。

视频：什么是模拟量

1. I/O 点数的确定

通常，I/O 点数根据被控对象的输入、输出信号的实际需要，再加上一定的裕量来确定。若盲目选择 I/O 点数多的机型，会造成一定浪费。选择 I/O 点数时，应全盘考虑以下几个问题。

（1）弄清楚控制系统的 I/O 总点数，按实际所需总点数的 15% ～ 20% 留足备用量，确定所需 PLC 的点数。便于今后增加控制功能，为系统的改造留有余地。

（2）对于一个控制对象，由于采用的控制方法不同或编程水平不同，I/O 点数也应有所不同。

（3）一些高密度输入点的模块对同时接通的输入点数有限制，一般同时接通的输入点不得超过总输入点的 60%。

（4）PLC 每个输出点的驱动能力是有限的，有的 PLC 其每点输出电流的大小还随所加负载电压的不同而异。

（5）一般 PLC 的允许输出电流随环境温度的升高而有所降低。

（6）PLC 的输出点可分为共点式、分组式和隔离式几种接法。隔离式的各组输出点之间可以采用不同的电压种类和电压等级，但这种 PLC 平均每点的价格较高。如果输出信号之间不需要隔离，则应选择前两种输出方式的 PLC。

典型传动设备及常用电气元件所需开关量的 I/O 点数见表 2–3。

表2-3　典型传动设备及常用电气元件所需开关量的 I/O 点数

序号	电气设备、元件	输入点数	输出点数	序号	电气设备、元件	输入点数	输出点数
1	Ｙ-△启动的笼型异步电动机	4	3	12	光电管开关	2	—
2	单向运行的笼型异步电动机	4	1	13	信号灯	—	1
3	可逆运行的笼型异步电动机	5	2	14	拨码开关	4	—
4	单向变极电动机	5	3	15	三挡波段开关	3	—
5	可逆变极电动机	6	4	16	行程开关	1	—
6	单向运行的直流电动机	9	6	17	接近开关	1	—
7	可逆运行的直流电动机	12	8	18	制动器	—	1
8	单线圈电磁阀	2	1	19	风机	—	1
9	双线圈电磁阀	3	2	20	位置开关	2	—
10	比例阀	3	5	21	单向运行的绕线转子异步电动机	3	4
11	按钮	1	—	22	可逆运行的绕线转子异步电动机	4	5

2. 开关量I/O模块的选择

通过标准的 I/O 接口可从传感器和开关（如按钮、限位开关等）及控制（开 / 关）设备（如指示灯、报警器、电动机启动器等）接收信号。典型的交流 I/O 信号为 24 ～ 240V，直流 I/O 信号为 5 ～ 240V。

尽管输入电路因制造厂家不同而不同，但有些特性是相同的。例如，用于消除错误信号的抖动电路；用于较大瞬态过电压的浪涌保护电路等。此外，大多数输入电路在高压电源输入和接口电路的控制逻辑部分之间都设有可选的隔离电路。

在评估离散输出时，应考虑熔丝、瞬时浪涌保护和电源与逻辑电路间的隔离电路。熔丝电路也许在开始时花费较多，但可能比在外部安装熔丝耗资要少。

（1）开关量输入模块主要有汇点式和分组式两种接线方式。

汇点式开关量输入模块的所有输入点共用一个公共端（COM）；分组式开关量输入模块将输入点分成若干组，每一组（几个输入点）有一个公共端，各组之间是分隔的。分组式开关量输入模块的价格比汇点式的高，如果输入信号之间不需要分隔，一般选用汇点式的。

（2）开关量输出模块是将 PLC 内部低电压信号转换成驱动外部输出设备的开关信号，并实现 PLC 内外信号的电气隔离。选择时主要应考虑以下几个方面。

1）输出方式。

开关量输出模块有继电器输出、晶闸管输出和晶体管输出三种方式。

继电器输出的价格便宜，既可以用于驱动交流负载，又可以用于驱动直流负载，而且适用的电压大小范围较宽、导通压降小，同时承受瞬时过电压和过电流的能力较强，但其属于有触点元件，动作速度较慢（驱动感性负载时，触点动作频率不得超过 1Hz）、寿命较短、可靠性较差，只能适用于不频繁通断的场合。

对于频繁通断的负载，应该选用晶闸管输出或晶体管输出，它们属于无触点元件。但晶闸管输出只能用于交流负载，而晶体管输出只能用于直流负载。

2）输出接线方式。

开关量输出模块主要有分组式和分隔式两种接线方式。

分组式输出是几个输出点为一组，一组有一个公共端，各组之间是分隔的，可分别用于驱动不同电源的外部输出设备；分隔式输出是每一个输出点就有一个公共端，各输出点之间相互隔离。选择时主要根据 PLC 输出设备的电源类型和电压等级的多少而定。一般整体式 PLC 既有分组式输出，也有分隔式输出。

🔔【友情提示】

选择开关量输出模块时，应考虑能同时接通的输出点数量。同时接通输出设备的累计电流值必须小于公共端所允许通过的电流值。例如，一个 220V/2A 的 8 点输出模块，每个输出点可承受 2A 的电流，但输出公共端允许通过的电流并不是 16A（8×2A），通常要比此值小得多。一般来讲，同时接通的点数不要超出同一公共端输出点数的 60%。

3. 模拟量 I/O 模块的选择

模拟量 I/O 模块的主要功能是数据转换，并与 PLC 内部总线相连，同时为了安全也有电气隔离功能。模拟量输入（A/D）模块是将现场由传感器检测而产生的连续的模拟量信号转换成 PLC 内部可接受的数字量；模拟量输出（D/A）模块是将 PLC 内部的数字量转换为模拟量信号输出。

典型模拟量 I/O 模块的量程为 −10 ～ +10V、0 ～ +10V、4 ～ 20mA 等，可根据实际需要选用，同时应考虑其分辨率和转换精度等因素。

模拟量 I/O 接口的典型量程为 −10 ～ +10V、0 ～ +10V、4 ～ 20mA 或 10 ～ 50mA。可根据实际需要选用，同时应考虑其分辨率和转换精度等因素。

4. 特殊功能 I/O 模块的选择

在选择一台 PLC 时，用户可能会面临一些特殊类型且不能用标准 I/O 实现的 I/O 限定，如定位、快速输入、频率等。此时用户应当考虑供销厂商是否提供有特殊的有助于最大限度减小控制作用的模块。有些特殊接口模块自身能处理一部分现场数据，从而使 CPU 从耗时的任务处理中解脱出来。

一些制造厂家在 PLC 上设计有特殊模拟接口，因而可接收低电平信号（如 RTD、热电偶等）。一般来说，这类接口模块可用于接收同一模块上不同类型的热电偶或 RTD 混合信号。

5. 智能式 I/O 模块的选择

当前，PLC 的生产厂家相继推出了一些智能式的 I/O 模块。一般智能式 I/O 模块本身带有处理器，可对输入或输出信号进行预先规定的处理，并将处理结果送入 CPU 或直接输出，这样可提高 PLC 的处理速度并节省存储器的容量。

智能式 I/O 模块有高速计数器（可作加法计数或减法计数）、凸轮模拟器（用作绝对编码输入）、带速度补偿的凸轮模拟器、单回路或多回路的 PID 调节器、ASCII/BASIC 处理器、RS-232C/422 接口模块等。表 2-4 归纳了选择 PLC 的 I/O 接口模块的一般原则。

表 2-4　选择 PLC 的 I/O 接口模块的一般原则

I/O 模块类型	现场设备或操作（举例）	说　　明
离散输入模块和 I/O 模块	选择开关、按钮、光电开关、限位开关、电路断路器、接近开关、液位开关、电动机启动器触点、继电器触点、拨盘开关	输入模块用于接收 ON/OFF 或 OPENED/CLOSED（开 / 关）信号，离散信号可以是直流的，也可以是交流的

I/O 模块类型	现场设备或操作（举例）	说　明
离散输出模块和 I/O 模块	报警器、控制继电器、风扇、指示灯、扬声器、阀门、电动机启动器、电磁线圈	输出模块用于将信号传递到 ON/OFF 或 OPENED/CLOSED（开 / 关）设备。离散信号可以是交流或直流的
模拟量输入模块	温度变送器、压力变送器、湿度变送器、流量变送器、电位器	将连续的模拟量信号转换成 PLC 处理器可接受的输入值
模拟量输出模块	模拟量阀门、执行机构、图表记录器、电动机驱动器、模拟仪表	将 PLC 处理器的输出转为现场设备使用的模拟量信号（通常是通过变送器进行）
特种 I/O 模块	电阻、电偶、编码器、流量计、I/O 通信、ASCII 代码、RF 型设备、称重计、条形码阅读器、标签阅读器、显示设备	通常用作位置控制、PID 和外部设备通信等专门用途

6. I/O 响应时间的选择

PLC 的 I/O 响应时间包括输入电路延迟、输出电路延迟和扫描工作方式引起的时间延迟（一般在 2 ~ 3 个扫描周期）等。

（1）对开关量控制的系统，PLC 的 I/O 响应时间一般能满足实际工程的要求，可以不必考虑 I/O 响应问题。

（2）对模拟量控制的系统特别是闭环控制系统，就要考虑 I/O 响应时间。

🔔 【友情提示】

PLC 从现场收集的信息及输出给外部设备的控制信号的传输都需经过一定距离，为了确保这些信息正确无误，PLC 的 I/O 接口模块都具有较好的抗干扰能力。根据实际需要，一般情况下，PLC 都有许多 I/O 接口模块，包括开关量输入模块、开关量输出模块、模拟量输入模块、模拟量输出模块及其他一些特殊模块，使用时应根据它们的特点进行选择。

2.1.3　存储容量估算法

用户程序所需的存储容量大小不仅与 PLC 系统的功能有关，而且与功能实现的方法、程序编写水平有关。在选择存储容量的同时，还要注意对存储器类型的选择。

1. 存储器类型与存储容量

PLC 系统所用的存储器基本上由 PROM、EPROM 及 PAM 三种类型组成。存储容量则随机器的大小变化，一般小型机的最大存储容量低于 6KB，中型机的最大存储容量可达 64KB，大型机的最大存储容量可为几兆字节。

使用时可根据程序及数据的存储需要来选用合适的机型，必要时也可专门进行存储器的扩充设计。

2. 存储容量的估算

（1）计算法。根据编程使用的节点数精确计算存储器的实际使用容量，并适当预留一定裕量。

获取存储容量的最佳方法是生成程序，看用了多少字。知道每条指令所用的字数，用户便可以确定准确的存储容量。

（2）估算法。依据不同的使用场合，根据控制规模和应用目的，按照表 2-5 的公式来估算。为了使用方便，一般应留有 25%～30% 的裕量。对缺乏经验的设计者，选择容量时留的裕量要大些。

1
2
3
4
5
6
7

PLC 的选与用

表 2-5　估算存储器容量的方法

控制目的	公　　式	说　　明
代替继电器	$M=Km（10DI+5DO）$	DI 为数字（开关）量输入信号；DO 为数字（开关）量输出信号；AI 为模拟量输入信号；Km 为每个接点所属存储器字节数；M 为存储器容量
模拟量控制	$M=Km（10DI+5DO+100AI）$	
多路采样控制	$M=Km[10DI+5DO+100AI+(1+采样点)\times 0.25]$	

2.1.4　编程软件的选择

选用 PLC 时，软件有无支撑技术、技术支持的手段是重要的选择依据。

1. 编程手段的选择

PLC 的编程主要有离线编程、在线编程和计算机辅助编程三种手段。

（1）离线编程是指主机和编程器共用一个 CPU，通过编程器的方式选择开关来选择 PLC 的编程、监控和运行工作状态。在编程状态时，CPU 只为编程器服务，而不对现场进行控制。专用编程器编程属于这种情况。

（2）在线编程是指主机和编程器各有一个 CPU，主机的 CPU 完成对现场的控制，在每一个扫描周期末尾与编程器通信，编程器把修改的程序发给主机，在下一个扫描周期，主机将按新的程序对现场进行控制。

（3）计算机辅助编程既能实现离线编程，也能实现在线编程。在线编程需购置计算机，并配置编程软件。

采用哪种编程方法，应根据需要决定。对产品定型、工艺过程不变动的系统可以选择离线编程，以降低设备的投资费用。

2. 编程器的选择

（1）便携式简易编程器主要用于小型 PLC，其控制规模小，程序简单，可用简易编程器。

（2）CRT 编程器适用于大中型 PLC，除可用于编制和输入程序外，还可编辑和打印程序文本。

🔔【友情提示】

目前，由于 IBM-PC 已得到普及推广，IBM-PC 及其兼容机编程软件包是 PLC 很好的编程工具。PLC 厂商都在致力于开发适用自己机型的 IBM-PC 及其兼容机编程软件包，并获得了成功。

3. 程序文本处理的选择

（1）简单程序文本处理，以及图、参量状态和位置的处理，包括打印梯形逻辑图。

（2）程序标注，包括触点和线圈的赋值名、网络注释等，这对用户或软件工程师阅读和调试程序非常有用。

（3）图形和文本的处理，使用比较方便。

4. 程序存储方式的选择

对于技术资料档案和备用资料来说，程序可由磁带、软磁盘或EEPROM（只读存储器）存储程序盒等存储，具体怎样存储，取决于所选机型的技术条件。

5. 通信软件包的选择

大、中型PLC机都有通信功能，大部分小型PLC机也具有通信功能。对于网络控制结构或需要用上位计算机管理的控制系统，有无通信软件包是选用PLC的主要依据。通信软件包往往和通信硬件（如调制解调器等）一起使用。

2.1.5 PLC 功能的选择

1. 运算功能的选择

简单PLC的运算功能包括逻辑运算、计时和计数功能；普通PLC的运算功能还包括数据移位、比较等运算功能；较复杂运算功能有代数运算、数据传送等；大型PLC中还有模拟量的PID运算和其他高级运算功能。随着开放系统的出现，在PLC中都已具有通信功能，有些产品具有与下位机通信的功能，有些产品具有与同位机或上位机通信的功能，有些产品还具有与工厂或企业网进行数据通信的功能。

设计选型时应从实际应用的要求出发，合理选用所需的运算功能。大多数应用场合，只需要逻辑运算、计时和计数功能，有些应用需要数据传送和比较，当用于模拟量检测和控制时，才需要代数运算、数值转换和PID运算等。要显示数据时需要译码和编码运算等。

2. 控制功能的选择

控制功能包括PID控制运算、前馈补偿控制运算、比值控制运算等功能，应根据控制要求确定。PLC主要用于顺序逻辑控制，因此，大多数场合采用单回路或多回路控制器解决模拟量的控制问题，有时也采用专用的智能输入/输出单元完成所需的控制功能，提高PLC的处理速度和节省存储器容量。例如，采用PID控制单元、高速计数器、带速度补偿的模拟单元、ASCII码转换单元等。

3. 通信功能的选择

大中型PLC系统应支持多种现场总线和标准通信协议（如TCP/IP），需要时应能与工厂管理网（TCP/IP）相连接。通信协议应符合ISO/IEEE通信标准，应是开放的通信网络。

PLC系统的通信接口应包括串行和并行通信接口（RS-232C/422A/423/485）、RIO通信口、工业以太网、常用DCS接口等；大中型PLC通信总线（含接口设备和电缆）应1:1冗余配置，通信总线应符合国际标准，通信距离应满足装置实际要求。

在PLC系统的通信网络中，上级的网络通信速率应大于1Mb/s，通信负荷不大于60%。PLC系统的通信网络主要形式有下列几种形式。

（1）PC为主站，多台同型号PLC为从站，组成简易PLC网络。

（2）1台PLC为主站，其他同型号PLC为从站，构成主从式PLC网络。

（3）PLC网络通过特定网络接口连接到大型DCS中作为DCS的子网。

（4）专用PLC网络（各厂商的专用PLC通信网络）。

为减轻CPU通信任务，根据网络组成的实际需要，应选择具有不同通信功能的（如点对点、现场总线、工业以太网）通信处理器。

4. 编程功能的选择

（1）离线编程方式：PLC 和编程器共用一个 CPU，编程器在编程模式时，CPU 只为编程器提供服务，不对现场设备进行控制。完成编程后，编程器切换到运行模式，CPU 对现场设备进行控制，不能进行编程。离线编程方式可降低系统成本，但使用和调试不方便。

（2）在线编程方式：CPU 和编程器各有自的 CPU，主机 CPU 负责现场控制，并在一个扫描周期内与编程器进行数据交换，编程器把在线编制的程序或数据发送到主机，在下一扫描周期，主机就根据新收到的程序运行。这种方式成本较高，但系统调试和操作方便，在大中型 PLC 中常采用。

（3）5 种标准化编程语言：顺序功能图（SFC）、梯形图（LD）、功能模块图（FBD）、3 种图形化语言和语句表（IL）、结构文本（ST）2 种文本语言。选用的编程语言应遵守其标准（IEC 6113123），同时应支持多种语言编程形式，如 C、Basic 等，以满足特殊控制场合的控制要求。

5. 诊断功能的选择

PLC 的诊断功能包括硬件和软件的诊断。硬件诊断通过硬件的逻辑判断确定硬件的故障位置，软件诊断分内诊断和外诊断。通过软件对 PLC 内部的性能和功能进行诊断是内诊断，通过软件对 PLC 的 CPU 与外部输入 / 输出等部件信息的交换功能进行诊断是外诊断。

PLC 诊断功能的强弱，直接影响对操作和维护人员技术能力的要求，并影响平均维修时间。

6. 处理速度的选择

PLC 采用扫描方式工作。从实时性要求来看，处理速度应越快越好，如果信号持续时间小于扫描时间，则 PLC 将扫描不到该信号，造成信号数据的丢失。

处理速度与用户程序的长度、CPU 处理速度、软件质量等有关。PLC 点的响应快、速度高，每条二进制指令执行时间 0.2 ～ 0.4Ls（Ls 为最迟开始时间），因此能适应控制要求高、相应要求快的应用需要。扫描周期（处理器扫描周期）应满足：小型 PLC 的扫描时间不大于 0.5ms/k（即 0.5ms 扫描 1000 个检测点）；大中型 PLC 的扫描时间不大于 0.2ms/k（即 0.2ms 扫描 1000 个检测点）。

🎯 2.1.6　PLC 机型的选择

1. 结构类型的选择

整体型 PLC 的 I/O 点数固定，因此用户选择的余地较小，用于小型控制系统；模块型 PLC 提供多种 I/O 卡件或插卡，因此用户可较合理地选择和配置控制系统的 I/O 点数，功能扩展方便灵活，一般用于大中型控制系统。

视频：PLC 的选择

2. I/O 模块的选择

I/O 模块的选择应考虑与应用要求的统一。例如，对输入模块，应考虑信号电平、信号传输距离、信号隔离、信号供电方式等应用要求。对输出模块，应考虑选用的输出模块类型，通常继电器输出模块具有价格低、使用电压范围广、寿命短、响应时间较长等特点；晶闸管输出模块适用于开关频繁，电感性低功率因数负荷场合，但价格较贵，过载能力较差。输出模块还有直流输出、交流输出和模拟量输出等要求，与应用要求应一致。

可根据应用要求合理选用智能型 I/O 模块，以便提高控制水平和降低应用成本。同时要考虑是否需要扩展机架或远程 I/O 机架等。

3. 电源的选择

一般 PLC 的供电电源应设计选用 AC 220V 电源，与国内电网电压一致。在重要的应用场合，应采用不间断电源或稳压电源供电。如果 PLC 本身带有可使用电源时，应核对提供的电流是否满足应用要求，否则应设计外接供电电源。

选择 PLC 电源，除了常规的 I/O 参数必须满足要求，最值得关注的则是电磁兼容方面的性能指标。首先，电源在系统内部不能干扰 CPU，其次，包括电源在内的系统不能干扰外围设备。

4. 存储器的选择

由于计算机集成芯片技术的发展，存储器的价格已下降，因此，为了保证应用项目的正常投运，一般要求 PLC 的存储器容量，按 256 个 I/O 点至少选 8KB 存储器考虑。需要复杂控制功能时，应选择容量更大、档次更高的存储器。

5. 冗余功能的选择

（1）控制单元的冗余。重要的过程单元，CPU（包括存储器）及电源均应 1∶1 冗余。在需要时也可选用 PLC 硬件与热备软件构成的热备冗余系统、2 重化或 3 重化冗余容错系统等。

（2）I/O 接口单元的冗余。控制回路的多点 I/O 卡应冗余配置；重要检测点的多点 I/O 卡可冗余配置；根据需要对重要的 I/O 信号，可选用 2 重化或 3 重化的 I/O 接口单元。

6. 经济性的考虑

选择 PLC 时，应考虑性能价格比。考虑经济性时，应同时考虑应用的可扩展性、可操作性、投入产出比等因素，进行比较与兼顾，最终选出较满意的产品。

🔔【友情提示】

输入输出点数对价格有直接影响。每增加一块 I/O 卡件就需增加一定的费用。当点数增加到某一数值后，相应的存储器容量、机架、母板等也要相应增加，因此，点数的增加对 CPU 选用、存储器容量、控制功能范围等选择都有影响。在估算和选用时应充分考虑，使整个控制系统有较合理的性能价格比。

2.2 PLC配置方略

2.2.1 节省输入点的方法

1. 通过改变PLC的外部输入接线来节省输入点

（1）采用外部硬接线可节省输入点。

当一些输入电器的触点之间只是简单的逻辑关系（如与关系、或关系）时，如果完全用程序来实现这些逻辑关系，那么这些触点都需占用 PLC 的输入点。如果在 PLC 外部用硬接线来实现它们之间的逻辑，那么可以节约一些输入点。

视频：三菱 PLC 配置

例如，图 2-1 所示的是在三处均能启 / 停一台电动机的控制。SB1、SB2、SB3 是启动按钮，SB4、SB5、SB6 是停止按钮。若用程序来实现这个逻辑关系，PLC 的外部接线如图 2-1 (a) 所示，对应的梯形图如图 2-1 (b) 所示。

由继电器控制电路的常识可知，在异地控制时，所有启动按钮之间是"或"的逻辑关系，所有停止按钮之间也是"或"的逻辑关系。因此可以按图 2-2 (a) 的方法改变 PLC 的外部接线。与图 2-1 (a) 相比，显然节省了 4 个输入点，而且图 2-2 (b) 比图 2-1 (b) 的梯形图显得更为简洁。

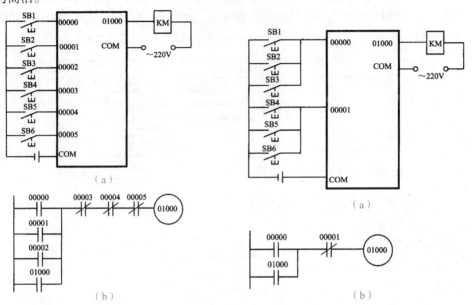

图 2-1　三处可启 / 停一台电动机方案（一）　　图 2-2　三处可启 / 停一台电动机方案（二）

（2）采用分组控制方式来节省输入点。

例如，对于系统既有手动控制又有自动控制，且手动部分控制按钮较多，而两者不可能同时执行的 PLC 工作方式，不同工作方式的输入可以共用一个 PLC 的输入点。

系统有手动、自动两种控制方式时，如果每种各有 M 个输入信号，则要占用 2M 个输入点。如果采用分组控制方式时，则 2M 个输入信息只需占用 M 个输入点。

如图 2-3 所示为分组控制的例子。图中开关 S 有 1、2 两个工作位，PLC 的 00000 输入点作为控制点使用。当 S 合在 2 号位（手动）时，00000 被接通，这时，00001 点输入的是 SB1 的信息；当 S 合在 1 号位（自动）时，00000 输入点 OFF，00001 点输入的是 S1 的信息。可见，同一个输入点 00001，在 00000 不同状态下输入了不同的内容。这个例子说明，采用分组控制法相当于使 PLC 的输入点扩大约 2 倍。

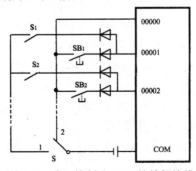

图 2-3　分组控制法 PLC 的外部接线

（3）采用矩阵输入来节省输入点。

如图 2-4 所示为 4×4 矩阵输入电路，它使用 PLC 的 4 个输入点（X000～X003）和 4 个输出点（Y000～Y003）来实现 16 个输入点的功能，特别适合 PLC 输出点多而输入点不够的场合。当 Y000 导通时，X000～X003 接收的是 Q1～Q4 送来的输入信号；当 Y001 导通时，X000～X003 接收的是 Q5～Q8 送来的输入信号；当 Y002 导通时，X000～X003 接收的是 Q9～Q12 送来的输入信号；当 Y003 导通时，X000～X003 接收的是 Q13～Q16 送来的输入信号。将 Y000 的动合点与 X000～X003 串联即为输入信号 Q1～Q4；将 Y001 的动合点与 X000～X003 串联即为输入信号 Q5～Q8；将 Y002 的动合点与 X000～X003 串联即为输入信号 Q9～Q12；将 Y003 的动合点与 X000～X003 串联即为输入信号 Q13～Q16。

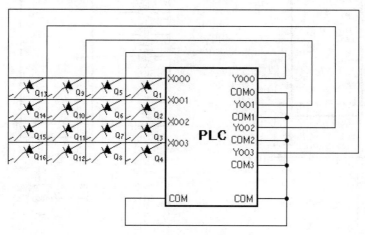

图 2-4　矩阵输入电路

使用时除按如图 2-4 所示进行接线外，还必须有对应的软件来配合，以实现 Y000～Y003 轮流导通；同时要保证输入信号的宽度应大于 Y000～Y003 轮流导通一遍的时间，否则可能丢失输入信号。该方法的缺点是使输入信号的采样频率降低为原来的 1/3，而且输出点 Y000～Y003 不能再使用。

2. 利用编程来节约输入点数

PLC 内部器件的数量一般远超过用户编程的需求，合理编程可以达到节约输入点的目的。软件扩展的基本思想是一点两用或轮序复用。即当按钮初次按下时，输出要求为高；当按钮再次按下时，输出要求为低；再按下时又为高，以此类推。实现"一点两用"的编程方法较多，如利用内部辅助继电器、定时器、计数器、移位指令等。

（1）让输入设备具有多种用途。

如图 2-5 所示是用一个按钮控制一台电动机启 / 停的控制方案。图 2-5（a）是用 KEEP 指令编程，实现用一个按钮启 / 停一台电动机的一种方案。PLC 外部只接一个按钮，对应输入点 00000。第 1 次按下按钮 00000，01000 为 ON，电动机启动。第 2 次按下按钮，由于 01000 已经为 ON，所以出现 KEEP 的置位和复位端均为 ON 的情况，由于复位优先，所以 01000 复位，电动机停止运行。

图 2-5（b）是用一个按钮启 / 停一台电动机的另一种方案，当第 1 次按下按钮时，20001 为 OFF，01000 为 ON，电动机启动。第 2 次按下按钮时，由于 01000 已为 ON，所以 20001 为 ON，从而使 01000 断电，电动机停止运行。

也可以利用移位寄存器和计数器等指令，编写出用一个按钮启 / 停一台电动机的控制程序。

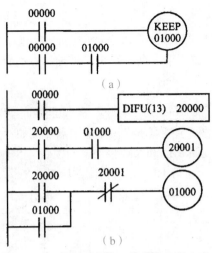

图 2-5　用一个按钮启 / 停电动机的方案

（2）由一个输入点的不同状态来控制两段程序。

使用跳转或分支指令时，可以由一个输入点的不同状态来控制两段程序的执行，如图 2-6 所示。

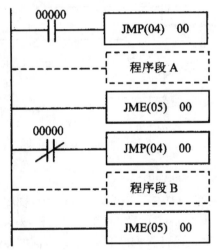

图 2-6　使用跳转命令编程

（3）用 PLC 内部器件代替外部电器。

在对位移要求不是很严格的场合，可以用定时器指令代替行程开关进行行程控制，这样就节约了行程开关占用的输入点。如果允许，这种方法还可以避免由于行程开关失灵所造成的控制失灵。

2.2.2　节省输出点的方法

1. 部分电器可以不接入PLC

对控制逻辑简单、不参与系统过程循环、运行时与系统各环节不发生动作联系的电器，可不纳入 PLC 控制系统，直接利用外部继电器控制即可，这样就可以节省输出点。例如，一些机床设备的油泵电机或通风机的电动机等就属于这一类电器。

2. 令部分输出电器并联使用

几个通、断状态完全相同的负载，在 PLC 输出点的电流限额允许的情况下，可以并联在同一个输出端子上，从而减少占用输出点。若 PLC 的输出点不允许其并联连接，可用 PLC 外部的一个继电器对这两个负载进行控制。

3. 部分指示灯可不必占用输出点

有些用于标志运行状态的指示灯可不必占用输出点。例如，如图 2-7 所示的 PLC 系统启动控制电路，系统的启动由按钮 SB1 和 KM 控制，当按一下 SB1 时，系统运行指示灯 HL 就亮。另外，表示 KMC 状态的指示灯 HLC 也不占用输出点。

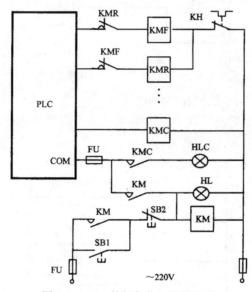

图 2-7 PLC 外部负载电源的线路

4. 利用软件编码和硬件译码扩展输出点

在控制系统输出信号较多的情况下，可以通过 PLC 的内部程序对输出信号进行编码，然后通过硬件译码器进行译码，驱动负载工作，这可以大大减少对输出点的占用。PLC 的外部接线如图 2-8 所示，采用 3 线 -8 线译码器 74LS138。此时，同样存在电平匹配的问题，即 PLC 的直流模块典型输出为 +24V，而信号电路的工作电压一般为 +5V，因此，有时同样需要增加信号电路及功率放大电路以驱动负载工作。

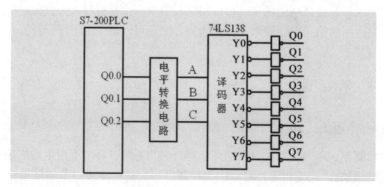

图 2-8 PLC 的外部接线

5. 分组输出

当两组负载不会同时工作时，可以通过外部转换开关或 PLC 控制的电器触点进行切换，使 PLC 的一个输出点可控制两个不同时工作的负载，如图 2-9 所示。

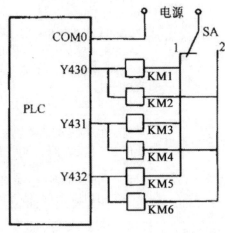

图 2-9　分组输出

6. 负载多功能化

一个负载实现多种用途。例如，用一个指示灯的不同状态表示几种不同的信息。在传统的继电器—接触器系统中，一个指示灯只能指示一种状态。在 PLC 控制系统中，利用 PLC 编程软件很容易实现利用一个输出点控制一个指示灯的不亮、常亮、闪烁 3 种状态，可以表示 3 种不同的信息，从而节省了 PLC 的输出点。

🔔 【友情提示】

在 PLC 控制系统的设计中，经常会遇到 I/O 点资源紧张及性价比矛盾的问题。本节介绍的节省输入点、输出点的方法，都是经过实践检验、切实可行的方法，在设计时可合理选用。

在具体应用时，一定要对所选用的 PLC 系统进行具体分析，需考虑每种方法的一些优、缺点，同时要考虑抗干扰能力等问题，从而选择其中最简单、最有效的方法。若能合理利用这些方法，必能有效节省 PLC 的 I/O 点数，降低系统成本，实现高性价比，更为充分地发挥 PLC 的优势。

2.3　硬件安装与维护

◎ **2.3.1　PLC 安装要求**

虽然 PLC 是专门服务于工业生产自动化控制系统的一种装置，可以直接在工业环境中使用，但是当 PLC 在生产环境过于恶劣（如电磁干扰特别强烈、温度超高或超低、环境污染特别严重等）的条件下工作时，就很有可能造成程序错误或运算错误，而产生误输入并引起误输出，这将会造成设备的失控和误动作，不能保证 PLC 的正常运行。因此 PLC 在使用中应保持良好的工作环境。PLC 控制系统对工作环境的要求见表 2-6。

表 2-6　PLC 对工作环境的要求

环境因素	PLC 的要求	应 对 措 施
温度	各生产厂家对 PLC 的环境温度都有一定的规定。通常 PLC 允许的环境温度在 0 ～ 55℃	（1）安装 PLC 时不能放在发热量大的元件下面，四周通风散热的空间应足够大，基本单元和扩展单元之间要有 30mm 以上间隔。 （2）PLC 的控制柜周围，不要安装大变压器、加热器、大功率电源等发热器件。要留有一定的通风散热空间。 （3）开关柜的上、下部应有通风的百叶窗，防止太阳光直接照射。 （4）如果周围环境超过 55℃，要安装电风扇强迫通风
湿度	为了保证 PLC 的绝缘性能，空气的相对湿度应小于 85%（无凝露）	环境湿度太大会影响模拟量 I/O 装置的精度。在温度急剧变化易产生凝结水珠的地方不能安装 PLC
空气	避免有腐蚀和易燃的气体，如氯化氢、硫化氢等	对于空气中有较多粉尘或腐蚀性气体的环境，可将 PLC 安装在封闭性较好的控制室或控制柜中
振动及冲击源	PLC 应避免强烈的振动及冲击，防止振动频率为 10 ～ 55Hz 的频繁或连续振动	当使用环境不可避免振动时，必须采取减振措施，如采用减振胶等，以免造成接线或插件的松动
电源	PLC 对供电的可靠性要求较高，对电源线的抗干扰能力有严格的要求	在可靠性要求很高或电源干扰特别严重的环境中，可安装一台带屏蔽层的变比为 1 ∶ 1 的隔离变压器，以减少设备与地之间的干扰；还可以在电源输入端串接 LC 滤波电路。一般 PLC 有直流 24V 输出提供给输入端，当输入端使用外接直流电源时，应选用直流稳压电源。因为普通的整流滤波电源由于纹波的影响，容易使 PLC 接收到错误信息。如果电源波动较大或干扰明显，需要对电源采取净化措施。常用的措施如下。 （1）隔离变压器。 （2）UPS 电源。 （3）净化电源。 （4）高性能的 AC/DC 装置。 （5）稳压电源。
强干扰源	远离强干扰源	采取间距、屏蔽等有效措施避免大功率晶闸管装置、高频焊机、大型动力设备等强干扰源对 PLC 造成影响
强电磁场和强放射源	远离强电磁场和强放射源	在离强电磁场、强放射源较近的地方，以及易产生强静电的地方都不能安装 PLC

　　以上为一般的 PLC 的使用环境。一些特殊的 PLC 可以应用在更恶劣的环境中，如西门子的 SIPLUSS7-300，理论来说它的工作环境温度可以达到 -25 ～ +60℃，湿度甚至可以允许短期偶尔结霜。

2.3.2　PLC 的安装与接线

1. PLC 的安装固定方式

　　PLC 的安装固定方式有底板安装固定和 DIN 导轨安装固定两种，如图 2-10 所示。

（a）底板固定　　　　　　　　　　　（b）DIN 导轨固定

图 2-10　PLC 的安装固定方式

（1）底板安装是利用 PLC 机体外壳四个角上的安装孔，用螺钉将其固定在底板上，如图 2-10（a）所示。

（2）DIN 导轨安装是利用模块上的 DIN 夹子，把模块固定在一个标准的 DIN 导轨上，如图 2-10（b）所示。导轨安装既可以采取水平安装，也可以采取垂直安装。

2. PLC安装固定的注意事项

（1）为了使控制系统工作可靠，通常把 PLC 安装在有保护外壳的控制柜中，以防止灰尘、油污、水溅，如图 2-11 所示。

图 2-11　PLC 安装在控制柜中

（2）为了保证 PLC 在工作状态下其温度保持在规定环境温度范围内，PLC 应有足够的通风空间，基本单元和扩展单元之间要有 30mm 以上间隔。如果周围环境有可能超过 55℃，要安装电风扇，强迫通风。

（3）为了避免其他外围设备的电磁干扰，PLC 与高压设备和电源线之间应留出至少 200mm 的距离。

（4）当 PLC 垂直安装时，要严防导线头、铁屑等从通风窗掉入可编程控制器内部，造成印制电路板短路，使其不能正常工作甚至永久损坏。

（5）良好的接地是保证 PLC 可靠工作的重要条件，可以避免偶然发生的电压冲击危害。

🔔 【友情提示】

PLC 的所有单元必须在断电时安装和拆卸。

3. 正确配线的要求

（1）开关量信号一般对信号电线没有严格的要求，可选用一般电缆，信号传输距离较远时，可选用屏蔽电缆。

（2）对通信电缆可靠性的要求高，有的通信电缆传递的信号频率很高，一般选用专用电缆（如光纤电缆），在要求不高或信号频率较低时，也可以选用带屏蔽的多芯电缆或双绞线电缆。

（3）模拟信号和高速信号（如脉冲传感器、计数码盘等提供的信号）线，应选择屏蔽电缆。

（4）交流线与直流线应分别使用不同的电缆。

（5）PLC 的电源和 I/O 回路的配线，必须使用压接端子或单股线，不能用多股绞合线直接与 PLC 的接线端子连接，否则容易出现火花。

4. 正确布线

（1）PLC 系统的强电与弱电（动力电与信号电）应分开敷设。I/O 线、PLC 的电源线、动力线放在各自的电缆槽或电缆管中，线中心距要保持至少大于 300mm 的距离。I/O 线绝对不准与动力线捆在一起敷设。

（2）I/O 回路的电流不得超过通道的能力。例如，电流较大，应采用继电器隔离。

（3）信号线特别是模拟量信号线不宜过长。

（4）模拟量 I/O 线应采用屏蔽线，且屏蔽层应一端接地。

（5）PLC 的基本单元与扩展单元之间的电缆传送的信号电压低、频率高，很容易受到高频干扰，因此不能将它同别的线敷设在一起。

2.3.3 输入设备的连接

目前 PLC 数字量输入端口一般分单端共点与双端输入，各厂商的单端共点（COM）的接口有光电耦合器正极共点与负极共点之分。日系 PLC 通常采用正极共点，欧系 PLC 习惯采用负极共点；日系 PLC 供应欧洲市场也按欧洲习惯采用负极共点。为了能灵活使用，又发展了单端共点（S/S）可选型，根据需要，单端共点可以接负极也可以接正极。

1. 主令电器类输入元件与PLC的连接

输入端子与外部输入器件如开关、按钮及各种传感器（这些器件主要是触点类型的器件）相连接。在接入 PLC 时，每个触点的接头分别连接一个输入点及输入公共端（COM端）。PLC 的开关量输入接线点都是螺钉接入方式，每一位信号占用一个螺钉，如图 2-12（a）所示。

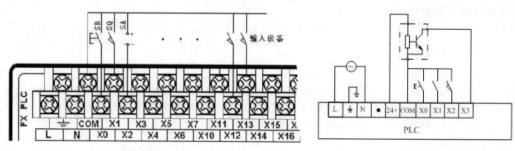

（a）实物图　　　　　　　　　　　　　　（b）原理图

图 2-12　PLC 与主令电器类输入设备的连接

图 2-12（b）中上部为输入端子，COM 端为公共端。输入公共端在某些 PLC 中是分组隔离的，在 FX 系列中是连通的，即在 PLC 的内部已将多个输入公共端连接好，我们在使用时不用考虑，所以 PLC 的输入点接线一般采用汇点式（全部输入信号拥有一个公共点）。三菱 FX 系列 AC 电源、DC 输入信号型 PLC，输入端子和 COM 端子之间用无电压接点或 NPN 开路集电极晶体管连接，就进入输入状态，这时表示输入的 LED 灯亮。PLC 内部输入的一次电路和二次电路用光耦合器绝缘，二次电路设有 RC 滤波器，这是为了防止混入输入接点的振动噪声和输入线的噪声而引起误动作。因此，输入信号的 ON → OFF、OFF → ON 变化在 PLC 的内部会产生约 10ms 的响应滞后时间。

开关、按钮等器件都是无源器件，PLC 内部电源能为每个输入点提供的工作电流大约为 7mA（DC 24V），这也就限制了线路长度。有源传感器在接入时必须注意与机内电源的极性配合。模拟量信号的输入须采用专用的模拟量工作单元。PLC 的输入电流为 ON 时，必须有 4.5mA 以上的电流来保证信号的可靠输入，OFF 时，输入漏电流必须小于 1.5mA，以此来保证可靠截止。

2. 旋转编码器与PLC的连接

旋转编码器是一种光电式旋转测量装置，它将被测的角位移直接转换成数字信号（高速脉冲信号）。因此，可将旋转编码器的输出脉冲信号直接输入给 PLC，利用 PLC 的高速计数器对其脉冲信号进行计数，以获得测量结果。

视频：编码器接线

不同型号的旋转编码器，其输出脉冲的相数不同，有的旋转编码器输出 A、B、Z 三相脉冲，有的只有 A、B 两相，最简单的只有 A 相。

如图 2-13 所示是输出两相脉冲的旋转编码器与 FX 系列 PLC 的连接示意图。旋转编码器有 4 条引线，其中 2 条是脉冲输出线，1 条是 COM 端线，1 条是电源线。

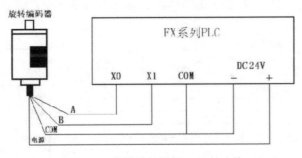

图 2-13　旋转编码器与 PLC 的连接

旋转编码器的电源可以是外接电源，也可直接使用 PLC 的直流 24V 电源。电源的 "–" 端要与旋转编码器的 COM 端连接，"+" 端要与旋转编码器的电源端连接。旋转编码器的 COM 端与 PLC 输入 COM 端连接，A、B 两相脉冲输出线直接与 PLC 的输入端连接。

连接时要注意 PLC 输入的响应时间。有的旋转编码器还有 1 条屏蔽线，使用时要将屏蔽线接地。

3. 拨码器与PLC的连接

如果 PLC 控制系统中的某些数据需要经常修改，可使用多位拨码开关与 PLC 连接，在 PLC 外部进行数据设定。如图 2-14 所示为一位拨码开关的示意图，一位拨码开关能输入一位十进制数 0 ～ 9，或者一位十六进制数 0 ～ F。

如图 2-15 所示为 4 位拨码开关组装在一起，把各位拨码开关的 COM 端连在一起，接在

PLC 输入侧的 COM 端子上。每位拨码开关的 4 条数据线按一定顺序接在 PLC 的 4 个输入点上。图中 4 个框是 4 个拨码器的等效电路，4 个拨码器分别用来设定千、百、十、个位数，利用每个拨码开关的拨码盘调整各位拨码开关的值。

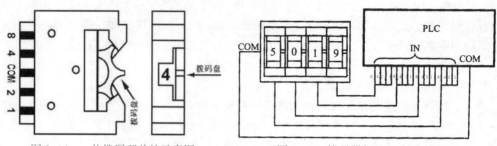

图 2-14　一位拨码开关的示意图　　　　　图 2-15　拨码器与 PLC 的连接

　　例如，要设定数据为 5019 时，把千位拨码器拨为 5，此时千位中对应 8、2 的开关断开，对应 4、1 的开关闭合，则该位数字输入为 0101；把百位拨码器拨为 0，此时百位中所有开关均断开，则该位数字输入为 0000；把十位拨码器拨为 1，此时十位中对应 8、4、2 的开关均断开，对应 1 的开关闭合，则该位数字输入为 0001；把个位拨码器拨为 9，此时个位中对应 8 和 1 的开关闭合，对应 2、1 的开关断开，则该位数字输入为 1001。

　　使用拨码器时，为了提高 PLC 输入点的利用率，应采用分组控制法输入拨码器的数据。否则，在输入 4 位数字时拨码器占用的一个通道是不能作为他用的。如图 2-16 所示接线就是采用分组控制法向 PLC 输入拨码器数据的。当转换开关 S 扳到 1 号位时，拨码器的数据输入通道 001 中，SB1、SB2、S1（这里只画了这几个）的信息输入通道 000 中，PLC 按自动运行方式执行程序；当转换开关 S 扳到 2 号位时，拨码器与 PLC 脱离，利用 SB5、SB6 等按钮可以进行手动操作。显然，自动方式下通道 001 输入的是拨码器的数据，而手动方式时通道 001 又可以接收手动控制信息。

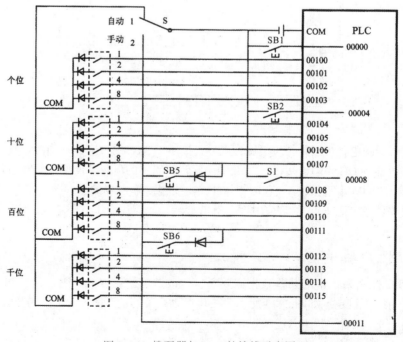

图 2-16　拨码器与 PLC 的接线示意图

如果 PLC 的输入通道不足 16 位，例如只有 12 位，在用拨码器进行大于 3 个数字的数据设定时须占用两个输入通道。这时用一个通道接收低 3 位数字，用另一个通道的 4 个位接收最高位数字。在编程时可用 MOV 指令将低 3 位数字传送到目的通道的 00 ~ 11 位中，而用位传送指令 MOVB 或数字传送指令 MOVD 将最高位数字传送到目的通道的 12 ~ 15 位中。这样，在接收最高位数字的输入通道中，没使用的其他位可以安排别的用途。

4. 传感器类元件与PLC的连接

传感器是一种检测装置，能感受到被测量的信息，并能将检测感受到的信息按一定规律变换成为电信号或其他所需形式的信息输出，以满足信息的传输、处理、存储、显示、记录和控制等要求。传感器是实现自动检测和自动控制的首要环节。

视频：连接传感器

传感器的种类很多，其输出方式也各不相同。当采用接近开关、光电开关等两线式传感器时，由于传感器的漏电流较大，可能出现错误的输入信号而导致 PLC 的误动作，此时可在 PLC 输入端并联旁路电阻 R，如图 2-17 所示。当漏电流不足 1.0mA 时可以不考虑其影响。

R 的估算方法为

$$R < \frac{L_{\mathrm{C}} \times 5.0}{IL_{\mathrm{C}} - 5.0}$$

$$P > \frac{2.3}{R}$$

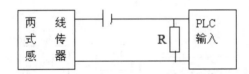

图 2-17　传感器有漏电流时与 PLC 的连接

式中：I 为漏电流，mA；L_{C} 为 PLC 的输入阻抗，kΩ，L_{C} 的值根据输入点的不同而存在差异；P 为电阻 R 的功率，5.0V 为 PLC 的 OFF 电压。

在图 2-18 中，光电编码器的电源是 12V，为它设计配备了 12V 的直流电源，接近开关的电源是 5V，为它设计配备了 5V 的直流电源。它们 OUT 的输出信号分别是 12V 和 5V 的脉冲信号，而且在图中有两个无源开关量的输入信号。

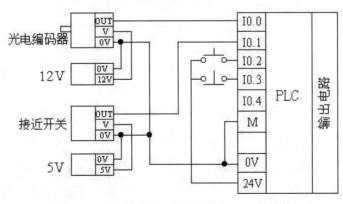

图 2-18　光电编码器、接近开关与 PLC 的连接

不同电压的直流信号可与 PLC 输入模块输入点连接，但必须注意的是，信号电位差的参考点必须共同。在图 2-18 中，光电编码器、接近开关、无源开关量的 0V 信号必须连接在一起，否则，会出现 PLC 输入点的响应电压混乱，造成有的输入点的电压过高，尽管可以触发输入点，但有可能因过高的电压而烧毁输入点。有的输入点因电压过低而无法触发输入点。这在 PLC 控制系统中都是要特别注意的。

图 2-19 所示是各种输出方式的传感器与 PLC 的连接方法。

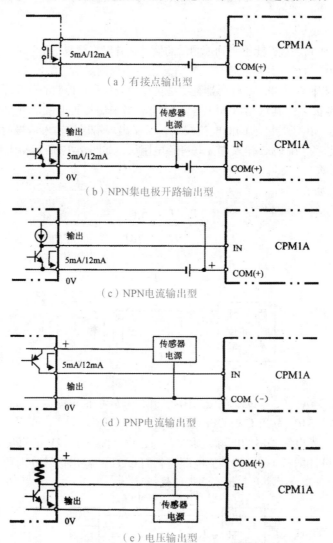

图 2-19 各种输出方式的传感器与 PLC 的连接（输入和传感器应使用同一电源）

2.3.4 输出设备的连接

1. 具有相同公共端的输出设备连接

PLC 与输出设备连接时，不同组（不同公共端）的输出点，其对应输出设备（负载）的电压类型、等级可以不同，但同组（相同公共端）的输出点，其电压类型和等级应该相同。要根据输出设备电压的类型和等级来决定是否分组连接。

如图 2-20 所示，以 FX$_{2N}$ 为例说明 PLC 与输出设备的连接方法。图中接法是输出设备具有相同电源的情况，所以各组的公共端连在一起，否则要分组连接。图中只画出 Y0 ～ Y7 输出点与输出设备的连接，其他输出点的连接方法相似。

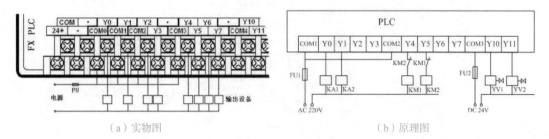

（a）实物图　　　　　　　　　　　　　　（b）原理图

图 2-20　输出设备与 FX$_{2N}$ PLC 的连接

与 PLC 输出端子 Y 相连接的外部器件主要是继电器、接触器、电磁阀的线圈。这些外部器件均采用 PLC 机外的专用电源供电，PLC 内部不过是提供一组开关节点。接入时线圈的一端接输出点螺钉，另一端经电源接输出公共端。

以继电器输出型 PLC 为例。继电器输出类型有 1 点、2 点、4 点和 8 点为一个公共输出型，各个公共点组可以驱动不同电源电压等级和类型（如 AC 220V、AC 110V 和 DC 24V 等）的负载。输出点接线可采用分组汇点式（每组输出信号拥有 1 个公共点）和汇点式（全部输出信号拥有 1 个公共点），当输出信号所控制的负载的电源电压等级和类型相同时，采用汇点式。采用汇点式连接方式时要将全部输出公共点连接在一起。

视频：输出继电器接线

三菱 FX 系列 PLC 输出接线如图 2-20（b）所示。图中的继电器 KA1、KA2 和接触器 KM1、KM2 线圈由 AC 220V 供电，电磁阀 YV1、YV2 由 DC 24V 供电，这样电磁阀与继电器、接触器因供电电源电压等级和类型不同便不能分在一组，因此采用分组汇点式。继电器、接触器的供电电源电压类型和等级相同，可以分在一组，如果一组安排不下，可以分在两组或多组，但这些组的公共点（COM）要连接在一起。

利用输出继电器所提供的外部触点，将 PLC 内部电路和负载电路进行电气绝缘，避免了外部设备对 PLC 的干扰。另外，各个公共点组之间也是相互隔离的。输出继电器的线圈通电时 LED 指示灯亮，表明有输出，输出继电器的触点为 ON。从输出继电器的线圈通电或失电，到输出触点为 ON 或 OFF 的响应时间都约为 10ms。对于 AC 250V 以下的电路电压，可以驱动纯电阻负载的输出电流为 2A/ 点，感性负载为 80W 以下，灯负载为 100W 以下。输出触点为 OFF 时无漏电流产生，可直接驱动氖光灯等。

2. 与感性输出设备的连接

利用输出触点驱动直流感性负载时，需要并联续流二极管，否则会降低触点的寿命，并且要把电源电压控制在 DC 30V 以下。选择的续流二极管的反向耐压值应为负载电压的 10 倍以上，顺向电流应超过负载电流。如果是交流感性负载，应并联浪涌吸收器，这样会减少噪声。浪涌吸收器的电容选择为 0.1μF 左右，电阻选择为 100 ～ 200Ω，如图 2-21 所示。

图 2-21 中的续流二极管可选用额定电流为 1A、额定电压大于电源电压的 3 倍；电阻值可取 50 ～ 120Ω，电容值可取 0.1 ～ 0.47μF，电容的额定电压应大于电源的峰值电压。接线时要注意续流二极管的极性。

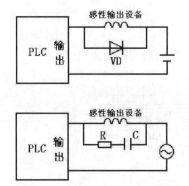

图 2-21　感性输出设备与 PLC 的连接

🔔 【友情提示】

对于同时启动时有可能产生短路的负载，如控制电动机正反转的两个接触器等负载，除了在 PLC 程序中要互锁外，还一定要有外部硬件界限互锁。

PLC 输入和输出的 COM 端应分别接线，不能连接在一起。

3. 七段LED显示器的连接

PLC 可直接用开关量输出与七段 LED 显示器的连接。如果 PLC 控制的是多位 LED 七段显示器，则所需的输出点比较多。

在如图 2-22 所示的电路中，采用具有锁存、译码、驱动功能的芯片 CD4513 驱动共阴极 LED 七段显示器，两只 CD4513 的数据输入端 A ～ D 共用 PLC 的 4 个输出端，其中 A 为最低位，D 为最高位。LE 是锁存使能输入端，在 LE 信号的上升沿将数据输入端输入的 BCD 数锁存在片内的寄存器中，并将该数译码后显示出来。如果输入的不是十进制数，显示器熄灭。LE 为高电平时，显示的数不受数据输入信号的影响。显然，N 个显示器占用的输出点数为 $P=4+N$。

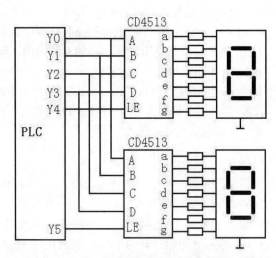

图 2-22　PLC 与两位七段 LED 显示器的连接

如果 PLC 使用继电器输出模块，应在与 CD4513 相连的 PLC 各输出端接一个下拉电阻，以避免在输出继电器的触点断开时 CD4513 的输入端悬空。在 PLC 输出继电器的状态变化时，其触点可能抖动，因此应先送数据输出信号，待该信号稳定后再用。

2.3.5　PLC 电源的连接

1. PLC电源的接线

PLC 的电源包括 CPU 单元及 I/O 扩展单元的电源、输入 / 输出设备的电源。输入 / 输出设备、CPU 单元及 I/O 扩展单元最好分别采用独立的电源供电。如图 2-23 所示是 CPU 单元、I/O 扩展单元及输入 / 输出设备电源的接线示意图。

视频：与电源的接线

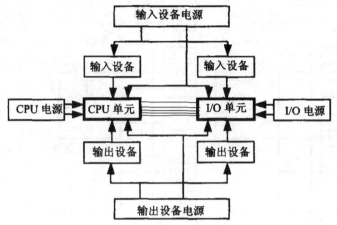

图 2-23　PLC 各种电源连接示意图

🔔【友情提示】

每种型号的 PLC 电源接线方式可能有所差异，最好是参考说明书来接线。

2. 三菱FX系列PLC电源的连接

我国使用的 PLC 的供电电源有两种形式：交流 220V 电源和直流供电电源（多为 24V）。交流供电的 PLC 提供辅助直流电源，供输入设备和部分扩展单元用，采用直流电源供电的 PLC 端子上不再提供辅助电源。

AC 供电型 PLC 有 L、N 两个端子（旁边有一个接地端子）；DC 供电型 PLC 有 +、- 两个端子，在型号中还含有字母 D，两种供电类型的 PLC 如图 2-24 所示。

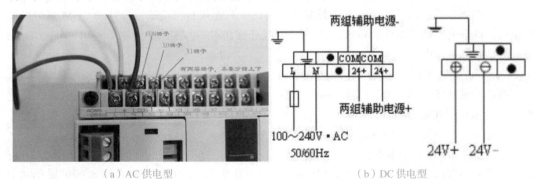

（a）AC 供电型　　　　　　（b）DC 供电型

图 2-24　两种供电类型的 PLC

（1）AC 供电型 PLC

电源线在 L、N 端子间，即采用单向交流电源供电，通过交流输入端子连接，适用电压范围宽，100 ～ 250V 均可使用，接线时要分清端子上的 N 端（零线）和"接地"端。如图 2-25 所示的中上部端子排中标有 L 及 N 的接线位为交流电源相线及中线的接点。

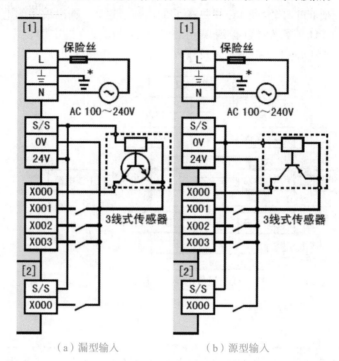

（a）漏型输入   （b）源型输入

图 2-25 三菱 FX 系列 PLC 电源的连接

三菱 FX_{48m} 型 PLC 是交流电源供电（单相交流电），PLC 有直流 24V 输出端口，用来给传感器或扩展模块供电（不是由外部接入 24V 直流电）。输入端有内部电源，如果是按钮或行程开关，不需要外接电源，直接接按钮或开关的两端即可。

三菱 FX_{NC}、FX_{2Nc}、FXSUC PLC 主要用于空间狭小的场合，为了减小体积，其内部设有较占空间的 AC / DC 电源电路，只能从电源端子直接输入 DC 电源，即这些 PLC 只有 DC 输入型。

输出端则要看接口的类型。如果是晶体管输出，只能接直流负载，公共端 COM 口接电源的正极，负载的一端接电源的负极，另一端接 PLC 输出端口。如果是继电器输出（48mr），则交直流负载都可以接。

（2）DC 供电型 PLC

PLC 一般配有 24V（DC）输入端子。24+、COM 端子可以作为传感器供电电源，此电源容量为 400mA/DC 24V，这个端子不能由外部电源供电，即采用交流供电的 PLC 机内自带 24V（DC）内部电源，为输入器件及扩展电源供电。

如图 2-26 所示为基本单元接有扩展模块，采用交、直流电源的配线情况。从图 2-26 可知，不带有内部电源的扩展模块所需的 24V 电源由基本单元或由带有内部电源的扩展单元提供。基本单元和扩展单元之间利用特制的扁平通信电缆连接，基本单元和扩展单元的 COM 端子相互连接。

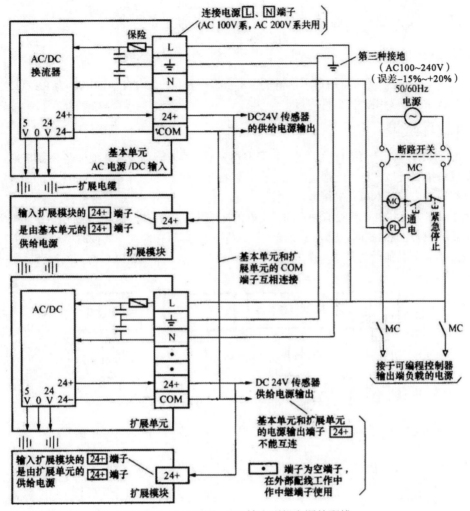

图 2-26　AC 电源、DC 输入型机电源的配线

🔔【友情提示】

（1）PLC 的供电线路要与其他大功率用电设备分开，采用隔离变压器为 PLC 供电，可以减小外界设备对 PLC 的影响，PLC 的供电电源应单独从机顶进入控制柜内，不能与其他直流信号线、模拟信号线捆在一起走线，以减小其他控制线路对 PLC 的干扰。

（2）基本单元和扩展单元的交流电源要相互连接，接到同一交流电源上，输入公共端 S/S（COM）也要相互连接。基本单元和扩展单元的电源必须同时接通与断开。

（3）基本单元与扩展单元的 +24V 输出端子不能互相连接。

（4）基本单元和扩展单元的接地端子互相连接，由基本单元接地。用截面积大于 2mm² 铜芯线在基本单元的接地端子上接地（接地电阻不大于 100Ω），但不能与强电系统共接地。

（5）为了防止电压降低，建议电源使用截面积 2mm² 以上的铜芯线，铜芯线要绞合使用，并且由隔离变压器供电。有的在电源线上加入低通滤波器，把高频噪声滤除后再给 PLC 供电。应把 PLC 的供电线路与大的用电设备或会产生较强干扰的用电设备（如可控硅整流器弧焊机等）的供电线路分开。

（6）直流供电的 PLC，其内部 24V 输出不能采用。

2.3.6 其他配线的连接

1. 通信线的连接

PLC一般设有专用的通信口，通常为 RS-485 或 RS-422，FX_{2N} 型 PLC 为 RS-422，与通信口的接线常采用专用的接插件连接。

2. 接地线的连接

PLC的接地应有专用的地线，若做不到这一点，也必须做到与其他设备公共接地，禁止与其他设备串联接地，更不能通过水管、避雷线接地。PLC的基本单元必须接地，如有扩展单元，其接地点应与基本单元的接地点连接在一起。

为了抑制干扰，PLC应设有独立的、良好的接地装置，如图 2-27（a）所示。接地电阻一般要小于 4Ω，接地线的截面积应大于 $2mm^2$。PLC应尽量靠近接地点，其接地线不能超过 20m。

PLC不要与其他设备共用一个接地体，如图 2-27（b）所示，PLC与别的设备共用接地体的接法是不允许的。

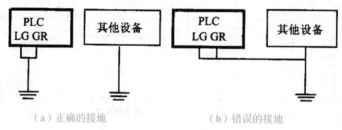

（a）正确的接地　　　　　　　　（b）错误的接地

图 2-27　PLC 的接地

2.3.7 PLC 的维护

1. PLC维护检查项目

虽然 PLC 的故障率很低，由 PLC 构成的控制系统可以长期稳定和可靠地工作，但对它进行维护和检查是必不可少的。一般每半年应对 PLC 系统进行一次周期性检查。

PLC的维护主要包括测量 PLC 端子处电压，检查电源，分析环境情况，测量输入/输出的电压，检查 I/O 端电压，检查连接及紧固件是否牢固、备用电池是否定期更换等。具体检查项目及检查方法见表 2-7。

表 2-7　PLC 维护检查项目及检查方法

项　目	检 查 要 点	注 意 事 项
供电电源	测量 PLC 端子处的电压以检测电源情况	交流型 PLC 工作电压为 85～265V；直流型 PLC 工作电压为 20.4～26.4V
环境条件	环境温度、环境湿度、有无污物和粉尘	环境温度 0～55℃，相对湿度 35%～85% 以下且不结露，无积灰尘、异物
I/O 端电压	测量输入、输出端子上的电压	均应在工作要求的电压范围内
安装条件	各单元是否安装牢固，所有螺钉是否拧紧，接线和接线端子是否完好	所有单元的安装螺钉必须紧固，连线及接线端子牢固，无短路和氧化现象
寿命元器件更换	备用电池是否定期更换等	备用电池每 3～5 年更换一次，继电器输出型的触点寿命约 300 万次

2. PLC故障检测法

对于 PLC 系统的故障检测法为一摸、二看、三闻、四听、五按迹寻踪、六替换。

（1）一摸：查 CPU 的温度高不高，CPU 正常运行温度不超过 60℃，因手能接受的温度为人体温度 37 ~ 38℃，以手感舒适为宜。

（2）二看：看各板上的各模块指示灯是否正常。

（3）三闻：闻有没有异味，电子元件或线缆有无烧毁。

（4）四听：听有无异动，查螺钉松动、继电器正常工作与否，听现场工作人员的情况反映。

（5）五按迹寻踪：出现故障时根据图纸和工艺流程来寻找故障所在位置。

（6）六替换：对不确定的部位用部件替换法来确定故障。

2.4 软件安装与使用

2.4.1 三菱 PLC 软件安装

1. 软件种类的选用

三菱 FX 系列 PLC 的编程软件有 FXGP_WIN–C、GX Developer 和 GX WorkS2 三种。

（1）FXCP_WIN–C 软件体积小巧、操作简单，但只能对 FX$_{2N}$ 及以下档次的 PLC 编程，无法对 FX$_{3U}$/FX$_{3UC}$/FX$_{3G}$ PLC 编程，建议初级用户使用。

（2）GX Developer 软件体积大、功能全，不但可对 FX 全系列 PLC 进行编程，还可对中大型 PLC（早期的 A 系列和现在的 Q 系列）编程，建议初、中级用户使用。

（3）GX WorkS2 软件可以对 FX 系列、L 系列和 Q 系列 PLC 进行编程，与 GX Developer 软件相比，除了外观和一些小细节上的区别外，最大的区别是 GX WorkS2 支持结构化编程（类似于西门子中大型 S7–300/400 PLC 的 STEP 7 编程软件），建议中、高级用户使用。GX WorkS2 软件自带仿真，在没有硬件 PLC 的时候，可以应用软件自带的程序仿真功能，从而在一定程度上验证编程的正确性。

2. 编程软件安装

为了使软件安装能顺利进行，在安装 PLC 编程软件前，建议先关掉计算机的安全防护软件（如 360 安全卫士等）。软件安装时先检查软件环境，再安装编程软件。

例如，要安装 GX Developer，先将 GX Developer 安装文件夹（如果是一个 GX Developer 压缩文件，则先要解压）复制到某盘符的根目录下（如 D 盘的根目录下），再打开 GX Developer 文件夹，文件夹中包含三个文件夹，打开其中的 SW8DSC–GPPW–C 文件夹，再打开该文件夹中的 EnvMEL 文件夹，找到 setup.exe 文件，并双击它，就开始安装了。

编程软件安装好之后再安装仿真软件，同样先解压，然后双击进入解压的文件夹，再双击其中的 setup.exe 进行安装，一直单击"下一步"按钮即可完成。

安装完成的软件不会自动出现在桌面上，可以在"开始"→"所有程序"→MELSOFT 中找到 GX Developer，再右击，在弹出的快捷菜单中选择"发送到桌面快捷方式"选项，这样桌面就会出现如图 2–28 所示的图标；而仿真软件没有单独的图标，是集成在编程软件中的，软件中的"梯形图逻辑测试启动"图标即是仿真。

图 2-28 编程软件快捷方式图标

软件安装完成，可以直接打开。GX Developer 软件界面如图 2-29 所示。

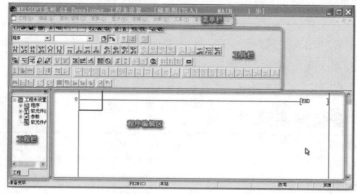

图 2-29 GX Developer 软件界面

【友情提示】

一般来说，PLC 编程软件不要安装在计算机的 C 盘上。

2.4.2 编程软件的使用

1. 软件的启动

（1）双击 GX Developer 图标，出现如图 2-30 所示的编辑屏幕。

视频：GX 的操作
方法

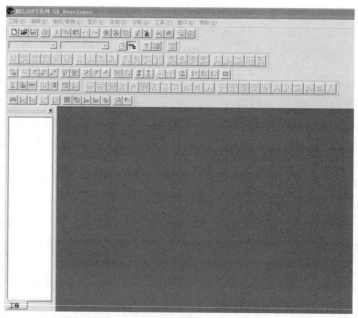

图 2-30 GX Developer 编辑屏幕

轻松自学PLC（零基础·图解·视频）

（2）执行菜单命令"工程"→"创建新工程"创建新工程，设置工程参数：① 选择 PLC 系列；② 选择 PLC 类型；③ 选择编写程序类型；④ 设置工程名，如图 2–31 所示。

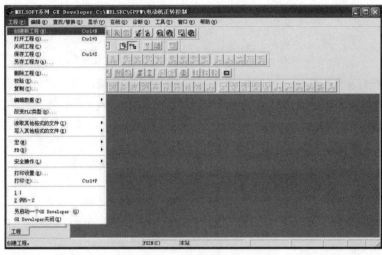

（a）创建新工程画面

（b）创建新工程对话框

（c）建立新工程确定画面

图 2–31　创建新工程

（3）软件操作界面如图 2–32 所示。

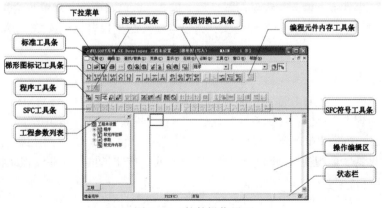

图 2–32　软件操作界面

1）标题栏：主要显示工程名称及保存位置。

2）菜单栏：有 10 个菜单项，通过执行这些菜单项下的菜单命令，可完成软件绝大部分功能。

3）工具栏：提供了软件操作的快捷按钮，有些按钮处于灰色状态，表示它们在当前操作环境下不可使用。由于工具栏中的工具条较多，占用了软件窗口较大范围，可将一些不常用的工具条隐藏起来，操作方法是执行菜单命令"显示"→"工具条"，弹出工具条对话框，单击对话框中工具条名称前的圆圈，使之变成空心圆，则这些工具条将隐藏起来。

4）工程参数列表区：以树状结构显示工程的各项内容（如程序、软元件注释、参数等）。当双击列表区的某项内容时，右方的编程区将切换到该内容编辑状态。如果要隐藏工程列表区，可以单击该区域右上角的 ×，或者执行菜单命令"显示"→"工程数据列表"。

5）编程区：用于编写程序，可以用梯形图或指令语句表编写程序，当前处于梯形图编程状态，如果要切换到指令语句表编程状态，可以执行菜单命令"显示"→"列表显示"。如果编程区的梯形图符号和文字偏大或偏小，可以执行菜单命令"显示"→"放大/缩小"。

6）状态栏：用于显示软件当前的一些状态，如光标所指工具的功能提示、PLC 类型和读写状态等。如果要隐藏状态栏，可以执行菜单命令"显示"→"状态条"。

7）梯形围工具说明：工具栏中的工具很多，将光标指针移到某工具按钮上，光标下方会出现该按钮功能说明。这里仅介绍最常用的梯形图工具。工具按钮下部的字符表示该工具的快捷操作方式。例如，常开触点工具按钮下部标有 F5，表示按下 F5 键可以在编程区插入一个常开触点。又如，SFS 表示 Shift+F5 组合键；EF10 表示 Ctrl+F10 组合键；AF7 表示 Alt+F7 组合键；SA7 表示 Shift+Alt+F7 组合键。

2. 创建新工程

GX Developer 软件启动后不能马上编写程序，还需要创建新工程，再在创建的工程中编写程序。

创建新工程有三种方法：一是单击工具栏中的 ◻ 按钮；二是执行菜单命令"工程"→"创建新工程"；三是按 Ctrl+N 组合键，均会弹出创建新工程对话框，在对话框中先选择 PLC 系列，再选择 PLC 类型。从对话框中可以看出，GX Developer 软件可以对所有的 FX PLC 进行编程，创建新工程时选择的 PILC 类型要与实际的 PLC 一致，否则程序编写后无法写入 PLC 或写入出错。

PLC 系列和 PLC 类型选好后，单击"确定"按钮，即可创建一个未命名的新工程，工程名可在保存时再填写。如果希望在创建工程时就设定工程名，可以在创建新工程对话框中选中"设置工程名"，再在下方输入工程保存路径和工程名，也可以单击"浏览"按钮打开"浏览"对话框，在该对话框中直接选择工程的保存路径并输入新工程名称，这样就可以创建一个新工程。

3. 编写梯形图程序

在编写程序时，在工程数据列表区展开"程序"项，并双击其中的 MAIN（主程序），将右方编程区切换到主程序编程（编程区默认处于主程序编程状态），再单击工具栏中的圈（写入模式）按钮，或执行菜单命令"编辑"→"写入模式"，也可按 F2 键，让编程区处于写入状态。此时，如果 ▨（监视模式）按钮或 ▥（读出模式）按钮被按下，在编程区将无法编写和修改程序，只能查看程序。

下面通过一个具体实例，用 GX Developer 编程软件在计算机上编制图。

（1）创建新工程后切换至梯形图（写入）模式窗口，如图 2-33 所示。

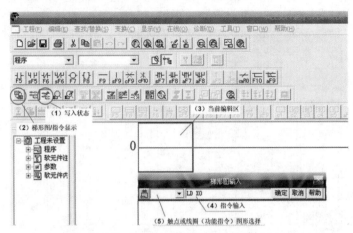

图 2-33　程序编制界面

（2）将程序梯形图输入完毕后进行变换，如图 2-34 所示。

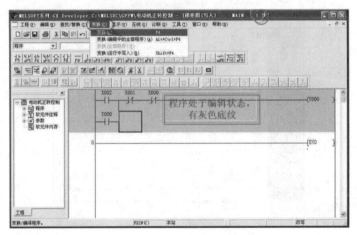

（a）变换前

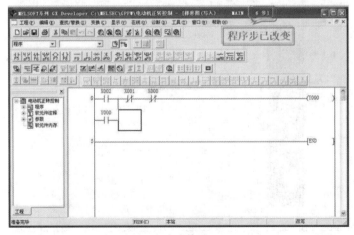

（b）变换后

图 2-34　程序变换页面

4. 程序的传输

执行菜单命令"在线"→"传输设置"，如图 2–35 所示。

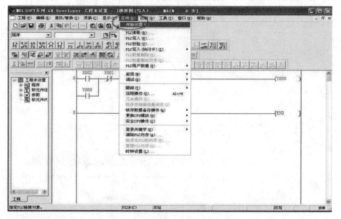

（a）"在线"→"传输设置"

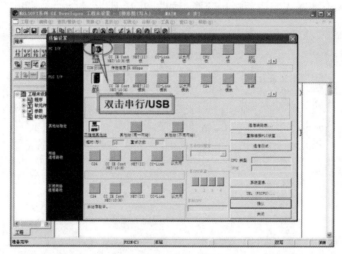

（b）双击"串行 /USB"

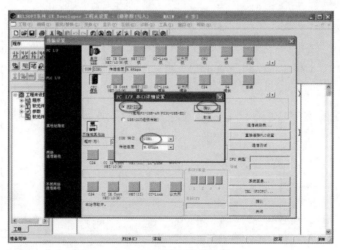

（c）PC I/F 串口详细设置

图 2–35　程序传输设置

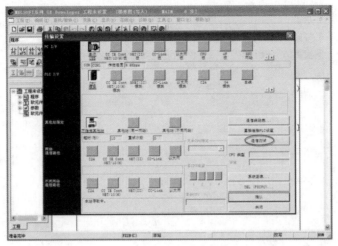

（d）通信设置

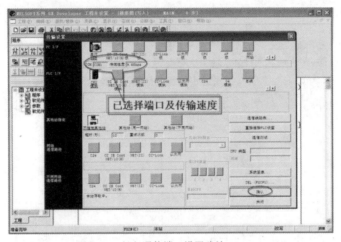

（e）通信端口设置确认

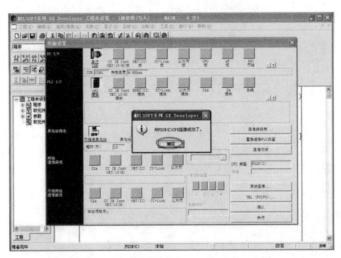

（f）连接成功

图 2-35（续）

5. 将程序写入PLC

将程序写入 PLC 中，如图 2-36 所示。

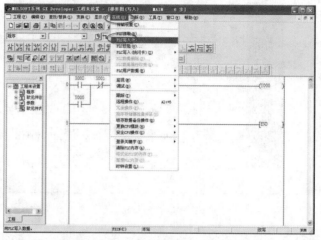

（a）写入选择

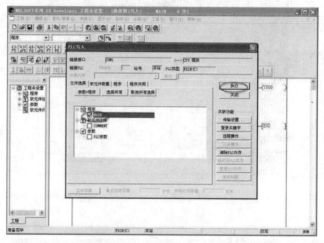

（b）选择窗口

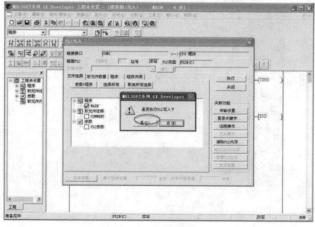

（c）写入确认

图 2-36　将程序写入 PLC 中

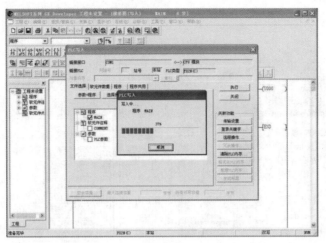

（d）写入过程

图 2–36（续）

6. 梯形图监视

程序写入完毕，单击监视模式进入梯形图监视状态，如图 2–37 所示。

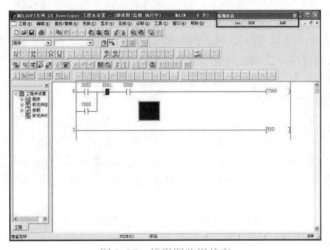

图 2–37　梯形图监视状态

2.5　PLC编程器使用

当不采用计算机辅助编程时，PLC 可采用编程器进行程序的输入、监控程序运行等操作。

2.5.1　FX$_{2N}$–20P 编程器的使用

FX$_{2N}$–20P 简易编程器由液晶显示屏、ROM 写入器接口、存储器卡盒的接口及由包含功能键、指令键、元件符号键和数字键等的键盘组成，如图 2–38 所示。

视频：FX$_{2N}$–20P 的使用

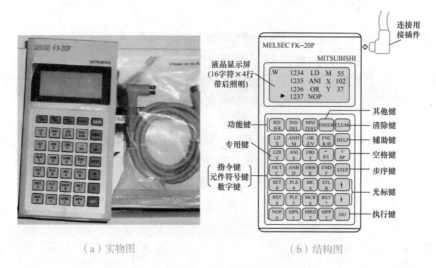

（a）实物图　　　　　　　　　（b）结构图

图 2-38　FX₂ₙ-20P 编程器面板布置

1. RD/WR：程序读写操作

（1）显示屏上出现 R 为读指令操作，编程器在读状态下，可以进行如下操作。

1）找指令：将要查找的指令写出，然后按 GO 键，即可找出目标指令。

例如，写出 OUT Y020，按 GO 键，PLC 就在程序中查找此条指令，找到后，光标停留在此条指令前面；如果程序中没有此条指令，显示屏将出现 NOT FOUND。再次按 GO 键，PLC 继续从现在的位置查找相同的指令，如果有，光标就停留在第二处 OUT Y020 的位置；如果没有，显示屏将出现 NOT FOUND。

2）移动光标：写出所要到达的目标程序步，按 GO 键，光标就到达指定程序步。

（2）显示屏上出现 W 为写指令操作，编程器在写状态下，可以进行如下操作。

1）清屏：按 NOP-A-GO-GO，可将 PLC 主机或编程器 RAM 存储器的指令全部清除。

2）写指令：按程序指令表的顺序从程序步 0 条开始输入指令，每输入一条指令按 GO 键一次。

3）覆盖：将光标对准需要修改的指令，然后将正确的指令写出，按 GO 键后，写的指令即将原来的指令覆盖掉。

4）移动光标：写出所要到达的目标程序步，按 GO 键，光标就到达指定程序步。

写入基本指令的操作方法及步骤如图 2-39 所示。

图 2-39　写入基本指令的操作方法及步骤

功能指令写入的基本操作方法及步骤如图 2-40 所示。

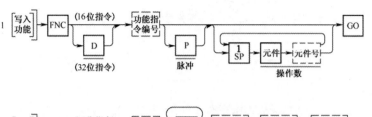

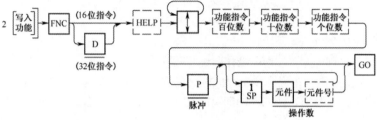

图 2-40 功能指令写入的基本操作方法及步骤

NOP 成批写入的基本操作步骤如图 2-41 所示。

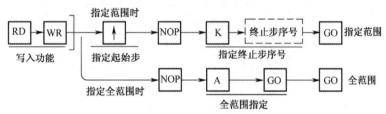

图 2-41 NOP 成批写入的基本操作步骤

修改程序的基本操作步骤如图 2-42 所示。

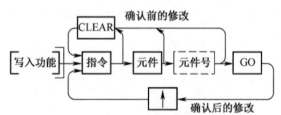

图 2-42 修改程序的基本操作步骤

（3）程序读出。

1）根据步序号读出程序的基本操作步骤如图 2-43 所示。

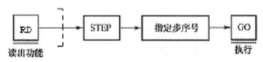

图 2-43 根据步序号读出程序的基本操作步骤

2）根据指令读出程序的基本操作步骤如图 2-44 所示。

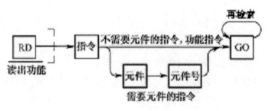

图 2-44 根据指令读出程序的基本操作步骤

3）根据元件读出程序的基本操作步骤如图 2-45 所示。

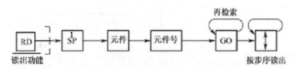

图 2-45　根据元件读出程序的基本操作步骤

2. INS/DEL：插入、删除操作

（1）显示屏上出现 I 为插入指令操作，编程器在插入状态下可以进行如下操作。

1）插入指令：例如，在程序步 19 和 20 之间要插入一条指令，须将光标对准 20 条指令，然后将需要插入的指令写出，按 GO 键即可。插入指令的基本操作步骤如图 2-46 所示。

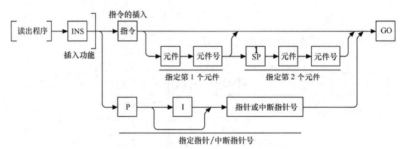

图 2-46　插入指令的基本操作步骤

2）移动光标：写出所要到达的目标程序步，按 GO 键，光标就到达指定程序步。

（2）显示屏上出现 D 为删除指令操作，编程器在删除状态下，可以进行如下操作。

1）逐条删除：将光标对准要删除的指令，按 GO 键，这条指令即被删除。逐条删除的基本操作步骤如图 2-47 所示。

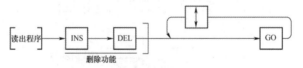

图 2-47　逐条删除的基本操作步骤

2）指定范围删除：指定范围删除的基本操作步骤如图 2-48 所示。例如，删除第 0 ～ 50 条之间的指令，操作如下：STEP 0 → SP → STEP 50 → GO。

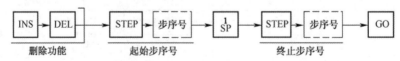

图 2-48　指定范围删除的基本操作步骤

3. MNT/TEST：监视、监测操作

（1）显示屏上出现 M 为监视指令操作，编程器在监视状态下，可进行如下操作。

1）元件监视：监视指定元件的 ON/OFF 状态，设定值及当前值。

元件监视的基本操作步骤如图 2-49 所示。例如，监视元件 X000 及其后元件的 ON/OFF 状态，操作如下：SP → X000 → GO，有"■"标记的元件，则为 ON 状态，否则为 OFF 状态。按向下的光标移动键，则可监视 X000 以后元件的 ON/OFF 状态。

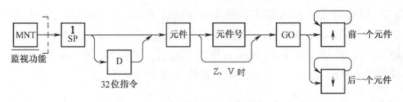

图 2-49　元件监视的基本操作步骤

2）导通检查：根据步序号或指令读出程序，监视元件触点的动作及线圈导通。

导通检查的基本操作步骤如图 2-50 所示。例如，读出 120 步做导通检查的键操作是 STEP → 120 → GO，根据显示在元件左侧的"■"标记，可监视触点的导通和线圈的动作状态。

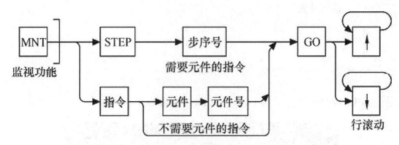

图 2-50　导通检查的基本操作步骤

（2）显示屏上出现 T 为监测指令操作，编程器在监测状态下，可进行如下操作。

1）强制元件处于 ON/OFF 状态：PLC 主机处于 STOP 编程状态，按 MNT/TEST 键，显示屏出现功能 M，按 SP 键，此时输入要监视的元件号，按 GO 键，然后再按 MNT/TEST 键，显示屏出现功能 T，按 SET 键，强制元件 ON，按 RST 键，强制元件 OFF。每次只能强制一个元件。

强制元件处于 ON/OFF 状态的基本操作步骤如图 2-51 所示。例如，强制 Y000 的操作如下：在 M 状态时，按 SP → Y000 → GO。在 T 状态时，按 SET 键，强制 Y000 为 ON；按 RST 键，强制 Y000 为 OFF。

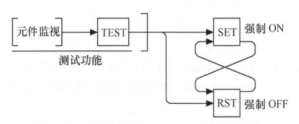

图 2-51　强制元件处于 ON/OFF 状态的操作

2）修改 T、C、D、V、Z 的当前值：PLC 主机处于 RUN 运行状态，按 MNT/TEST 键，显示屏出现功能 M，按 SP 键，此时输入要监视的元件号，按 GO 键。然后按 MNT/TEST 键，显示屏出现功能 T，按 SP 键，按 K 或 H 键，修改当前值，按 GO 键完成。修改 T、C、D、V、Z 当前值的基本操作步骤如图 2-52 所示。

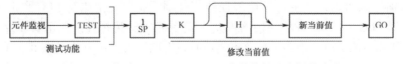

图 2-52　修改 T、C、D、V、Z 当前值的基本操作步骤

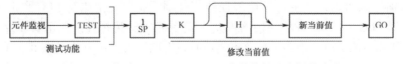

3）修改 T、C 的设定值：PLC 主机处于 STOP 或 RUN 运行状态，按 MNT/TEST 键，显示屏出现功能 M，按 SP 键，此时输入要监视的元件号，按 GO 键。然后按 MNT/TEST 键，显示屏出现功能 T，按 SP 键，按 K 或 H 键，修改当前值，再按 SP 键，按 K 或 H 键，修改设定值，按 GO 键完成。修改 T、C 设定值的基本操作步骤如图 2-53 所示。

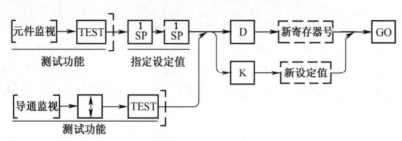

图 2-53　修改 T、C 设定值的基本操作步骤

2.5.2　CQM1-PRO01 编程器的使用

CPM1A 系列 PLC 使用的编程器 CQM1-PRO01 如图 2-54 所示。

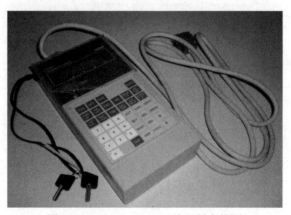

图 2-54　CQM1-PRO01 编程器实物图

1. 液晶显示屏

液晶显示屏由两行液晶显示块组成，每行 16 个显示块，每块为 8×6 点阵液晶（可显示 1 个字符）。用于显示用户程序存储器地址及继电器和计数器/定时器状态等信息。

2. 工作方式选择开关

工作方式选择开关设有编程、监控、运行 3 个工作位，各种工作方式的功能如下。

（1）运行方式（RUN）下可运行用户程序，此时不能进行修改程序等操作，但可查询。

（2）监控方式（MONITOR）时用户程序处于运行状态，此时可对运行状态进行监控，但不能改变程序。

（3）编程方式（PROGRAM）时可对程序进行修改、输入等操作。

需要特别注意的是，当主机没接编程器等外围设备时，上电后 PLC 自动处于运行方式。因此在对 PLC 中的用户程序不了解时，一定要把方式选择开关置于编程位，避免一上电就运行程序而造成事故。当主机接有编程器时，上电后的工作方式取决于方式选择开关的位置。

3. 键盘

键盘由 39 个键组成，各键区的组成及主要功能如下。

（1）10 个白色的数字键组成数字键区，用该区键输入程序地址或数据，配合 FUN 键可以形成有指令码的应用指令。

（2）16 个灰色键组成指令键区，该区键用于输入指令。

（3）12 个黄色键组成编辑键区，用于输入、修改、查询程序及监控程序的运行。

（4）1 个红色清除键，用于清除显示屏的显示。

指令键区、编辑键区各键的功能如下。

（1）功能键 FUN 配合数字键可以输入有代码的指令。例如，输入 MOV 指令时，依次按下 FUN、C2、B1 键时，即显示出 MOV（21）指令。

（2）利用 SFT、NOT、AND、OR、LD、OUT、CNT、TIM 键可直接输入相应的基本指令。

（3）WRITE 是写入键，每输入一条指令或一个数据都要按一次该键。

（4）利用数据区键 TR、$\dfrac{*EM}{LR}$、$\dfrac{AR}{HR}$、$\dfrac{EM}{DM}$、$\dfrac{CH}{*DM}$、$\dfrac{CONT}{\#}$ 可以确定指令的数据区。

（5）SET、RESET 是置位、复位键。在输入置位、复位指令或调试程序时进行强制置位、复位时用。

（6）上档键 SHIFT 与有上档功能的键配合，可以形成上档功能。

（7）清除键 CLR，用于清除显示屏的显示内容。

（8）插入键 INS，用于插入指令。

（9）删除键 DEL，用于删除指令。

（10）改变地址键↑、↓，按↑键，地址减小，按↓键，地址增加。

（11）修改键 CHG，在修改 TIM/CNT 的设定值、DM 等通道内容时使用。

（12）监控键 MONTR，用于监控通道或位的状态。

（13）检索键 SRCH，在检索指令或程序时用。

（14）校验键 VER，在校验磁带机上的程序与 PLC 内的程序是否相同时用。

（15）外引键 EXT，利用磁带机存储程序时使用该键。

2.6 PLC的调试

PLC 控制系统的安装调试，同继电器控制系统相比更加容易。PLC 系统的调试包括程序调试（脱机调试）和硬件调试（联机调试），调试的步骤是先调试软件，再调试硬件。

视频：PLC 编程
调试举例

2.6.1 PLC 程序调试

PLC 程序的调试可以分为模拟调试和现场调试两个调试过程，在此之前，首先对 PLC 外部接线仔细检查，这一个环节很重要。外部接线一定要准确无误。也可以用事先编写好的试验程序对外部接线做扫描通电检查来查找接线故障。不过，为了安全考虑，最好将主电路断开。当确认接线无误后再连接主电路，将模拟调试好的程序送入用户存储器进行调试，直到各部分的功能都正常，并能协调一致地完成整体的控制功能为止。

1. 程序的模拟调试

将设计好的程序写入 PLC 后，首先逐条仔细检查，并改正写入时出现的错误。用户程序一般先在实验室模拟调试，实际的输入信号可以用钮子开关和按钮来模拟，各输出量的通 / 断状态用 PLC 上有关的发光二极管来显示，一般不用接 PLC 实际的负载（如接触器、电磁阀等）。可以根据功能表图，在适当的时候用开关或按钮来模拟实际的反馈信号，如限位开关触点的接通和断开。对于顺序控制程序，调试程序的主要任务是检查程序的运行是否符合功能表图的规定，即在某一转换条件实现时，是否发生步的活动状态的正确变化，即该转换所有的前级步是否变为不活动步，所有的后续步是否变为活动步，以及各步被驱动的负载是否发生相应的变化。

在调试时应充分考虑各种可能的情况，对系统各种不同的工作方式、有选择序列的功能表图中的每一条支路、各种可能的进展路线，都应逐一检查，不能遗漏。发现问题后应及时修改梯形图和 PLC 中的程序，直到在各种可能的情况下输入量与输出量之间的关系完全符合要求。

如果程序中某些定时器或计数器的设定值过大，为了缩短调试时间，可以在调试时将它们减小，模拟调试结束后再写入它们的实际设定值。

在设计和模拟调试程序的同时，可以设计、制作控制台或控制柜，PLC 之外的其他硬件的安装、接线工作也可以同时进行。

2. 程序的现场调试

完成上述的工作后，将 PLC 安装在控制现场进行联机总调试，在调试过程中将暴露出系统中存在的传感器、执行器和硬接线等方面的问题，以及 PLC 的外部接线图和梯形图程序设计中的问题，应对出现的问题及时加以解决。如果调试达不到指标要求，则对相应硬件和软件部分进行适当调整，通常只需修改程序就可能达到调整的目的。

全部调试通过后，要多观察几个工作循环，以确保系统能正确无误地连续工作。程序经过一段时间的考验，系统即可投入实际运行。现场调试如图 2-55 所示。

图 2-55　PLC 程序的现场调试

2.6.2　PLC 硬件调试

1. 模拟调试

PLC 硬件部分的模拟调试主要是对控制柜或操作台的接线进行测试。可在操作台的接线端子上模拟 PLC 外部的开关量输入信号，或者操作按钮的指令开关，观察对应 PLC 输入点的状态。用编程软件将输出点强制 ON/OFF，观察对应的控制柜内 PLC 负载（指示灯、接触器等）的动作是否正常，或者对应的接线端子上的输出信号的状态变化是否正确。

2. 联机调试

联机调试时，把编制好的程序下载到现场的 PLC 中。调试时，主电路一定要断电，只对控制电路进行联机调试。通过现场的联机调试，还会发现新的问题或对某些控制功能进行改进。

视频：PLC 输入
端接线

🔔 【友情提示】

为确保日后维修的便利，要将调试无误可供实际运转的梯形图程序进行批注，并加以整理归档，方能缩短日后维修与查阅程序的时间。

第 3 章

PLC 编程基础

　　人们要让 PLC 能够理解设计意图，并根据指令一步一步去工作，完成某种特定的任务，就需要进行编程。学习 PLC 编程需要有一定的电工基础，对一些外围设备的接线、布线、元器件的接入方式，以及防止抗干扰措施等基础知识及技能应有所掌握。如果您没有电工基础，请自己阅读相关书籍，了解电气知识，具备必需的专门技能。

3.1 PLC编程语言

3.1.1 常用编程语言

由于 PLC 是专为工业控制而设计的装置，其使用对象是对计算机不太熟悉的技术工人，因此编程不采用普通计算机的汇编和高级语言，而沿用电气控制的传统编程习惯。

所谓程序编制，就是用户根据控制对象的要求，利用 PLC 厂家提供的程序编制语言，将一个控制要求描述出来的过程。

PLC 的编程语言包括梯形图、指令表（助记符）、顺序功能图、功能块图、结构文本等 5 种。其中，梯形图和功能块图为图形语言，指令表和结构文本为文字语言，顺序功能图是一种结构块控制流程图。PLC 5 种编程语言特点比较见表 3-1。

表 3-1 PLC 五种编程语言特点比较

序 号	编程语言	特 点	说 明
1	梯形图	（1）与电气操作原理图相对应，具有直观性和对应性。 （2）与原有继电器逻辑控制技术相一致，对电气技术人员来说，易于掌握和学习。 （3）与原有的继电器逻辑控制技术的不同点是，梯形图中的能流（Power Flow）不是实际意义的电流，内部的继电器也不是实际存在的继电器，因此，应用时需与原有继电器逻辑控制技术的有关概念区别对待。 （4）与助记符语言有一一对应关系，便于相互转换和程序检查	梯形图由触点、线圈和应用指令等组成。触点代表逻辑输入条件，如外部的开关、按钮和内部条件等。线圈通常代表逻辑输出结果，用来控制外部的指示灯、交流接触器和内部的输出标志位等
2	指令表（助记符）	（1）采用助记符来表示操作功能，具有容易记忆，便于掌握的特点。 （2）在编程器的键盘上采用助记符表示，具有便于操作的特点，可在无计算机的场合进行编程设计。 （3）对于同一厂家的 PLC 产品，其助记符语言与梯形图语言是一一对应的，可以互相转换。其特点与梯形图语言基本类似	PLC 的指令是一种与微机的汇编语言中的指令相似的助记符表达式，由指令组成的程序叫作指令表程序。指令表程序较难阅读，其中的逻辑关系很难一眼看出，所以在设计时一般使用梯形图语言。如果使用手持式编程器，必须将梯形图转换成指令表后再写入 PLC。在用户程序存储器中，指令按步序号顺序排列
3	顺序功能图	（1）以功能为主线，条理清楚，便于对程序操作的理解和进行沟通。 （2）对大型的程序，可分工设计，采用较为灵活的程序结构,可节省程序设计时间和调试时间。 （3）常用于系统规模较大、程序关系较复杂的场合。 （4）只有在活动步的命令和操作被执行时，对活动步后的转换进行扫描，因此，整个程序的扫描时间较其他程序编制的程序扫描时间大大缩短	顺序功能图提供了一种组织程序的图形方法，在顺序功能图中可以用别的语言嵌套编程。步、转换和动作是顺序功能图中的三种主要元件。根据顺序功能图很容易画出顺序控制梯形图程序

序　号	编程语言	特　　点	说　　明
4	功能块图	（1）以功能模块为单位，从控制功能入手，使控制方案的分析和理解变得容易。 （2）功能模块是用图形化的方法描述功能，它的直观性大大方便了设计人员的编程和组态，有较好的易操作性。 （3）对控制规模较大、控制关系较复杂的系统，由于控制功能的关系可以较清楚地表达出来，因此，编程和组态时间可以缩短，调试时间也能减少。 （4）由于每种功能模块需要占用一定的程序内存，对功能模块需要一定的执行时间，因此，这种设计语言在大中型 PLC 和集散控制系统的编程和组态中才被采用	用类似与门、或门的方框来表示逻辑运算关系。方框的左侧为逻辑运算的输入变量，右侧为输出变量，输入、输出端的小圆圈表示"非"运算，方框被"导线"连接在一起，信号"自左向右"流动
5	结构文本	（1）采用高级语言进行编程，可以完成较复杂的控制运算。 （2）需要有一定的计算机高级程序设计语言的知识和编程技巧，对编程人员的技能要求较高，普通电气人员无法完成。 （3）直观性、易操作性较差。 （4）常用于采用功能模块等其他语言较难实现的一些控制功能的实施	结构文本（ST）是根据 IEC 61131-3 标准创建的一种专用的高级编程语言。大多数制造厂商采用的语句描述程序设计语言与 BASIC 语言、PASCAL 语言或 C 语言等高级语言相类似。但为了应用方便，在语句的表达方法及语句的种类等方面都进行了简化

 【友情提示】

　　不同商家的 PLC 有不同的编程语言，但就某个商家而言，PLC 的编程语言也就那么几种。其中，最常用的编程语言有梯形图语言和指令表（助记符）语言，且这两种编程语言常常联合使用。

3.1.2　梯形图语言

1. 什么是梯形图

视频：梯形图编程语言

　　梯形图（LD）是一种以图形符号及图形符号在图中的相互关系表示控制关系的编程语言，它是从继电器—接触器控制电路图演变过来的。

　　梯形图中沿用了继电器—接触器线路的一些图形符号，这些图形符号称为编程元件，每一个编程元件对应一个编号。不同厂商的 PLC 编程元件的多少、符号和编号方法不尽相同，但基本的元件及功能相差不大。

　　曾有人在网上说梯形图落后，企业已经不用了，不值得学习。其实，语言无优劣，编程有技巧。初学者可以先编写简单的小程序，如红绿灯、运输带、小车之类，都是只有几行的程序，这时候用到的都是开关量，即 0 和 1 的逻辑，学会用 PLCSIM 做模拟，学会了模拟，输入（I）、输出（Q）和中间变量（M）就都理解了。

2. 梯形图的图形符号种类

IEC 61131-3 中的梯形图语言是对各 PLC 厂家的梯形图语言合理地吸收、借鉴，其语言中的各图形符号与各 PLC 厂家的基本一致。IEC 61131-3 中梯形图的图形符号种类见表 3-2。

表 3-2　梯形图的图形符号种类

序 号	类 别	图形符号种类
1	接点类	动断接点、动合接点、正转换读出接点、负转换读出接点
2	线圈类	一般线圈、取反线圈、置位（锁存）线圈、复位（去锁）线圈、保持线圈、置位保持线圈、复位保持线圈、正转换读出线圈、负转换读出线圈
3	功能和功能块	包括标准的功能和功能块及用户自己定义的功能块

梯形图图形符号与继电器—接触器控制电路图形符号对照如图 3-1 所示。

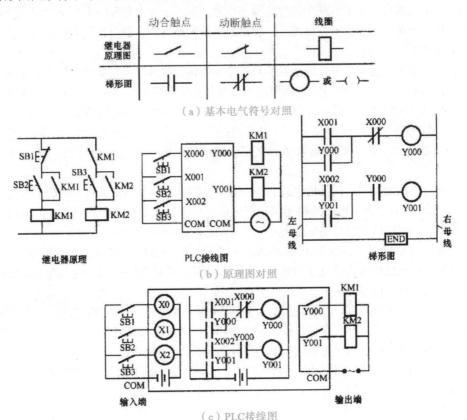

（a）基本电气符号对照

（b）原理图对照

（c）PLC接线图

图 3-1　图形符号对照

视频：PLC 梯形图规则

3. 梯形图的编程规则

IEC 61131-3 标准中规定的梯形图编程规则见表 3-3。

表 3-3　梯形图编程规则

序 号	类 别	说　明
1	在梯形图中的连接功能块	功能块能被连接在梯形图的梯级中，每一功能块有相应的布尔输入和输出量。输入量可以被梯形图梯级直接驱动，输出可以提供驱动线圈的功率流。在每个块上至少应有一个布尔输入和布尔输出以允许功率流通过这个块。功能块可以是标准库中的，也可以是自定义的

序 号	类 别	说 明
2	梯形图中的连接功能	每个功能都有一个附加的布尔输入 EN 和布尔输出 ENO。EN 提供了流入功能的功率流信号；ENO 提供了用来驱动其他功能和线圈的功率流
3	梯形图中有反馈回路	在梯形图程序中可包含反馈回路。例如，在反馈回路中，一个或多个接点值被用作功能或功能块输入的情况
4	梯形图中使用跳转和标注	使用梯形图的跳转功能使梯形图程序可以从程序的一个部分跳转到由一个标识符标识的另一部分

4. 梯形图的特点

（1）梯形图按自上而下、从左到右的顺序排列。每一个继电器线圈为一个逻辑行，称为一个梯形。每一个逻辑行起于左母线，然后是触点的各种连接，最后是线圈与右母线相连，整个图形呈阶梯形。

（2）梯形图中的继电器不是继电器控制线路中的物理继电器，它实质上是变量存储器中的位触发器，因此称为"软继电器"。梯形图中继电器的线圈又是广义的，除了输出继电器、内部继电器线圈，还包括定时器、计数器、移位寄存器及各种比较运算的结果。

（3）在梯形图中，一般情况下（除有跳转指令和步进指令的程序段外），某个编号的继电器线圈只能出现一次，而继电器触点则可无限引用，既可以是动合触点，又可以是动断触点。

（4）其左右两侧母线不接任何电源，图中各支路没有真实的电流流过。但为了方便，常用"有电流"或"得电"等来形象地描述用户程序运算中满足输出线圈的动作条件，所以仅仅是概念上的电流，而且认为它只能由左向右流动，层次的改变也只能先上后下。

（5）输入继电器用于接收 PLC 的外部输入信号，而不能由内部其他继电器的触点驱动。因此，梯形图中只出现输入继电器的触点，而不出现输入继电器的线圈。输入继电器的触点表示相应的外电路输入信号的状态。

（6）输出继电器供 PLC 做输出控制，但它只是输出状态寄存器的相应位，不能直接驱动现场执行部件，而是通过开关量输出模块相应的功率开关去驱动现场执行部件。当梯形图中的输出继电器得电接通时，则相应模块上的功率开关闭合。

（7）PLC 的内部继电器不能用作输出控制，它们只是一些逻辑运算用中间存储单元的状态，其触点可供 PLC 内部使用。

（8）PLC 在运算用户逻辑时按梯形图从上到下、从左到右的先后顺序逐行进行处理，即按扫描方式顺序执行程序，因此存在几条并列支路的同时动作，这在设计梯形图时可以减少许多有约束关系的联锁电路，从而使电路设计大大简化。

【友情提示】

梯形图中只能出现输入继电器的触点，而不能出现输入继电器的线圈。

5. 梯形图与继电器—接触器电路图的区别

对于同一控制功能，继电器—接触器控制原理图和梯形图的输入/输出信号基本相同，控制过程等效，图 3-2 所示为用继电器—接触器控制原理图和梯形图绘制的电动机正反转控制电路，仔细对比可以发现这两种控制电路有许多区别。

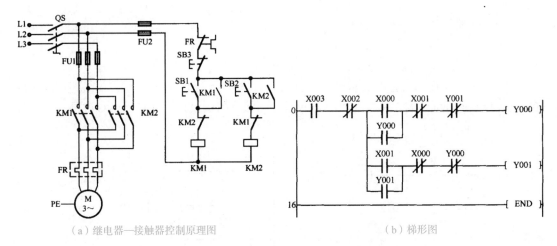

（a）继电器—接触器控制原理图　　　　　　　　　（b）梯形图

图3-2　电动机正反转控制电路图

（1）本质区别：继电器—接触器控制原理图使用的是硬件继电器和定时器等，靠硬件连接组成控制线路；而梯形图使用的是内部软继电器、定时器等，靠软件实现控制，因此PLC的使用具有更高的灵活性，修改控制过程非常方便。

（2）梯形图由触点、线圈和应用指令等组成。

1）梯形图中的触点代表逻辑输入器件，如外部的开关、按钮和内部条件等。

梯形图中的动断、动合触点不是现场物理开关的触点，它们对应输入映像寄存器、输出映像寄存器或数据寄存器中的相应位的状态，而不是现场物理开关的触点状态。可以这样理解，动合触点是取位操作，动断触点为位取反操作。因此在梯形图中同一元件的一对动断、动合触点的切换没有时间的延迟，动断、动合触点只是互为相反状态。

PLC内部继电器的触点原则上可无限次反复使用，因为存储单元中的位状态可取用任意次；继电器—接触器控制系统中的继电器触点数是有限的。

2）梯形图中的线圈可以用圆圈（内部有文字标记，如Y0、Y1等）表示，通常代表内部继电器线圈、输出继电器线圈或定时/计数器的逻辑运算结果，用来控制外部的指示灯、交流接触器和内部的输出标志位等。

梯形图中的输出线圈不是物理线圈，不能用它直接驱动现场执行机构。输出线圈的状态对应输出映像寄存器相应的状态而不是现场电磁开关的实际状态。

PLC内部的线圈通常只引用一次，因此，应慎重对待重复使用同一地址编号的线圈。

3）应用指令就是梯形图中的应用程序，它将梯形图中的触点、线圈等按照设计的控制要求联系在一起，完成相应的控制功能。

（3）梯形图内各种元件沿用了继电器的叫法，称为软继电器，梯形图中的软继电器不是物理继电器，每个软继电器为存储器中的一位，相应位为1，表示该继电器线圈得电，因此称其为软继电器。用软继电器就可以按继电器控制系统的形式来设计梯形图。

（4）梯形图中流过的"电流"不是物理电流，而是"能量流"，它只能从左到右、自上而下流动。"能量流"不允许倒流。"能量流"到，表示线圈接通。"能量流"流向的规定使PLC的扫描只能按自左向右、自上而下的顺序进行；而继电器—接触器控制系统中的电流是不受方向限制的，导线连接到哪里，电流就可流到哪里。

6. 梯形图画图方法

（1）触点的画法。

垂直分支不能包含触点，触点只能画在水平线上。

如图3-3（a）所示，触点C被画在垂直路径上，难以识别它与其他触点的关系，也难以确定通过触点C的能量流方向，因此无法编程。可按梯形图设计规则将触点C改画为水平分支，如图3-3（b）所示。

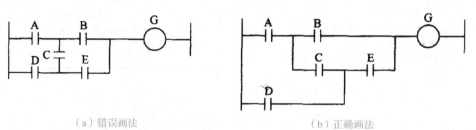

（a）错误画法　　　　　　　　　　（b）正确画法

图3-3　触点的画法

（2）分支线的画法。

水平分支必须包含触点，不包含触点的分支应置于垂直方向，以便于识别节点的组合和对输出线圈的控制路径，如图3-4所示。

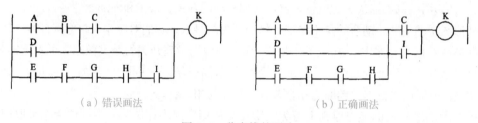

（a）错误画法　　　　　　　　　　（b）正确画法

图3-4　分支线的画法

（3）梯形图中分支的安排。

每个"梯级"中的并行支路（水平分支）的最上一条并联支路与输出线圈或其他线圈平齐绘制，如图3-5所示。

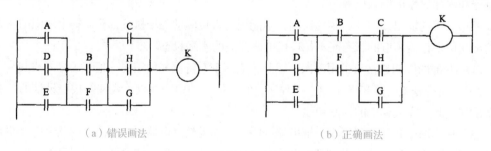

（a）错误画法　　　　　　　　　　（b）正确画法

图3-5　梯形图中分支的安排

（4）触点数量的优化。

因PLC内部继电器的触点数量不受限制，也无触点的接触损耗问题，因此在程序设计时，以编程方便为主，不一定要求触点数量为最少。例如，图3-6（a）和图3-6（b）在不改变原梯形图功能的情况下，两个图之间就可以相互转换，这大大简化了编程。显然，图3-6（a）中的梯形图所用语句比图3-6（b）中的要多。

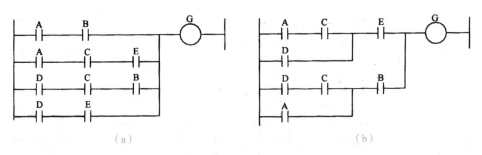

(a)   (b)

图 3-6 梯形图的优化

1
2
3
4
5
6
7

PLC 编程基础

🔔【友情提示】

在绘制梯形图时，触点可以串联或并联；线圈可以并联，但不可以串联。触点和线圈连接时，触点在左，线圈在右；线圈的右边不能有触点，触点的左边不能有线圈。

梯形图中元素的编号、图形符号应与所用的 PLC 机型及指令系统一致。

3.1.3 指令表语言

指令表语言是由一系列指令组成的语言。每条指令在新一行开始，一条完整的指令由操作符和紧随其后的操作数组成，操作数是指在 IEC 61131-3 的"公共元素"中定义的变量和常量。有些操作符可带若干个操作数，这时各个操作数用逗号隔开。指令前可加标号，后面跟冒号，在操作数之后可加注释。

1. 指令表的主要功能

指令语句是 PLC 用户程序的基础元素，多条语句的组合构成了语句表。一个复杂的控制功能是用较长的语句表来描述的。语句表编程语言不如梯形图形象、直观，但是在使用简易编程器输入用户程序时，必须把梯形图程序转换成语句表才能输入。

指令表可以用来描述功能、功能块和程序的行为，还可以在顺序功能流程图中描述动作和转变的行为。

指令表语言能用于调用，如有条件和无条件地调用功能块和功能，还能进行赋值及在区段内进行有条件或无条件的转移。

2. 指令表语言结构

指令表由操作码和操作数两部分组成。

（1）操作码用助记符表示，又称为编程指令，包括逻辑运算、算术运算、定时、计数、移位、传送等操作，指示 CPU 要完成的某种操作功能。

（2）操作数是指在 IEC 61131-3 的"公共元素"中定义的变量和常量。有些操作符可带若干个操作数，这时各个操作数用逗号隔开。指令前可加标号，后面跟冒号，在操作数之后可加注释。

操作数给了操作码指定的某种操作的对象或执行操作所需的数据，通常为编程组件的编号或常数，如输入继电器、输出继电器、内部继电器、定时器、计数器、数据寄存器及定时器、计数器设定值等。

如图 3-7 所示为继电器—接触器控制电路，用 PLC 完成其控制动作，则指令表程序如下：

LD   I001
OR   Q003

```
AND N          I002
OUT            Q003
LD             Q003
OUT            Q004
END
```

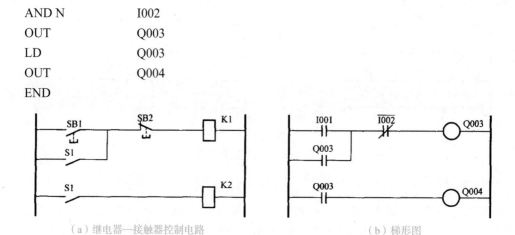

（a）继电器—接触器控制电路　　　　　　　　　（b）梯形图

图 3-7　继电器—接触器控制电路和梯形图

3. 指令表编程语言的特点

（1）用助记符来表示操作功能，具有容易记忆、便于掌握的特点。

（2）操作符用于操纵所有基本数据类型的变量、调用函数和功能块。在手持编程器的键盘上采用助记符表示，便于操作，可在无计算机的场合进行编程设计。

（3）能够直接在 PLC 内部解释的语言，适用于大多数 PLC 制造商。

（4）指令表编程语言较难转换为其他编程语言，其他编程语言则容易转换为指令表编程语言。

4. 指令表操作符

IEC 61131-3 指令表包括 4 类操作符：一般操作符、运算及比较操作符、跳转操作符和调用操作符，见表 3-4。

表 3-4　指令表操作符

种　类	举　　例
一般操作符	指令表的一般操作符是指在程序中经常会用到的操作符，主要包括装入指令如 LD N 等，逻辑指令如 AND N（与指令）、OR N（或指令）、XOR N（异或指令）等
运算及比较操作符	运算及比较操作指令包括算术指令和比较指令。 （1）算术指令：ADD（加指令）、SUB（减指令）、MUL（乘指令），DIV（除指令）、MOD（取模指令）等。 （2）比较指令：GT（大于）、GE（大于等于）、EQ（等于）、NE（不等于）、LE（小于等于）、LT（小于）等
跳转操作符	跳转指令：JMPC N（跳转操作符）等
调用操作符	调用指令：CALLC N（调用操作符）等

5. 指令表定义功能及功能块

指令表可用于定义功能块和功能。当用指令表定义功能时，功能的返回值是结果寄存器内的最新值；当用指令表定义功能块时，指令表引用功能块的输入参数（VAR_INPUT），并且把值写到输出参数（VAR_OUPUT）。

6. 指令表与其他语言的移植性

指令表语言转换为其他语言是非常困难的，除非指令表操作符的使用范围及书写格式受到严格的限制，才有可能实现转换。IEC 61131-3 的其他语言较容易转换为指令表语言。

例如，我们可以把如图 3-8 所示的梯形图转换为表 3-5 所示的指令表。

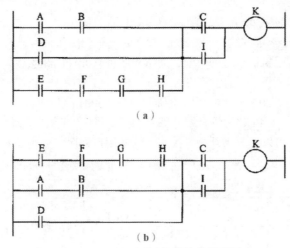

图 3-8　两种不同语句数量的梯形图

表 3-5　两种程序指令数量的对比分析

图 3-8（a）的指令程序			图 3-8（b）的指令程序		
0	STR	A	0	STR	E
1	AND	B	1	AND	F
2	STR	D	2	AND	G
3	STR	E	3	AND	H
4	AND	F	4	STR	A
5	AND	G	5	AND	B
6	AND	H	6	OR	STR
7	OR	STR	7	OR	D
8	OR	STR	8	STR	C
9	STR	C	9	OR	1
10	OR	1	10	AND	STR
11	AND	STR	11	OUT	K
12	0UT	K			

3.2　PLC的指令

PLC 是通过程序对系统实现控制的，因此一种机型的指令系统在一定程度上反映出其控制功能的强弱。根据指令功能的不同，可以分为基本指令和应用指令两类。

基本指令是直接对输入和输出点进行操作的指令，如输入、输出及逻辑"与""或""非"等操作，其操作对象主要是继电器、定时器和计数器类的软元件，用于替代继电器控制线路进行顺序逻辑控制。

应用指令是进行数据传送、数据处理、数据运算、程序控制等操作的指令，其指令的多少关系到 PLC 功能的强弱。应用指令使 PLC 具有很强大的数据运算和特殊处理功能，从而大大扩展了 PLC 的使用范围。

3.2.1 PLC 的基本指令

1. 基本指令说明

基本指令是 PLC 最常用的指令，一般由指令助记符和操作数两部分组成。助记符为指令英文的缩写；操作数表示执行指令的对象，通常为各种软元件的编号或寄存器的地址。

三菱 FX 系列 PLC 的一、二代机（$FX_{1S}/FX_{1N}/FX_{1NC}/FX_{2N}/FX_{2NC}$）有 27 条基本指令，三代机（$FX_{3U}/FX_{3UC}/FX_{3G}$）有 29 条基本指令（增加了 MEP、MEF 指令）。

下面以三菱 FX_{2N} 系列 PLC 为例介绍其编程的基本指令。FX_{2N} 系列 PLC 共有 27 条基本指令，使用这些基本指令可以编制出开关量控制系统的用户程序，见表 3-6。

表 3-6　FX_{2N} 系列 PLC 的基本指令

助词符名称	功　能	梯形图表示及可用元件	助词符名称	功　能	梯形图表示及可用元件
［LD］取	逻辑运算开始与左母线连接的常开触点		［OUT］输出	线圈驱动指令	
［LDI］取反	逻辑运算开始与左母线连接的常闭触点		［SET］置位	线圈接通保持指令	
［LDP］取脉冲	逻辑运算开始与左母线连接的上升沿检测		［RST］复位	线圈接通清除指令	
［LDF］取脉冲	逻辑运算开始与左母线连接的下降沿检测		［PLS］上沿脉冲	上升沿微分输出指令	
［AND］与	串联连接常开触点		［PLF］下沿脉冲	下降沿微分输出指令	
［ANI］与非	串联连接常闭触点		［MC］主控	公共串联点的连接线圈	
［ANDP］与脉冲	串联连接上升沿检测		［MCR］主控复位	公共串联点的清除指令	
［ANDF］与非脉冲	串联连接下降沿检测		［MPS］进栈	连接点数据入栈	
［OR］或	并联连接常开触点		［MRD］读栈	从堆栈读出连接点数据	
［ORI］或非	并联连接常闭触点		［MPP］出栈	从堆栈读出数据并复位	
［ORP］或脉冲	并联连接上升沿检测		［INV］反转	运算结果取反	
［ORF］或非脉冲	并联连接下降沿检测		［NOP］空操作	无动作	变更程序中替代某些指令
［ANB］电路块与	并联电路块的串联连接		［END］结束	顺控程序结束	顺控程序结束返回到 0 步
［ORB］电路块或	串联电路块的并联连接				

2. 输入、输出指令

LD、LDI、OUT 指令的功能、梯表图表示、可操作元件见表 3-7（下面对其他指令的介绍均不同）。

输入 / 输出指令使用说明见表 3-7，编程应用如图 3-9 所示。

视频：LD、LDI、OUT 指令

表 3-7　输入 / 输出指令说明

指令符号及名称	使 用 说 明
LD（读取指令）	用于将动合接点接到母线上的逻辑运算起始，也可以与后面介绍的 ANB、ORB 指令配合使用于分支起点处
LDI（取反指令）	用于将动断接点接到母线上的逻辑运算起始处，也可以与 ANB、ORB 指令配合使用于分支起点处
OUT（线圈驱动指令）	用于将逻辑运算结果驱动一个指定线圈，如输出继电器、辅助继电器、定时器、计数器和状态寄存器等，但不能用于输入继电器。 OUT 指令用于并行输出，能连续使用多次

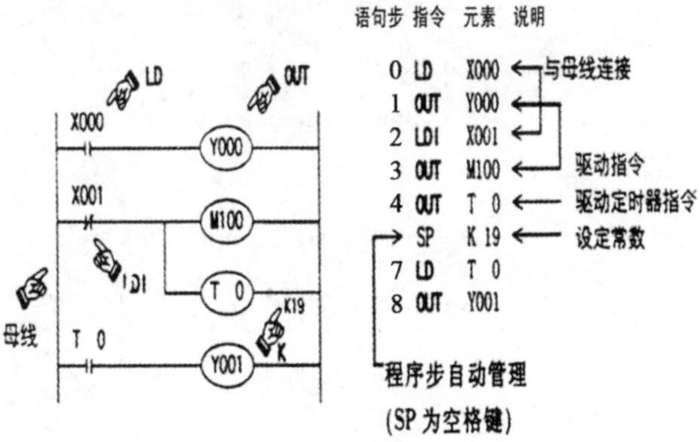

图 3-9　LD、LDI、OUT 指令的编程应用

3. 触点串联、并联指令

触点串联指令（AND、ANI）和并联指令（OR、ORI）使用说明见表 3-8。编程应用如图 3-10 所示。

表 3-8　触点串联指令和并联指令使用说明

指令符号及名称	使 用 说 明
AND（与指令） ANI（与非指令）	（1）AND、ANI 指令为单个触点的串联连接指令。AND 用于动合触点串联连接；ANI 用于动断触点串联连接。串联触点的数量不受限制。 （2）OUT 指令后，可以通过触点对其他线圈使用 OUT 指令，称之为纵接输出或连续输出。例如，图 3-10（a）中就是在 OUT　M101 之后，通过触点 T1 对 Y004 线圈使用 OUT 指令，这种纵接输出，只要顺序正确，可多次重复。但由于图形编程器的限制，应尽量做到一行不超过 10 个接点及一个线圈，总共不要超过 24 行
OR（或指令） ORI（或非指令）	（1）OR、ORI 指令是单个触点的并联连接指令。OR 用于动合触点的并联；ORI 用于动断触点的并联。 （2）与 LD、LDI 指令触点并联的触点要使用 OR 或 ORI 指令，并联触点的个数没有限制，但由于编程器和打印机的幅面限制，尽量做到 24 行以下。 （3）若两个以上触点的串联支路与其他回路并联时，应采用后面介绍的电路块或（ORB）指令

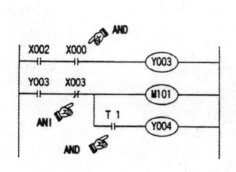

语句步	指令	元素	说明
0	LD	X002	
1	AND	X000	串联触点
2	OUT	Y003	
3	LD	Y003	
4	ANI	X003	串联触点
5	OUT	M101	
6	AND	T1	串联触点
7	OUT	Y004	纵接输出

（a）AND、ANI指令

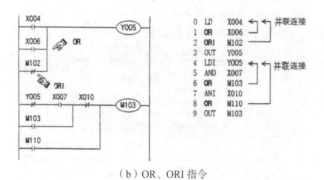

（b）OR、ORI指令

图 3-10　触点串联、并联指令的编程应用

4. 脉冲指令

脉冲指令使用说明见表 3-9。

表 3-9　脉冲指令使用说明

指令符号及名称	使　用　说　明
LDP、LDF（取脉冲指令）	（1）LDP、ANDP、ORP 指令是进行上升沿检测的触点指令，仅在指定位软组件 OFF→ON 上升沿变化时，使驱动的线圈接通 1 个扫描周期。
ANDP、ANDF（与脉冲指令）	（2）LDF、ANDF、ORF 指令是进行下降沿检测的触点指令，仅在指定位软组件 ON→OFF 下降沿变化时，使驱动的线圈接通 1 个扫描周期
ORP、ORF（或脉冲指令）	

脉冲检测指令的编程应用如图 3-11 所示。

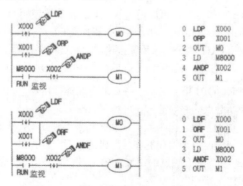

图 3-11　脉冲检测指令的编程应用

5. 电路块并联、串联指令

串联电路块的并联指令（ORB）和并联电路块的串联指令（ANB）使用说明见表 3-10。

表 3-10　ORB 指令和 ANB 指令使用说明

指令符号及名称	使用说明
ORB（电路块或指令）	（1）两个以上触点串联连接的支路称为串联电路块，将串联电路块再并联连接时，分支开始用 LD 或 LDI 指令表示，分支结束用 ORB 指令表示。 （2）如果有多条串联电路块并联时，可以在每个电路块后面加一台 ORB 指令。 （3）对多条串联电路块并联电路，也可以成批使用 ORB 指令，但 ORB 指令的连续使用次数应限制在 8 次以内
ANB（电路块与指令）	（1）两个或两个以上触点并联连接的电路称为并联电路块。当分支电路并联电路块与前面的电路串联连接时，使用 ANB 指令。分支起点用 LD 或 LDI 指令，并联电路块结束后使用 ANB 指令，表示与前面的电路串联。 （2）多个并联电路块按顺序与前面的电路串联连接，ANB 指令的使用次数不限。 （3）对多个并联电路块串联时，ANB 指令可以集中成批地使用，但 ANB 指令成批使用次数应限制在 8 次以内

ORB 指令和 ANB 指令的编程应用如图 3-12 所示。

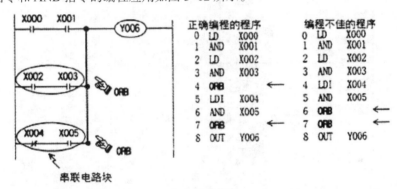

（a）ORB 指令

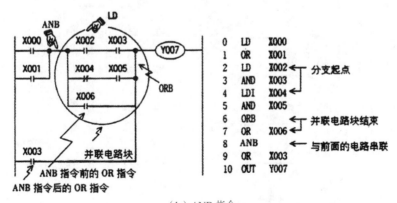

（b）ANB 指令

图 3-12　ORB 指令和 ANB 指令的编程应用

6. 多重输出电路指令

多重输出电路指令（MPS、MRD、MPP）也称为栈操作指令，MPS、MRD、MPP 这组指令的功能是存储连接点的结果，以方便连接点后面电路的编程。多重输出电路指令使用说明见

表 3–11。

表 3–11　多重输出电路指令使用说明

指令符号及名称	使 用 说 明
MPS（进栈指令）	（1）MPS、MRD、MPP 这组指令分别用于分支多重输出电路中将连接点数据先存储，便于连接后面电路时读出或取出该数据。
MRD（读栈指令）	（2）MPS、MRD、MPP 指令都是不带软组件的指令。
MPP（出栈指令）	（3）MPS 和 MPP 连续使用应少于 11 次，且必须成对使用

MPS、MRD、MPP 的用法如图 3–13 所示。

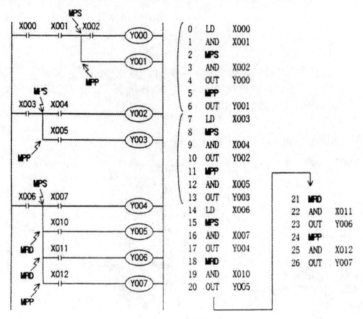

（a）一层堆栈程序

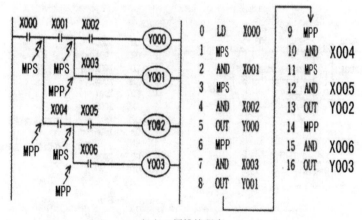

（b）二层堆栈程序

图 3–13　MPS、MRD、MPP 指令的编程应用

7. 主控触点指令

主控触点指令 MC、MCR 的使用说明见表 3–12。

表 3–12　MC、MCR 指令的使用说明

指令符号及名称	使 用 说 明
MC（主控指令）	（1）MC 控制的操作组件的动合触点要与主控指令后的母线垂直串联连接，是控制一组梯形图电路的总开关。当主控指令控制的操作组件的动合触点闭合时，激活所控制的一组梯形图电路。 （2）与主控触点相连的触点必须用 LD 或 LDI 指令，MC、MCR 指令必须成对使用。
MCR（主控复位指令）	（3）使用不同的 Y、M 元件号，可以多次使用 MC 指令。 （4）在 MC 指令内再使用 MC 指令时，嵌套级 N 的编号就顺次增大（按程序顺序由小到大），返回时用 MCR 指令，从大的嵌套级开始解除（按程序顺序由大到小）

主控触点指令 MC、MCR 的编程应用如图 3–14 所示。

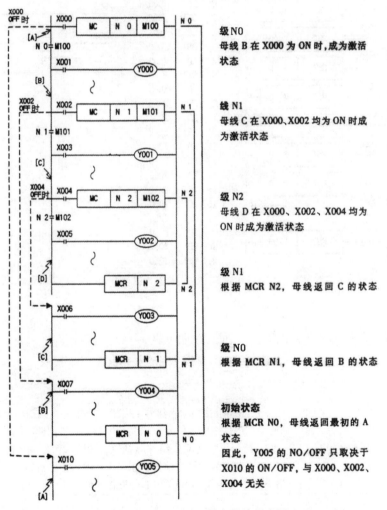

图 3–14　MC、MCR 指令的编程应用

8. 置位、复位指令

SET 为置位指令，使线圈（逻辑线圈 M、输出继电器 Y、状态 S）保持接通（置 1）；RST 为复位指令，使线圈（逻辑线圈 M、输出继电器 Y、状态 S）断开复位（置 0）。

SET、RST 指令使用说明见表 3-13。

表 3-13　SET、RST 指令使用说明

指令符号及名称	使 用 说 明
SET（置位指令）	（1）SET 和 RST 指令具有自保持功能。这两个指令之间可以插入别的程序。 （2）对同一软组件，SET、RST 可以多次使用，不限制使用次数，但最后执行者有效。
RST（复位指令）	（3）对数据寄存器 D、变址寄存器 V、Z 的内容清零，既可以用 RST 指令，也可以用常数 K0 经传送指令清零，效果相同。RST 指令也可以用于积算定时器 T246～T255 和计数器 C 的当前值的复位和触点复位

SET、RST 指令的编程应用如图 3-15 所示。

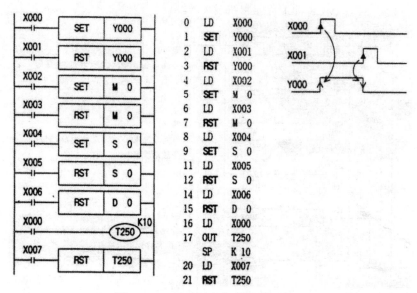

图 3-15　SET、RST 指令的编程应用

9. 脉冲输出指令

PLS、PLF 为微分脉冲输出指令，其使用说明见表 3-14。

表 3-14　PLS、PLF 指令的使用说明

指令符号及名称	使 用 说 明
PLS （上沿脉冲指令）	（1）PLS 指令使操作组件在输入信号上升沿时产生一个扫描周期的脉冲输出。PLF 指令则使操作组件在输入信号下降沿产生一个扫描周期的脉冲输出。
PLF （下沿脉冲指令）	（2）PLS、PLF 指令可以将输入组件脉宽较宽的输入信号变成脉宽等于可编过程控制器的扫描周期的触发脉冲信号，相当于对输入信号进行了微分。 （3）特殊继电器不能用作 PLS 或 PLF 的操作元件

10. 取反指令

取反指令（INV）在梯形图中用一条 45°短斜线表示，它是将执行 INV 指令的运算结果取反，无操作元件，不需要指定软组件的地址号，见表 3-15。

表 3-15 INV 指令操作

执行 INV 前的运算结果	执行 INV 后的运算结果
OFF ─────────────────→ ON	
ON ─────────────────→ OFF	

在使用 INV 指令编程时，可以在 AND 或 ANI、ANDP 或 ANDF 指令的位置后编程，也可以在 ORB、ANB 指令回路中编程，但不能像 OR、ORI、ORP、ORF 指令那样单独占用一条电路支路（即并联使用），也不能像 LD、LDI、LDI、LDF 那样直接与母线单独连接。

INV 指令的编程应用如图 3-16 所示。

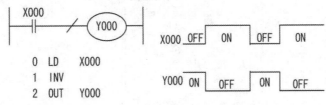

```
0  LD   X000
1  INV
2  OUT  Y000
```

图 3-16 INV 指令的编程应用

11. 空操作指令和结束指令

空操作指令（NOP）使该步序做空操作。该指令是一条无动作、无目标元件，占一个程序步的指令。

程序结束指令（END）用来标记用户程序存储区最后一个存储单元。

NOP 和 END 指令的使用说明见表 3-16。

表 3-16 NOP、END 指令的使用说明

指令符号及名称	使 用 说 明
NOP （空操作指令）	（1）用 NOP 指令代替已写入的指令，可以改变电路。 （2）在程序中加入 NOP 指令，在改变或追加程序时，可以减少步序号的改变。注意，若将 LD、LDI、ANB、ORB 等指令换成 NOP 指令后，会引起梯形图电路的构成发生很大的变化，导致出错。 （3）执行完清除用户存储器操作后，用户存储器的内容全部变为空操作指令
END （程序结束指令）	在程序最后写入 END 指令，则 END 以后的程序步不再执行，直接进行输出处理。使用 END 指令可以缩短扫描周期。 在程序调试过程中，采用 END 指令将程序划分为若干段，在确认处于前面电路块的动作正确无误后，再依次删去 END 指令

NOP 指令的编程应用如图 3-17 所示。END 指令的编程应用如图 3-18 所示。

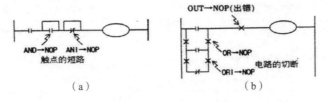

图 3-17 NOP 指令的编程应用

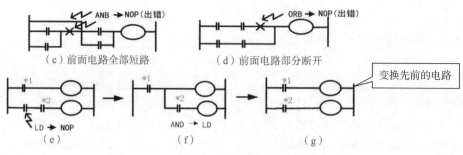

（c）前面电路全部短路 　　　（d）前面电路部分断开

图 3-17（续）

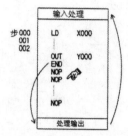

图 3-18　END 指令的编程应用

🔔 【友情提示】

不同厂家生产的 PLC 的编程指令是不完全一样的，即使两个品牌 PLC 编程指令大部分一致，在功能实现、元件定义及程序编写等方面还是会有区别，因此，编程时应详细看相关说明书。西门子 PLC 编程指令包括位逻辑指令、比较指令、转换指令等 14 个，见表 3-17。

表 3-17　西门子 PLC 编程指令

指令名称	指令	指令含义	指令名称	指令	指令含义
位逻辑指令	-‖-	常开接点（地址）	转换指令	BCD_IBCD	码转换为整数
	-|/|-	常闭接点（地址）		I_BCD	整数转换为 BCD 码
	XOR	位异或		I_DINT	整数转换为双整数
	-|NOT|-	信号流反向		BCD_DIBCD	BCD 码转换为双整数
	-( )	输出线圈		DI_BCD	双整数转换为 BCD 码
	-(#)-	中间输出		DI_REAL	双整数转换为浮点数
	-(R)	线圈复位		INV_I	整数的二进制反码
	-(S)	线圈置位		INV_DI	双整数的二进制反码
	RS	复位置位触发器		NEG_I	整数的二进制补码
	SR	置位复位触发器		NEG_DI	双整数的二进制补码
	-(N)-RLO	下降沿检测		NEG_R	浮点数求反
	-(P)-PLO	上升沿检测		ROUND	舍入为双整数
	-(SAVE)	将 RLO 存入 BR 存储器		TRUNC	舍去小数取整为双整数
	MEG	地址下降沿检测		CEIL	上取整
	POS	POS 地址上升沿检测		FLOOR	下取整

指令名称	指　令	指令含义	指令名称	指　令	指令含义
比较指令	CMP?R	实数比较	计数器指令	S_CUD	加减计数
	CMP?I	整数比较		S_CU	加计数器
	CMP?D	双整数比较		S_CD	减计数器
逻辑控制指令	–(JUP)	无条件跳转		–(SC)	计数器置初值
	–(JMP)	条件跳转		–(CU)	加计数器线圈
	–(JMPN)	若非则跳转		–(CD)	减计数器线圈
数据块指令	LABEL	标号	整数算术运算指令	ADD_I	整数加法
	–(OPN)	打开数据块：DB 或 DI		SUB_I	整数减法
浮点算术运算指令	ADD_R	实数加法		MUL_I	整数乘法
	SUB_R	实数减法		DIV_I	整数除法
	MUL_R	实数乘法		ADD_DI	双整数加法
	DIV_R	实数除法		SUB_DI	双整数减法
	ABS	浮点数绝对值运算		MUL_DI	双整数乘法
	SQR	浮点数平方		DIV_DI	双整数除法
	SQRT	浮点数平方根		MOD_DI	回送余数的双整数
	EXP	浮点数指数运算	程序控制指令	–(CALL)	从线圈调用
	LN	浮点数自然对数运算		CALL_FB	从方块调用 FB
	SIN	浮点数正弦运算		CALL_FC	从方块调用 FC
	COS	浮点数余弦运算		CALL_SFB	从方块调用 SFB
	TAN	浮点数正切运算		CALL_SFC	从方块调用 SFC
	ASIN	浮点数反正弦运算		–(MCR<)	主控继电器接通
	ACOS	浮点数反余弦运算		–(MCR>)	主控继电器断开
	ATAN	浮点数反正切运算		–(MCRA)	主控继电器启动
赋值指令	MOVE	赋值		–(MCRD)	主控继电器停止
移位和循环指令	SHR_I	整数右移		–(RET)	返回
	SHR_DI	双整数右移	状态位指令	OV –‖–	溢出异常位
	SHL_W	字左移		OS –‖–	存储溢出异常位
	SHR_W	字右移		UO –‖–	无序异常位
	SHL_D	双字左移		BR –‖–	异常位二进制结果
	SHR_DW	双字右移		==0–‖–	结果位等于"0"
	ROL_DW	双字左循环		<>0–‖–	结果位不等于"0"
	ROR_DW	双字右循环		>0–‖–	结果位大于"0"
定时器指令	S_PULSE	脉冲 S5 定时器		<0–‖–	结果位小于"0"
	S_PEXT	扩展脉冲 S5 定时器		>=0–‖–	结果位大于等于"0"
	S_ODT	接通延时 S5 定时器		<=0–‖–	结果位小于等于"0"
	S_ODTS	保持型接通延时 S5 定时器	字逻辑指令	WAND_W	字和字相"与"
	S_OFFDT	断电延时 S5 定时器		WOR_W	字和字相"或"
	–(SP)	脉冲定时器线圈		WAND_DW	双字和双字相"与"
	–(SE)	扩展脉冲定时器线圈		WOR_DW	双字和双字相"或"
	–(SD)	接通延时定时器线圈		WXOR_W	字和字相"异或"
	–(SS)	保持型接通延时定时器线圈		WXOR_DW	双字和双字相"异或"
	–(SF)	断开延时定时器线圈			

3.2.2　PLC 的应用指令

1. 应用指令的格式

FX 系列 PLC 在梯形图中是使用功能框来表示应用指令的，如图 3-19 所示。PLC 应用指令由功能助记符、功能号和操作数等组成。

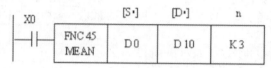

图 3-19　应用指令的梯形图例

应用指令格式说明如下。

（1）助记符：用来规定指令的操作功能，一般由字母（英文单词或单词缩写）组成。上面的 MEAN 为助记符，其含义是对操作数取平均值。

（2）功能号：它是应用指令的代码号，每个应用指令都有自己的功能号，如 MEAN 指令的功能号为 FNC45，在编写梯形图程序时，如果要使用某应用指令，需输入该指令的助记符，而采用手持编程器编写应用指令时，要输入该指令的功能号。

（3）操作数：又称操作元件，通常由源操作数 [S]、目标操作数 [D] 和其他操作数 [n] 组成。

操作数中的 K 表示十进制数，H 表示十六制数，n 为常数，X 为输入继电器，Y 为输出继电器，S 为状态继电器，M 为辅助继电器，T 为定时器，C 为计数器，D 为数据寄存器，V、Z 为变址寄存器。如果源操作数和目标操作数不止一个，可以分别用 [S1]、[S2]、[S3] 和 [D1]、[D2]、[D3] 表示。

2. 应用指令的执行形式

三菱 FX 系列 PLC 的应用指令有脉冲执行和连续执行两种形式。

（1）脉冲执行。

脉冲执行指令只是在 X0 在 OFF → ON 变化时才执行一次，其他时刻不执行。助记符后的 (P) 符号表示脉冲执行。32 位指令和脉冲执行可以同时应用，如图 3-20 所示。

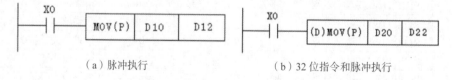

（a）脉冲执行　　　　　　　　　（b）32 位指令和脉冲执行

图 3-20　脉冲执行指令

三菱 FX 系列 PLC 有些型号没有脉冲执行指令，如 FXON 系列，这时可以用如图 3-21 所示的程序来实现。

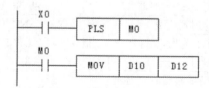

图 3-21　无脉冲执行指令时的实现方法

（2）连续执行。

连续执行指令是在 X1 接通时，指令在每个扫描周期都被重复执行。有些应用指令，如INC（加 1）、DEC（减 1）、XCH（交换）等，采用连续执行方式，如图 3-22 所示。

图 3-22　连续执行指令方式

3. 应用指令的数据长度

应用指令可处理 16 位数据和 32 位数据，如图 3-23 所示。

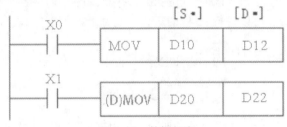

图 3-23　数据长度

数据长度说明：当 X0 闭合时，把 D10 中的数据送到 D12 中；当 X1 闭合时，把 D21、D20 中的数据分别送到 D23、D22 中。

在应用 32 位指令时，通常在助记符前添加（D）符号来表示，并且用元件号相邻的两个元件组成元件对，元件对的首元件号用奇数、偶数均可。但为了避免混乱，建议将元件对的首元件指定为偶数地址。

4. 应用指令的字元件和位元件

（1）位元件。

只处理 ON/OFF 信息的元件，如 X、Y、M 和 S，称为位元件。

（2）字元件。

T、C、D 等处理数据的元件称为字元件。

（3）字元件与位元件之间的数据处理。

位元件通过组合使用也可以处理数据，在这种情况下，以位数 Kn 和起始的元件号的组合来表示。位元件每 4 位为一组合成单元，16 位数据为 K1 ～ K4，32 位数据为 K1 ～ K8。例如，K1X0 表示 X3 ～ X0 的 4 位数据，X0 是最低位。K2Y0 表示 Y7 ～ Y0 的 8 位数据，Y0是最低位。K4M10 表示 M25 ～ M10 的 16 位数据，M10 是最低位。

（4）字元件的数据传送。

不同数据长度之间字元件的传送如图 3-24 所示。由于数据长度的不同，在传送时应遵循如下两个原则。

1）长字元件→短字元件传送数据时，长数据的高位保持不变。

2）短字元件→长字元件传送数据时，长数据的高位全部变零。

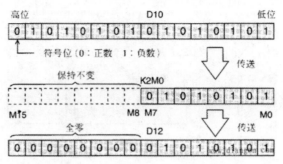

图 3-24　不同数据长度之间的传送

5. 变址寄存器

三菱 FX 系列 PLC 有 V 和 Z 两种 16 位变址寄存器，它在应用指令中用来修改操作对象的元件号。将 V 和 Z 组合，可以进行 32 位的运算。此时，V 为高 16 位，Z 为低 16 位。下例中假定 Z 的值为 4，则

K2X0Z=K2X4　　　　　　　　K1Y0Z=K1Y4

K4M10Z=K4M14　　　　　　　K2S5Z=K2S9

D5Z=D9　　　　　　　　　　T6Z=T10　　　　　　　C7Z=C11

变址寄存器可操作的元件有输入继电器 X、输出继电器 Y、辅助继电器 M、状态继电器 S、指针 P 和由位元件组成的字元件的首元件，如 KnM0Z，但变址寄存器不能改变 n 的值，如 K2ZM0 是错误的。利用变址寄存器在某些方面可以使编程简化。

常用特殊辅助继电器功能指令执行结果的标志如下。

M8020：零标志

M8021：借位标志

M8022：进位标志

M8029：执行完毕标志

M8064：参数出错标志

M8065：语法出错标志

M8066：电路出错标志

M8067：运算出错标志

6. 操作数的形式

应用指令都是用助记符来表示的。大部分应用指令要求提供操作数，包括源操作数、目标操作数和其他操作数，如图 3-25 所示。这些操作数的形式如下。

（1）位元件 X、Y、M 和 S。

（2）常数 K（十进制）、H(十六进制)或指针 P。

（3）字元件 T、C、D、V、Z。

（4）由位元件 X、Y、M、S 的位指定组成的字元件 KnX、KnY、KnM、KnS。

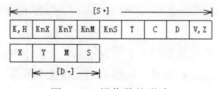

图 3-25　操作数的形式

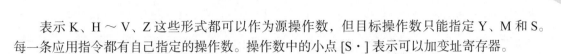

表示 K、H～V、Z 这些形式都可以作为源操作数，但目标操作数只能指定 Y、M 和 S。每一条应用指令都有自己指定的操作数。操作数中的小点 [S·] 表示可以加变址寄存器。

7.三菱FX系列PLC的应用指令

见表 3-18。

表 3-18　三菱 FX 系列 PLC 的应用指令

分　类	指令编号	指令助记符	指　令　名　称
程序流程	FNC00	CJ	条件跳转
	FNC01	CALL	调用子程序
	FNC02	SRET	子程序返回
	FNC03	IRET	中断返回主程序
	FNC04	EI	中断允许
	FNC05	DI	中断禁止
	FNC06	FEND	主程序结束
	FNC07	WDT	监视定时器
	FNC08	FOR	循环开始
	FNC09	NEXT	循环结束
传送和比较	FNC010	CMP	比较
	FNC011	ZCP	区间比较
	FNC012	MOV	传送
	FNC013	SMOV	移位传送
	FNC014	CML	取反
	FNC015	BMOV	块传送
	FNC016	FMOV	多点传送
	FNC017	XCH	数据交换
	FNC018	BCD	求 BCD 码
	FNC019	BIN	求二进制码
四则运算和逻辑运算	FNC020	ADD	二进制加法
	FNC021	SUB	二进制减法
	FNC022	MUL	二进制乘法
	FNC023	DIV	二进制除法
	FNC024	INC	二进制加 1
	FNC025	DEC	二进制减 1
	FNC026	AND	逻辑字与
	FNC027	OR	逻辑字或
	FNC028	XOR	逻辑字异或
	FNC029	NEG	求补码

分　类	指令编号	指令助记符	指　令　名　称
循环移位与移位	FNC030	ROR	循环右移
	FNC031	ROL	循环左移
	FNC032	RCR	带进位循环右移
	FNC033	RCL	带进位循环左移
	FNC034	SFTR	位右移
	FNC035	SFTL	位左移
	FNC036	WSFR	字右移
	FNC037	WSFL	字左移
	FNC038	SFWR	FIFO 写入
	FNC039	SFRD	FIFO 读出
数据处理 1	FNC040	ZRST	成批复
	FNC041	DECO	解码
	FNC042	ENCO	编码
	FNC043	SUM	求置 ON 位的总和
	FNC044	BON	ON 位判断
	FNC045	MEAN	平均值
	FNC046	ANS	标志复位：[D(.)] 为 S900 ～ S999
	FNC047	ANR	标志复位：被置位的定时器复位
	FNC048	SOR	二进制平方根
	FNC049	FLT	二进制整数与二进制浮点数转换
高速处理	FNC050	REF	输入输出刷新
	FNC051	REFF	滤波调整
	FNC052	MTR	矩阵输入（使用一次）
	FNC053	HSCS	比较置位（高速计数）
	FNC054	HSCR	比较复位（高速计数）
	FNC055	HSZ	区间比较（高速计数）
	FNC056	SPD	脉冲密度
	FNC057	PLSY	脉冲输出（使用一次）
	FNC058	PWM	脉宽调制（使用一次）
	FNC059	PLSR	可调速脉冲输出（使用一次）
便利指令	FNC060	IST	状态初始化（使用一次）
	FNC061	SER	查找数据
	FNC062	ABSD	绝对值式凸轮控制（使用一次）
	FNC063	INCD	增量式凸轮顺控（使用一次）
	FNC064	TIMR	示数定时器
	FNC065	STMR	特殊定时器
	FNC066	ALT	交替输出
	FNC067	RAMP	斜波信号
	FNC068	ROTC	旋转工作台控制（使用一次）
	FNC069	SORT	表数据排序（使用一次）

分 类	指令编号	指令助记符	指 令 名 称
外部机器 I/O	FNC070	TKY	十键输入（使用一次）
	FNC071	HKY	十六键输入（使用一次）
	FNC072	DSW	数字开关（使用两次）
	FNC073	SEGD	七段码译码
	FNC074	SEGL	带锁存七段码显示（使用两次）
	FNC075	ARWS	方向开关（使用一次）
	FNC076	ASC	ASCII 码转换
	FNC077	PR	ASCII 码打印（使用两次）
	FNC078	FROM	BFM 读出
	FNC079	TO	写入 BFM
外部机器 SER	FNC080	RS	串行通信传递
	FNC081	PRUN	八进制位传送
	FNC082	ASCI	HEX → ASCII 变换
	FNC083	HEX	ASCII → HEX 变换
	FNC084	CCD	检验码
	FNC085	VRRD	模拟量输入
	FNC086	VRRD	模拟量开关设定
	FNC087	—	—
	FNC088	PID	PID 回路运算
浮点运算	FNC110	ECMP	二进制浮点比较：[S1(.)] 与 [S2(.)] 比较→ [D(.)]
	FNC111	EZCP	二进制浮点比较：[S1(.)] 与 [S2(.)] 比较→ [S1(.)] < [S2(.)]
	FNC118	EBCD	二进制浮点转换十进制浮点
	FNC119	EBIN	十进制浮点转二换进制浮点
	FNC120	EADD	二进制浮点加法
	FNC121	ESUB	二进制浮点减法
	FNC122	EMUL	二进制浮点乘法
	FNC123	EDIV	二进制浮点除法
	FNC127	ESOR	开方
	FNC129	INT	二进制浮点→ BIN 整数转换
	FNC130	SIN	浮点 SIN 运算
	FNC131	COS	浮点 COS 运算
	FNC132	TAN	浮点 TAN 运算
数据处理 2	FNC147	SWAP	高低位变换
时钟运算	FNC160	TCMP	时钟数据比较
	FNC161	TZCP	时钟数据区域比较
	FNC162	TADD	时钟数据加法
	FNC163	TSUB	时钟数据减法
	FNC166	TRD	时钟数据读出
	FNC167	TWR	时钟数据写入

分　类	指令编号	指令助记符	指　令　名　称
格雷码转换	FNC170	GRY	格雷码转换
	FNC171	GBIN	格雷码逆变换
接点比较	FNC224	LD=	触点形比较指令：连接母线形接点，当 [S1(.)]=[S2(.)] 时接通
	FNC225	LD >	触点形比较指令：连接母线形接点，当 [S1(.)] > [S2(.)] 时接通
	FNC226	LD <	触点形比较指令：连接母线形接点，当 [S1(.)] < [S2(.)] 时接通
	FNC228	LD <>	触点形比较指令：连接母线形接点，当 [S1(.)] <> [S2(.)] 时接通
	FNC229	LD ≤	触点形比较指令：连接母线形接点，当 [S1(.)] ≤ [S2(.)] 时接通
	FNC230	LD ≥	触点形比较指令：连接母线形接点，当 [S1(.)] ≥ [S2(.)] 时接通
	FNC232	AND=	触点形比较指令：串联形接点，当 [S1(.)]=[S2(.)] 时接通
	FNC233	AND >	触点形比较指令：串联形接点，当 [S1(.)] > [S2(.)] 时接通
	FNC234	AND <	触点形比较指令：串联形接点，[S1(.)] < [S2(.)] 时接通
	FNC236	AND <>	触点形比较指令：串联形接点，当 [S1(.)] <> [S2(.)] 时接通
	FNC237	AND ≤	触点形比较指令：串联形接点，当 [S1(.)] ≤ [S2(.)] 时接通
	FNC238	AND ≥	触点形比较指令：串联形接点，当 [S1(.)] ≥ [S2(.)] 时接通
	FNC240	OR=	触点形比较指令：并联形接点，当 [S1(.)]=[S2(.)] 时接通
	FNC241	OR >	触点形比较指令：并联形接点，当 [S1(.)] > [S2(.)] 时接通
	FNC242	OR <	触点形比较指令：并联形接点，当 [S1(.)] < [S2(.)] 时接通
	FNC244	OR <>	触点形比较指令：并联形接点，当 [S1(.)] <> [S2(.)] 时接通
	FNC245	OR ≤	触点形比较指令：并联形接点，当 [S1(.)] ≤ [S2(.)] 时接通
	FNC246	OR ≥	触点形比较指令：并联形接点，当 [S1(.)] ≥ [S2(.)] 时接通

3.3　编程步骤及方法

3.3.1　编程原则及步骤

1. PLC软件编程的内容

PLC 软件编程的内容包括用户软件功能分析和设计、程序结构设计和程序设计。

（1）用户软件功能分析和设计。

用户应用软件的功能有 3 个：控制功能、操作功能和自诊断功能，见表 3-19。

表 3-19　用户应用软件的功能

序　号	功　能	说　　明
1	控制功能	控制功能是 PLC 应用软件的主要部分，系统正常工作的控制功能由该部分实现
2	操作功能	操作功能是指人机界面，通常单台 PLC 控制时，不必多作考虑。当 PLC 多机联网时，特别在工业局域网中应用时，操作功能的程序设计问题就必须加以考虑。当然，在工业局域网中，大多包括有计算机，此时操作功能往往可由计算机实现
3	自诊断功能	包括 PLC 自身工作状态的自诊断和系统中受控设备工作状态的自诊断两部分。目前大多数 PLC 的自身都有较完善的自我诊断功能，用户程序中自诊断主要是判断受控设备的工作状态等

（2）程序结构设计。

模块化的程序设计方法，是 PLC 应用程序设计的最有效、最基本的方法。

程序结构设计的基本任务就是以模块化程序结构为前提，以系统功能要求为依据，按照相对独立的原则，将全部程序划分为若干个模块，而对每一个模块提供软件要求、规格说明。

（3）程序设计。

PLC 的程序设计往往与硬件设计同时进行。就系统的控制功能实现来说，有些功能既可由硬件电路实现，也可由软件编程实现，大多是软件和硬件相配合才得以实现。所以，软件和硬件的设计应通盘考虑，交叉进行，总体服从于设计的综合要求。

软件设计一般采用"自上而下"的方法设计。

2. PLC程序设计的一般原则

（1）保证人身与设备安全的设计永远都不是多余的。

（2）PLC 程序的安全设计并不代表硬件的安全保护可以省略。

（3）了解 PLC 自身的特点。

（4）设计调试点，易于调试。

（5）模块化设计。

（6）尽量减少程序量。

（7）全面的注释，便于维修。

3. PLC编程的一般步骤

PLC 用户程序设计一般可分为以下几个步骤。

（1）做好准备工作。

准备工作包括对整个系统进行更加深入的分析和理解，详细了解工艺过程和控制要求，弄清楚系统要求的全部控制功能，以硬件设计为基础，确定出软件的功能和作用。

（2）设计总体方案。

这是最重要的一步。其主要工作是根据软件规格说明书的总体技术要求和控制系统具体情况确定应用程序的基本结构，按程序设计标准确定总体方案，并绘制出程序结构框图。在总体框图出来以后，再根据工艺要求绘制出各个功能单元的详细功能框图。框图是编程的重要依据，应尽可能详细。

（3）编写应用程序。

1）若所采用的 PLC 自带有程序，应该详细了解程序已有的功能和对现有需求的满足程度和可修改性。尽量采用 PLC 自带的程序。

2）将所有与 PLC 相关的输入信号（按钮、行程开关、速度及温度等传感器）、输出信号（接触器、电磁阀、信号灯等）分别列表，并按 PLC 内部接口范围，给每个信号分配一个确定的编号。

3）详细了解生产工艺和设备对控制系统的要求。画出系统各个功能过程的工作循环图或流程图、功能图及有关信号的时序图。

4）按照 PLC 程序语言的要求设计梯形图或编写程序清单。梯形图上的文字符号应按现场信号与 PLC 内部接口对照表的规定标注。

（4）程序调试。

程序编写完毕后，可先用模拟实验板进行初步调试，反复调试修改，使程序能够满足控制

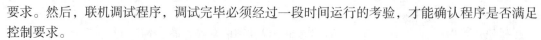

要求。然后，联机调试程序，调试完毕必须经过一段时间运行的考验，才能确认程序是否满足控制要求。

（5）编写程序说明书。

对于一些比较复杂的PLC用户程序设计，可按照如图3-26所示的步骤进行。

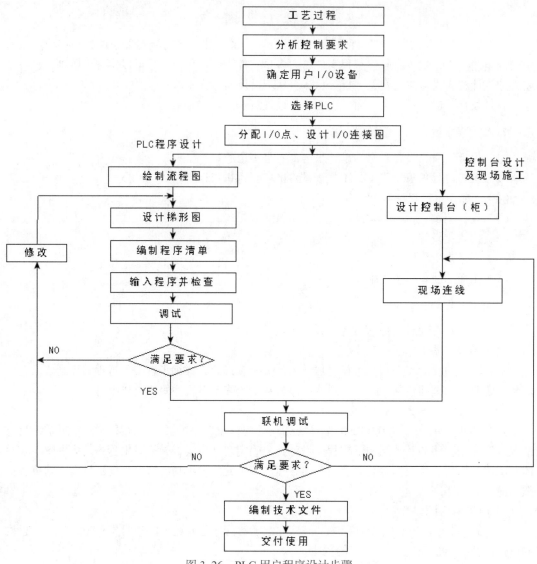

图3-26　PLC用户程序设计步骤

3.3.2　PLC编程方法

PLC用户程序设计有很多种方法，下面介绍几种常用方法供读者选用。

1. 经验设计法

在熟悉继电器—接触器控制电路的基础上，以典型控制环节和电路为基础，根据被控对象的具体控制要求，凭经验进行选择、组合使用PLC的各种指令而设计出相应的程序。这种方法对一些比较简单的控制系统很有效，但该方法没有固定模式可循，通常要求设计者有一定的实践经验，而且编制的程序也会因人而异，给系统的使用、交流和维护等带来一定的困难。

（1）经验设计法的步骤及要点。

1）在准确了解控制要求后，合理地为控制系统中的事件分配输入/输出端。选择必要的机内器件，如定时器、计数器、辅助继电器。

2）对于一些控制要求较简单的输出，可直接写出它们的工作条件，工作条件稍复杂的可借助辅助继电器。

3）对于较复杂的控制要求，要正确分析控制要求，并确定组成总的控制要求的关键点。在以空间类逻辑为主的控制中，关键点为影响控制状态的点（如设计抢答器时要抓住主持人是否宣布开始、答题是否到时等）。在以时间类逻辑为主的控制中（如交通灯），关键点为控制状态转换的时间。

4）将关键点用梯形图表达出来。在绘制关键点的梯形图时，可以使用常见的基本环节，如定时器计时环节、振荡环节、分频环节等。

5）在完成关键点梯形图的基础上，针对系统最终的输出进行梯形图的编绘。使用关键点综合出最终输出的控制要求。

6）审查以上草绘图纸，在此基础上，补充遗漏的功能，更正错误，进行最后的完善。

（2）应用实例。

下面以三相异步电动机正反转 PLC 控制电路设计为例，介绍经验设计法的一般步骤。

如图 3-27 所示为继电器—接触器三相异步电动机Y—△降压启动控制电路，现在要把Y改造成功能相同的 PLC 控制系统。

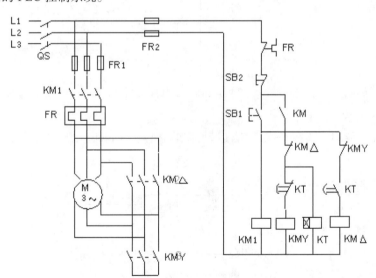

图 3-27 三相异步电动机Y—△降压启动控制电路

由继电器—接触器控制电动机减压启动的知识可知，Y—△降压启动就是当电动机刚刚启动时绕组为Y型接法，当电动机启动之后迅速转换为△型接法，以降低启动电流，增大电动机的转矩。如何应用 PLC 控制实现Y型接法向△型接法的切换呢？其中，PLC 的定时器（T）将替代前述的时间继电器，其控制思路与逻辑关系和接触器—继电器控制系统相同。

定时器在 PLC 中相当于继电器控制的一个时间继电器。在 PLC 控制中，使用定时器可以获得一个延时的效果，而且有若干个动合、动断延时触点供用户编程使用，使用次数不限。PLC 定时器是根据时钟脉冲的累积形式进行计时的。当定时器线圈得电时，定时器对相应的时钟脉冲（100ms、10ms 和 1ms）开始计数，计数值等于设定值时定时器的触点动作。定时器可以用用户程序存储器内的常数 K 作为设定值（K 的范围为 1 ～ 32767），也可以用数据寄存器（D）的内容作为设定值。

（1）I/O 地址分配

PLC 的输入信号：启动按钮 SB1、停止按钮 SB2、热继电器 FR。

PLC 的输出信号：电源接触器 KM1、△型连接接触器 KM2、丫型连接接触器 KM3。

I/O 地址分配见表 3-20。

表 3-20　I/O 地址分配

输入分配		输出分配	
元　件	地　址	元　件	地　址
SB1（启动按钮）	X0	KM1（电源接触器）	Y0
SB2（停止按钮）	X1	KM2（△型连接接触器）	Y2
FR（热继电器）	X2	KM3（丫型连接接触器）	Y1

（2）绘制 PLC 接线图。

根据 I/O 地址的对应关系，可以绘制出 PLC 外部接线图，如图 3-28 所示。

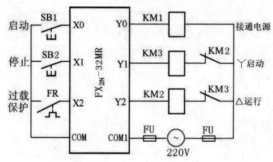

图 3-28　PLC 外部接线图

（3）PLC 梯形图程序设计。

根据三相异步电动机丫—△降压启动工作原理，可以画出对应的 PLC 梯形图，如图 3-29 所示。

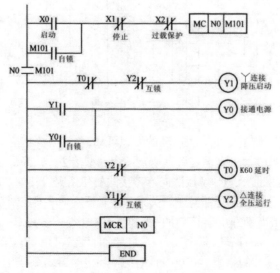

图 3-29　三相异步电动机丫—△降压启动 PLC 梯形图

为防止电动机由Y型转换为△型接法时发生相间短路，输出继电器 Y1（Y型连接）和输出继电器 Y2（△型连接）的动断触点实现软件互锁，而且还在 PLC 输出电路使用接触器 KM2、KM3 的动断触点进行硬件互锁。

当按下启动按钮 SB1 时，输入继电器 X0 接通，X0 的动合触点闭合，执行主控触点指令 MC，并通过主控触点（M101 动合触点）自锁，输出继电器 Y1 接通，使接触器 KM2（Y连接接触器）得电动作，接着 Y1 的动合触点闭合，使输出继电器 Y0 接通并自锁，接触器 KM1（电源接触器）得电动作，电动机接成 Y 型降压启动；同时定时器 T0 开始计时，6s 后 T0 的动断触点断开使 Y1 失电，故接触器 KM2（Y连接接触器）也失电复位，Y1 的动断触点（互锁作用）恢复闭合，解除互锁使 Y2 接通，接触器 KM3（△连接接触器）得电动作，电动机接成 △全压运行。

🔔 【友情提示】

学习 PLC 编程一点也不难。有的初学者在理论上花了很多工夫，结果半年下来还是没有把 PLC 搞懂，其实他们只是缺少了一些 PLC 的实践经验，只要进行一些实际的梯形图编写、程序下载、调试等操作，增加对 PLC 的感性认识，很快就可以掌握 PLC 这项技术了。开始阶段可以先学习一种品牌的 PLC，因为所有的 PLC 原理是差不多的，掌握了一种 PLC，其他的只要翻阅一下手册就能上手使用了。

初学时，建议去淘宝买个二手西门子 PLC，200 或 300 系列的都可以（价格一般为几百元），练习编一些简单的梯形图，如触点的与、或、输出等，在 PLC 的机器中运行一下，成功了就会增加你学习的兴趣和信心，然后再把 PLC 的主要功能逐个运用一次，如高速计数器，可以将 PLC 本身的脉冲输出端接到高速计数器的输入端，下载编好的梯形图，打开变量观察窗口，运行程序，观察计数的值是否正确。经过了这样的实践，基本上知道 PLC 到底能做哪些了，在实际的工控应用中就能做到胸有成竹了。

2. 逻辑设计法

在开关量控制系统中，开关量的状态完全可以用取值为 0 或 1 的逻辑变量来表示，而被控制器件的状态则可用逻辑函数来描述。为此，PLC 应用程序的设计可以借助于逻辑设计方法。

在逻辑设计方法中，首先要求列出执行元件动作节拍表，然后绘制出电气控制系统的状态转移图，进而列出执行元件的逻辑函数表达式，最后经变换后得到 PLC 的应用程序。

（1）逻辑设计法的步骤及要点。

1）用不同的逻辑变量表示各输入、输出信号，并设定对应输入、输出信号在各种状态时的逻辑值。

2）根据控制要求，列出状态真值表或画出时序图。

3）由状态真值表或时序图写出相应的逻辑表达式，并进行化简。

4）根据化简后的逻辑函数画出梯形图。

5）上机调试，使程序满足要求。

（2）应用实例。

逻辑设计法是一种较为实用可靠的程序设计方法，下面用一个实例来介绍这种方法。

例如，某系统中有 A、B、C、D 四台通风机，拟用 PLC 对通风状态进行监测，要求在以下几种运行状态下应发出不同的显示信号：三台及三台以上开机时，绿灯常亮；两台开机时，绿灯以 5Hz 的频率闪烁；一台开机时，红灯以 5Hz 的频率闪烁；全部停机时，红灯常亮。

为了分析方便，设红灯为 F1，绿灯为 F2。由于各种运行情况所对应的显示状态是唯一的，故可将几种运行情况分开进行程序设计。

1）红灯常亮的程序设计。

当4台通风机都不开机时红灯常亮。设灯常亮为1、灭为0，通风机开机为1、停为0（下同）。其状态真值表见表3-21。

表3-21 状态真值表（一）

输 入				输 出
A	B	C	D	F1
0	0	0	0	1

由状态真值表可写出 F1 的逻辑表达式为

$$F1 = \overline{ABCD} \tag{1}$$

根据逻辑表达式 (1) 画出其梯形图，如图 3-30 所示。

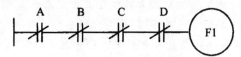

图 3-30 红灯常亮的梯形图

2）绿灯常亮的程序设计。

能引起绿灯常亮的情况有 5 种，其状态真值表见表 3-22。

表3-22 状态真值表（二）

输 入				输 出
A	B	C	D	F2
0	1	1	1	1
1	0	1	1	1
1	1	0	1	1
1	1	1	0	1
1	1	1	1	1

由状态表可得 F2 的逻辑表达式为

$$F2 = \overline{A}BCD + A\overline{B}CD + AB\overline{C}D + ABC\overline{D} + ABCD \tag{2}$$

根据表达式（2）直接画梯形图时，梯形图会很烦琐，所以要先对该表达式进行化简，化简后的表达式为

$$F2 = AB(D+C) + CD(A+B) \tag{3}$$

根据表达式 (3) 画出梯形图，如图 3-31 所示。

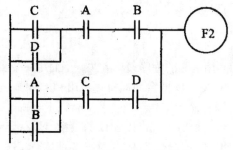

图 3-31 绿灯常亮的梯形图

3）红灯闪烁的程序设计。

设红灯闪烁为 1，其状态真值表见表 3-23。

表 3-23　状态真值表（三）

输　入				输　出
A	B	C	D	F1
0	0	0	1	1
0	0	1	0	1
0	1	0	0	1
1	0	0	0	1

由状态真值表可写出 F1 的逻辑表达式为

$$F1=\overline{A}\,\overline{B}\,\overline{C}D+\overline{A}\,\overline{B}C\overline{D}+\overline{A}B\overline{C}\,\overline{D}+A\overline{B}\,\overline{C}\,\overline{D} \tag{4}$$

将表达式（4）化简为

$$F1=\overline{A}\,\overline{B}(\overline{C}D+C\overline{D})+\overline{C}\,\overline{D}(\overline{A}B+A\overline{B}) \tag{5}$$

由表达式（5）画出的梯形图如图 3-32 所示。其中，25501 能够产生 0.2s 即 5Hz 的脉冲信号。

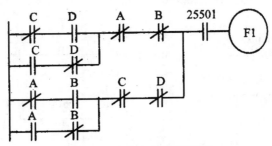

图 3-32　红灯闪烁的梯形图

4）绿灯闪烁的程序设计。

设绿灯闪烁为 1，其状态真值表见表 3-24。

表 3-24　状态真值表（四）

输　入				输　出
A	B	C	D	F2
0	0	1	1	1
0	1	0	1	1
0	1	1	0	1
1	0	0	1	1
1	0	1	0	1
1	1	0	0	1

由状态真值表可写出 F2 的逻辑表达式为

$$F2=\overline{A}\,\overline{B}CD+\overline{A}B\overline{C}D+\overline{A}BC\overline{D}+A\overline{B}\,\overline{C}D+A\overline{B}C\overline{D}+AB\overline{C}\,\overline{D} \tag{6}$$

将表达式（6）化简为

$$F2=(\overline{A}B+A\overline{B})(\overline{C}D+C\overline{D})+AB\overline{C}\,\overline{D}+\overline{A}\,\overline{B}CD \tag{7}$$

由表达式（7）画出的梯形图如图 3-33 所示。其中，25501 能够产生 0.2s 即 5Hz 的脉冲信号。

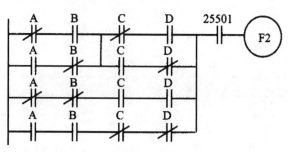

图 3-33　绿灯闪烁的梯形图

5）选择 PLC 机型、分配 I/O 地址

本例只有 A、B、C、D 四个输入信号，F1、F2 两个输出端，若系统选择的机型是 CPM1A，则 I/O 地址分配见表 3-25。

表 3-25　I/O 地址分配

输　入				输　出	
A	B	C	D	F1	F2
00101	00102	00103	00104	01101	01102

将上述 I/O 地址分配及各个梯形图综合在一起，便可得到总梯形图，如图 3-34 所示。

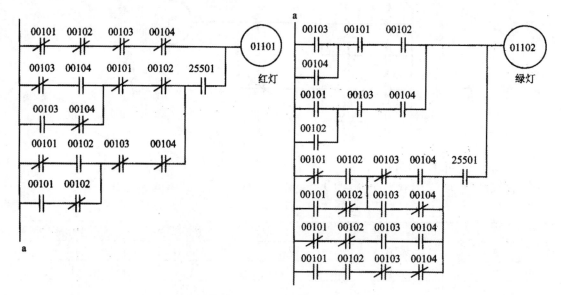

图 3-34　通风机运行状态显示梯形图

3. 状态转移图设计法

状态转移图（SFC）又称功能图或顺序功能图，是状态编程的重要工具，包含了状态编程的全部要素，对于有顺序控制要求的系统来说，利用状态转移图编程是非常方便的。

许多小型 PLC 设有专门的顺序控制指令。例如，三菱公司的小型 PLC 有两条步进顺序控制指令：STL 和 RET，与该指令对应地设置了编程元件状态器 S。OMRON 公司的小型 PLC 相应有三条步进控制指令：STEP N 为步进程序段开始指令；STEP 为步进程序结束指令；SNXT N 为程序步进指令。FX_{2N} 系列 PLC 的步进顺序控制指令有两条：步进点指令 STL 和步进返回指令 RET。

在用步进指令编程时，首先应画出状态转移图。状态转移图可由工艺流程图转换过来。

（1）状态转移图的组成三要素。

状态转移图有状态、驱动命令、转移条件三个组成要素，见表 3-26。

表 3-26　状态转移图的组成要素

组成要素	作　用
状态	对应于工艺流程中的一个独立工作步，在状态流程图中除标明工作内容外，还应标明 PLC 对应的编程元件或程序步
驱动命令	指定在本工作步中由哪些输出元件驱动执行器件
转移条件	指明本工作步完成后，由何种信号使状态顺序转移，在转移到下步的同时关闭已完成的工作步

（2）状态编程的一般设计思想。

将一个复杂的控制过程分解为若干个工作状态，弄清各工作状态的工作细节（如状态功能、转移条件和转移方向），再依据总的控制顺序要求，将这些工作状态联系起来，就构成了状态转移图，简称为 SFC 图。SFC 图可以在备有 A7PHP/HGP 等图示图像外围设备和与其对应编程软件的个人计算机上编程。根据 SFC 图可以编绘出状态梯形图（STL）。

简而言之，进行状态编程时，一般先绘出状态转移图，再转换成状态梯形图或指令表。

【友情提示】

状态转移图的编程要点及注意事项如下。

（1）对状态编程时必须使用步进接点指令 STL。程序的最后必须使用步进返回指令 RET，返回主母线。

（2）状态编程顺序是先进行驱动处理，再进行转移处理，不能颠倒。驱动处理就是该状态的输出处理，转移处理就是根据转移方向和转移条件实现下一个状态的转移。

（3）与 STL 步进接点相连的触点应使用 LD 或 LDI 指令，下一条 STL 指令的出现意味着当前 STL 程序区的结束和新 STL 程序区的开始。RET 指令意味着整个 STL 程序区的结束，LD 点返回左侧母线。每个 STL 步进接点驱动的电路一般放在一起，最后一个 STL 电路结束时（即步进程序的最后），一定要使用 RET 指令，否则将出现"程序语法错误"信息，PLC 不能执行用户程序。

（4）初始状态可由其他状态驱动，但运行开始时，必须用其他方法预先装好驱动，否则状态流程不可能向下进行。一般要用控制系统的初始条件，若无初始条件，可用 M8002 或 M8000 进行驱动。

（5）在 STL 与 RET 指令之间不能使用 MC、MCR 指令。

（6）STL 步进接点可以直接驱动或通过别的触点驱动 Y、M、S、T 等元件的线圈和应用指令。

（7）负载的驱动、状态转移条件可能为多个元件的逻辑组合，视具体情况，按串、并联关系处理，不能遗漏。

（8）当同一负载需要连续多个状态驱动时，可使用多重输出。在状态程序中，不同时"激活"的"双线圈"是允许存在的。另外，相邻状态使用的 T、C 元件的编号不能相同。

（3）编制 SFC 图的规则。

1）若向上转移（称重复）、向非相连的下面转移或向其他流程状态转移（称跳转），称为顺序不连续转移，顺序不连续转移的状态不能使用 SET 指令，要用 OUT 指令进行状态转移，并要在 SFC 图中用 ↓ 符号表示转移目标，如图 3-35 所示。

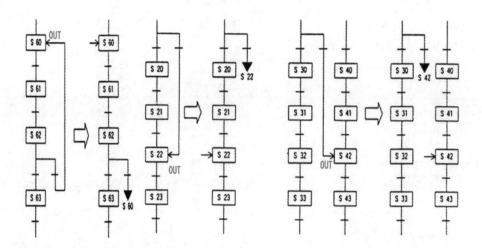

（a）向上面状态转移　（b）向下面状态转移　　（c）向其他流程状态转移

图 3-35　非连续转移在 SFC 图中的表示

2）在流程中要表示状态的自复位处理时，要用↓符号表示，自复位状态在程序中用 RST 指令表示，如图 3-36 所示。

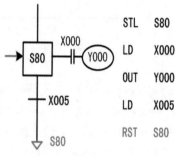

图 3-36　自复位表示法

3）SFC 图中的转移条件不能使用 ANB、ORB、MPS、MRD、MPP 指令，应按图 3-37（b）所示确定转移条件。

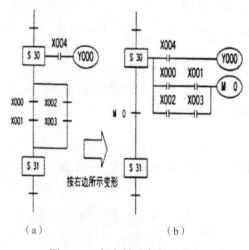

（a）　　　　　　　　　　　　　　（b）

图 3-37　复杂转移条件的处理

4）状态转移图中和流程不能交叉，应按如图 3-38 所示进行处理。

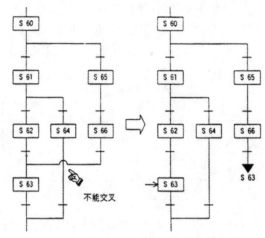

图 3-38　交叉流程的处理

5）若要对某个区间状态进行复位，可以用区间复位指令 ZRST 按图 3-39（a）所示的方法处理；若要使某个状态中的输出禁止，可按图 3-39（b）所示的方法处理；若要使 PLC 的全部输出继电器（Y）断开，可用特殊辅助继电器 M8034 接成图 3-39（c）所示的电路，当 M8034 为 ON 时，PLC 继续进行程序运算，但所有输出继电器（Y）都断开了。

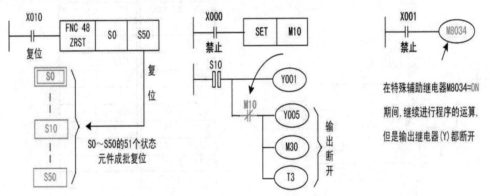

（a）状态区间的成批复位　　（b）禁止状态运行中有任何输出　（c）使 PLC 全部输出继电器都断开

图 3-39　状态区域复位和输出禁止的处理

为了有效地编制 SFC 图，常需要采用表 3-27 中的特殊辅助继电器。

表 3-27　SFC 图中常采用的特殊辅助继电器的功能与用途

地址号	名　称	功能与用途
M8000	RUN 监视器	PLC 在运行过程中一直处于接通状态。可作为驱动所需的程序输入条件与表示 PLC 的运行状态来使用
M8002	初始脉冲	在 PLC 接通瞬间，产生 1 个扫描周期的接通信号。用于程序的初始设定与初始状态的置位
M8040	禁止转移	在驱动该继电器时，禁止在所有程序步之间转移。在禁止转移状态下，状态内的程序仍然运行，因此，输出线圈等不会自动断开
M8046	STL 动作	在任一状态接通时，M8046 仍自动接通，可用于避免与其他流程同时启动，也可用作工序的动作标志
M8047	STL 监视器有效	在驱动该继电器时，编程功能可以自动读出正在动作中的状态地址号

（4）应用实例。

例如，用步进指令设计电动机正反转的控制程序。

控制要求：按正转启动按钮 SB1，电动机正转，按停止按钮 SB3，电动机停止；按反转启动按钮 SB2，电动机反转，按停止按钮 SB3，电动机停止；热继电器具有保护功能。

1）I/O 地址分配见表 3-28。

表 3-28　I/O 地址分配

输出端子	功能说明	输出端子	功能说明
X0	停止按钮 SB3（动合）	X3	热继电器 FR（动合）
X1	正转启动按钮 SB1	Y1	正转接触器 KM1
X2	反转启动按钮 SB2	Y2	反转接触器 KM2

2）状态转移图。

根据控制要求，电动机的正反转控制是一个具有两个分支的选择性流程，分支转移的条件是正转启动按钮 SB1（X1）和反转启动按钮 SB2（X2），汇合的条件是热继电器 FR（X3）或停止按钮 SB3（X0），而初始状态 S0 可由初始脉冲 M8002 来驱动，其状态转移图如图 3-40（a）所示。

3）指令表。

根据图 3-40（a）所示的状态转移图，其指令表如图 3-40（b）所示。

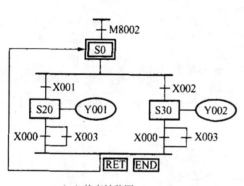

（a）状态转移图　　　　　（b）指令表

图 3-40　电动机正反转控制状态转移图和指令表

4. PLC 应用程序的质量要求

尽管几种程序都可以实现同一控制功能，但是程序的质量可能差别很大。程序的质量可以由以下几个方面来衡量。

（1）正确性。应用程序的好坏，最根本的一条就是正确。所谓正确的程序是指必须能经得起系统运行实践的考验，离开这一条，对程序所作的评价都是没有意义的。

（2）可靠性。好的应用程序可以保证系统在正常和非正常（短时掉电再复电、某些被控量超标、某个环节有故障等）工作条件下都能安全可靠地运行，也可以保证在出现非法操作（例如，按动或误触动了不该动作的按钮）等情况下不至于出现系统控制失误。

（3）易调整性。PLC 控制的优越性之一就是灵活性好，容易通过修改程序或参数而改变系统的某些功能。例如，有的系统在一定情况下需要变动某些控制量的参数（如定时器或计数器的设定值等），在设计程序时必须考虑怎样编写才能易于修改。

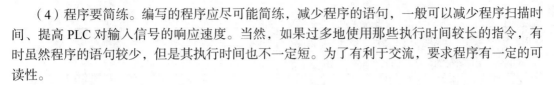

（4）程序要简练。编写的程序应尽可能简练，减少程序的语句，一般可以减少程序扫描时间、提高 PLC 对输入信号的响应速度。当然，如果过多地使用那些执行时间较长的指令，有时虽然程序的语句较少，但是其执行时间也不一定短。为了有利于交流，要求程序有一定的可读性。

5. 三菱PLC编程软件快捷键

见表 3–29。

表 3–29   三菱 PLC 编程软件常用快捷键

（操作）内容	快捷键（操作）
创建新工程文件	Ctrl + N
打开工程文件	Ctrl + O
保存工程文件	Ctrl + S
打印	Ctrl + P
撤销梯形图剪切 / 粘贴	Ctrl + Z
删除选择内容并存入剪切板	Ctrl + X
复制	Ctrl + C
粘贴	Ctrl + V
显示 / 隐藏工程文件数据	Alt + 0
软元件检测	Alt + 1
跳转	Alt + 2
局部运行	Alt + 3
单步运行	Alt + 4
远程操作	Alt + 6
工程数据列表	Alt + 7
网络参数设置	Alt + 8
关闭有效窗口	Ctrl + F4
转移到下面的窗口	Ctrl + F6
结束应用程序	Alt + F4
插入列	Ctrl + Ins
删除列	Ctrl + Del
转换当前（编辑）程序	F4
转换当前所有（编辑）程序	Alt + Ctrl + F4
写入（运行状态）	Shift + F4
显示 / 隐藏注释	Ctrl + F5
转换为监控器模式 / 开始监控	F3
转换为监控器（写模式）	Shift + F3
开始监控（写模式）	Shift + F3

（操作）内容	快捷键（操作）
输入梯形图时移动光标	Ctrl + Cursor key
停止监控	Alt + F3
插入行	Shift + Ins
删除行	Shift + Del
写模式	F2
读模式	Shift + F2
显示 / 隐藏说明	Ctrl + F7
显示 / 隐藏注释	Ctrl + F8
显示 / 隐藏机型名	Alt + Ctrl + F6
开始监控	Ctrl + F3
停止监控	Alt + Ctrl + F3
梯形图和指令表之间转换	Alt + F1
查找触点或继电器线圈	Alt + Ctrl + F7
SFC 和梯形图转换	Ctrl + J
移动 SFC 光标	Ctrl + Cursor key
查找触点或线圈	Alt + Ctrl + F7
程序表示（MELSAP–L）	Alt + Ctrl + F8
单步	F5
块开始步（有 END 检查）	F6
块开始步（没有 END 检查）	Shift + F6
跳转	F8
END 步	F7
Dummy 步	Shift + F5
传输	F5
选择分支	F6
同时分支	F7
选择集中	F8
同时集中	F9
垂直线	Shift + F9
变换属性为通常	Ctrl + 1
改变属性以存储线圈	Ctrl + 2
改变属性以存储操作	Ctrl + 3
改变属性以存储操作	Ctrl + 4

（操作）内容	快捷键（操作）
改变属性以重新复位	Ctrl + 5
垂直线（编辑线）	Alt + F5
选择分支（编辑线）	Alt + F7
同时分支（编辑线）	Alt + F8
选择集中（编辑线）	Alt + F9
同时集中（编辑线）	Alt + F10
删除行	Ctrl + F9
块暂停	F5
步暂停	F6
块运行	F8
步运行	F7
单步运行	F9
运行所有块	F10
强制块停止	Shift + F8
强制步停止	Shift + F7
强制复位停止	Shift + F9
移动到开始行	Ctrl + Home
移动到结尾行	Ctrl + End
选择全部文本	Ctrl + A
重做撤销的处理	Ctrl + Y
被指定行里定位	Ctrl + J
进行查找内容	Ctrl + F
查找时的下候补查找	F5
查找时的上候补查找	Shift + F5
进行文字列替换	Ctrl + H
进行书签的设定 / 解除	Ctrl + F7
进行书签的下候补查找	F7
进行书签的上候补查找	Shift + F7
显示标签选择画面	F11
显示函数选择对话框	Shift + F11
切换被 ST 的窗口上下、左右拆分的窗口	Shift + Tab

第 4 章

电动机的 PLC 控制

　　PLC 本身是一个逻辑控制器，可以输出开关量和模拟量等一些信号，但是输出的功率比较小，所以一般不宜直接用它来控制电机，需要通过它来驱动电机驱动器，让电机驱动器直接来带动电机，或者通过接触器等器件来完成电机的启动 / 停止和正 / 反转。

　　实际工程中的 PLC 控制系统是比较复杂的，三相异步电动机的几种典型控制回路如点动控制、点动 – 连续运行控制、正反转控制等作为其中的基本环节，常见于 PLC 控制系统中。

4.1 电动机的点动控制

4.1.1 三菱 FX$_{2N}$–48MR 型 PLC 简介

FX$_{2N}$ 系列是小型化、高速度、高性能和所有方面都为 FX 系列中最高档次的超小型程序装置。除输入 / 输出 16 ～ 25 点的独立用途外，还适用于在多个基本组件间的连接、模拟控制、定位控制等特殊用途，是一套可以满足多样化广泛需要的 PLC。系统配置既固定又灵活：在基本单元上连接扩展单元或扩展模块，可进行 16 ～ 256 点的灵活输入 / 输出组合。备有可自由选择、可选用 16/32/48/64/80/128 点的主机，可以采用最小 8 点的扩展模块进行扩展。可以根据电源及输出形式进行自由选择。可靠的高性能程序容量：内置 800 步 RAM（可输入注释）可使用存储盒，最大可扩充至 16K 步。

1. 三菱FX$_{2N}$的面板结构

三菱 FX$_{2N}$ 系列为小型 PLC，采用叠装式的结构型式，其中，FX$_{2N}$–48MR 型 PLC 面板结构如图 4-1 所示。

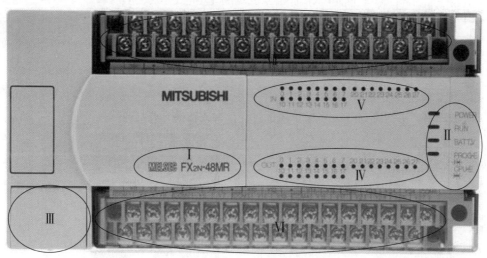

图 4-1　三菱 PLC 面板的结构

I—PLC 型号；II—指示灯；III—模式转换开关与通信接口；IV—输入信号接线区；

V—输入状态指示灯；VI—输出状态指示灯；VII—输出接线区

（1）三菱 PLC 的型号。

在如图 4-1 所示的 I 区中可见其型号为 FX$_{2N}$–48MR。型号的具体含义如图 4-2 所示。

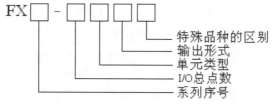

图 4-2　PLC 型号的含义

1）系列序号：0、2、ON、2C、2N，即 FX_0、FX_2、FX_{ON}、FX_{2C}、FX_{2N}。

2）I/O 总点数：16 ~ 256 点。

3）单元类型：M 表示基本单元；E 表示输入 / 输出混合扩展单元及扩展模块；EX 表示输入专用扩展模块；EY 表示输出专用扩展模块。

4）输出形式：R 表示继电器输出；T 表示晶体管输出；S 表示晶闸管输出。

5）特殊品种的区别：D 表示 DC 电源，DC 输入；A1 表示 AC 电源，AC 输入；H 表示大电流输出扩展模块（1A/1 点）；V 表示立式端子排的扩展模块；C 表示接插口输入 / 输出方式；F 表示输入滤波器 1ms 的扩展模块；L 表示 TTL 输入型扩展模块；S 表示独立端子（无公共端）扩展模块。

（2）指示灯。

在如图 4-1 所示的Ⅱ区中，PLC 面板上各种指示灯的状态与当前运行的状态见表 4-1。

表 4-1　Ⅱ区中指示灯的状态和当前运行的状态

指示灯	指示灯的状态与当前运行的状态
POWER 电源指示灯（绿灯）	PLC 接通 AC 220V 电源后，该灯点亮，正常时，仅有该灯点亮表示 PLC 处于编辑状态
RUN 运行指示灯（绿灯）	当 PLC 处于正常运行状态时，该灯点亮
BATT.V 内部锂电池电压低指示灯（红灯）	如果该指示灯点亮说明锂电池电压不足，应更换
PROG.E（CPU.E）程序出错指示灯（红灯）	如果该指示灯闪烁，说明出现以下类型的错误：① 程序语法错误；② 锂电池电压不足；③ 定时器或计数器未设置常数；④ 干扰信号使程序出错；⑤ 程序执行时间超出允许时间，此灯连续亮

（3）模式转换开关与通信接口。

在如图 4-1 所示的Ⅲ区中，将保护盖板打开，模式转换开关与通信接口如图 4-3 所示。

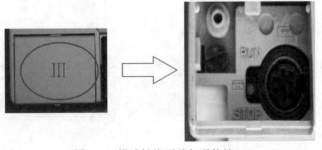

图 4-3　模式转换开关与通信接口

模式转换开关用来改变 PLC 的工作模式，PLC 电源接通后，将转换开关打到 RUN 位置上，则 PLC 的运行指示灯（RUN）发光，表示 PLC 正处于运行状态；将转换开关打到 STOP 位置上，则 PLC 的运行指示灯（RUN）熄灭，表示 PLC 正处于停止状态。通信接口用来连接手编器或计算机，通信线一般有手持式编程器通信线和计算机通信线两种。

通信线与 PLC 连接时，务必注意通信线接口内的"针"与 PLC 上的接口正确对应后，才可将通信线接口插入 PLC 的通信接口，避免损坏接口。

（4）PLC 的外接电源端子、输入端子（公共端子 COM、+24V 电子源端子、X 端子）与输入指示灯。

输入接口是 PLC 接收控制现场信号的输入通道，它的作用是将外部设备产生的信号转换为 CPU 能接收的标准电平信号。它需要完成输入信号的采集、滤波、电平转换等任务。例如，将按钮、行程开关或传感器等外部元器件产生的信号输入 CPU。

如图 4-4 所示为 PLC 的外接电源端子、输入端子与输入指示灯所在的区域，下面对其各部分进行说明。

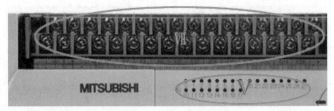

图 4-4　PLC 的外接电源端子、输入端子与输入指示灯

1）外接电源端子：图中方框内的端子为 PLC 的外部电源端子（L、N、地），通过这部分端子外接 PLC 的外部电源（AC 220V）。

2）输入公共端子 COM：在使用外接传感器、按钮、行程开关等外部信号元器件时必须接的一个公共端子。

3）+24V 电源端子：PLC 自身为外部设备提供的 DC 24V 电源，多用于三端传感器。

4）X 端子：是 PLC 接收控制现场信号的输入通道，可以连接按钮、行程开关或传感器等外部元器件。

5）输入指示灯：当某个输入接口电路接通时，对应的 X 指示灯就会点亮。

（5）PLC 的输出端子与输出指示灯。

输出接口是 PLC 向现场设备输出 CPU 程序运行后的控制信息的输出通道，它的作用是将 CPU 的输出信号转换成可以驱动工业现场设备执行元件的控制信号，通过执行机构完成工业现场的各类控制。例如，控制接触器线圈等电器的通、断电，再通过接触器完成工业现场设备的运行控制。开关量输出接口通常有继电器输出、晶体管输出和晶闸管输出 3 种类型。

如图 4-5 所示为 PLC 的输出端子与输出指示灯所在区域，下面对其各部分进行说明。

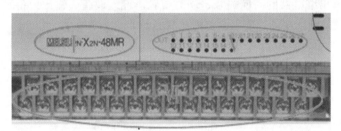

图 4-5　PLC 的输出端子与输出指示灯

1）输出公共端子 COM：PLC 连接交流接触器线圈、电磁阀线圈、指示灯等负载时必须连接的一个端子。

2）Y 端子：PLC 输出继电器的接线端子，是将 PLC 指令执行结果传递到负载侧的必经通道，可以连接接触器线圈、信号指示灯、电磁阀等外部元器件。

3）输出指示灯：当某个输出继电器被驱动后，对应的 Y 指示灯就会点亮。

使用时，在负载使用相同电压类型和等级时，将 COM1、COM2、COM3、COM4 用导线短接起来即可；在负载使用不同电压类型和等级时，Y0 ～ Y3 共用 COM1，Y4 ～ Y7 共用 COM2，Y10 ～ Y13 共用 COM3，Y14 ～ Y17 共用 COM4，Y20 ～ Y27 共用 COM5。对于共用一个公共端子的同一组输出，必须用同一电压类型和同一电压等级，但不同的公共端子组可使用不同的电压类型和电压等级。

2. FX₂ₙ系列PLC基本单元I/O端子排列及接线方式

（1）FX₂ₙ系列 PLC 基本单元 I/O 端子排列。

FX₂ₙ–32MR、FX₂ₙ–48MR 型 PLC 的 I/O 端子的排列如图 4–6 所示。

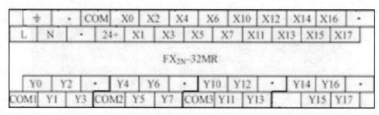

（a）FX₂ₙ–32MR 型 PLC 的 I/O 端子的排列

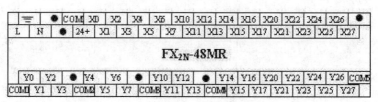

（b）FX₂ₙ–48MR 型 PLC 的 I/O 端子排列

图 4–6　两种 FX₂ₙ 系列 PLC 的 I/O 端子排列

（2）接线方式。

PLC 通过 PC/PPI 电缆或使用 MPI 卡通过 RS–485 接口与计算机连接，可以实现编程、监控和联网等功能。

注意，不同类型、不同型号的 PLC 和计算机相连接使用的电缆也不同。在进行程序设计时，首先进行控制系统的分析，分配好 I/O 地址，画出 PLC 系统的 I/O 接线图。所谓 I/O 接线图，就是在图纸上画出 PLC 控制系统中需要用到的输入设备与输入继电器的对应关系，以及输出设备与输出继电器的对应关系，同时要画出输入设备、输出设备和 PLC 机箱的连接方法。一般输入设备画在左侧，输出设备画在右侧，如图 4–7 所示。

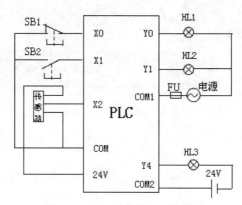

图 4–7　PLC 系统的 I/O 接线图

🔅 4.1.2　设计控制电路和程序

所谓点动控制，是指按下按钮，电动机就得电运转；松开按钮，电动机就失电停转。这种控制方法常用于电动葫芦的起重电机控制和车床拖板箱快速移动的电机控制。

1. 电动机点动控制的原理

图 4-8 所示为继电器—接触器控制的电动机点动控制电路。先合上电源开关 QF，然后按下按钮 SB，使线圈 KM 通电，主电路中的主触点 KM 闭合，电动机 M 即可启动。若松开按钮 SB，线圈 KM 失电释放，KM 主触点分开，切断电动机 M 的电源，电动机即停转。这种只有按下按钮电动机才会运转，松开按钮即停转的线路，称为点动控制线路。这种线路常用作快速移动或调整机床。

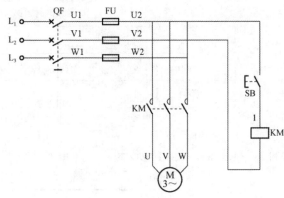

图 4-8　点动控制电路原理图

按钮是一种简单的手动开关，在控制电路中用来发出"接通"或"断开"的指令，点动控制也有动合和动断两种形式。这个是一个传统的控制电路，我们把这个电路分为主电路和控制电路两部分。

（1）主电路：由 QF（断路器）、FU(熔断器)、KM（接触器主触点）和 M（电动机）组成。

（2）控制电路（也称为辅助电路）：由 FU（熔断器）、SB（常开触点）和 KM（接触器线圈）构成。

2. 设计主电路

电动机的单向点动主电路如图 4-9 所示，采用 3 个电气控制元器件，分别为断路器 QF、交流接触器 KM、热继电器 FR。其中，KM 的线圈与 PLC 的输出点连接；FR 的辅助触点与 PLC 的输入点连接。这样可以确定主回路中需要 1 个输入点与 1 个输出点。

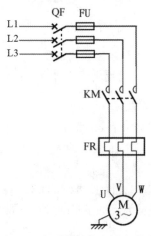

图 4-9　电动机单向点动主电路

3. 确定I/O总点数及地址分配

在上述步骤中，仅仅确定了主回路中 PLC 所需的 I/O 点数。我们知道，每台电动机至少需要一个控制按钮，如控制回路中所示的按钮 SB。在 PLC 控制系统中按钮均作为输入点，这样整个控制系统总的输入点数为 2 个，输出点数为 1 个。

PLC 点动控制电路的 I/O 地址分配见表 4-2。

表 4-2　PLC 点动控制电路的 I/O 地址分配表

输入端（I）			输出端（O）		
序号	输入设备	端口编号	序号	输出设备	端口编号
1	按钮 SB	X000	1	接触器 KM	Y040
2	热继电器 FR	X001			

4. 设计PLC硬件接线图

PLC 点动控制电路的 I/O 接线图如图 4-10 所示。

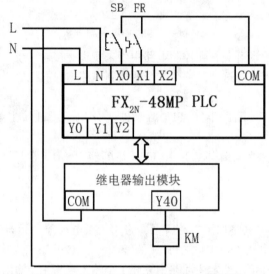

图 4-10　PLC 点动控制电路的 I/O 接线图

💬【友情提示】

在实际应用中，由于使用的交流接触器线圈电压为 220V，为了 PLC 的安全，图 4-9 中可使用 PLC 继电器控制模块。继电器控制模块地址需要在 PLC 原有地址上进行增加。

5. 设计PLC控制程序

（1）启动 PLC 设计 / 维护工具软件 GX Developer。

GX Developer 是三菱 PLC 设计 / 维护工具软件。启动 PLC 设计 / 维护工具软件 GX Developer 的方法如图 4-11 所示，即选择"开始"→"程序"→"MELSOFT 应用程序"→ GX Developer 命令，或者双击桌面上的 GX Developer 图标即可。GX Developer 软件启动后，编辑区域呈现灰色，表示目前为无法编辑的状态，如图 4-12 所示。

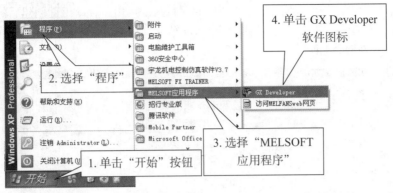

图 4-11　启动 GX Developer

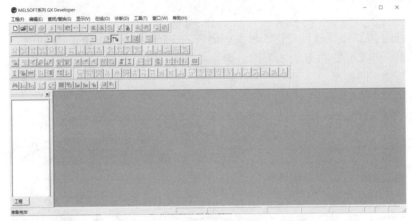

图 4-12　刚启动的 GX Developer 界面

（2）创建、保存新工程。

下面以创建一个"点动控制"的工程为例，创建、保存新工程的方法如下。

1）在工具栏中单击"新建"图标，弹出"创建新工程"对话框，如图 4-13 所示。在"PLC 系列"下拉列表中选择 FXCPU 选项；在"PLC 类型"下拉列表中选择 FX2N（C）选项；在"程序类型"选项组中选中"梯形图"单选按钮。勾选"设置工程名"复选框，在工程名文本框中输入工程名称"点动控制"。

视频：PLC 点动控制

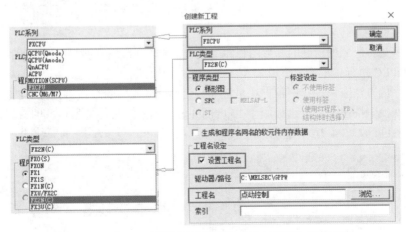

图 4-13　"PLC 系列"下拉列表和"PLC 类型"下拉列表

2）单击"确定"按钮，则原来呈现灰色的编辑区变成白色，新工程创建后的编辑界面如图 4-14 所示，所有 PLC 程序皆以结束指令 END 结束，编辑界面中已经准备好该指令，而其他程序只能插入该指令上面。

图 4-14　新建"点动控制"工程编辑界面

不同型号的 PLC 编程软件对这 5 种编程语言的支持种类是不同的，早期的 PLC 仅支持梯形图和指令表。近年来的 PLC 对梯形图、指令表、功能模块图都支持。

（3）编写梯形图程序。

可以按照以下步骤写入梯形图程序。

1）直接写入 LD X0 指令。

2）按 Enter 键完成 LD X0 指令的写入。

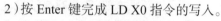

3）写入 OUT Y0 指令。

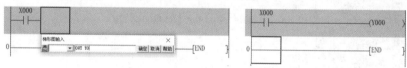

4）按 Enter 键完成 OUT Y0 指令的写入。

5）写入 LDI X1 指令并按 Enter 键。

6）写入 OUT Y1 指令并按 Enter 键。

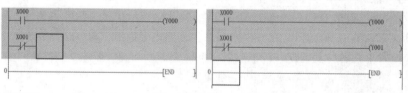

（4）变换程序。

变换程序是将已经编辑好的梯形图程序变换成能够被 PLC 中的 CPU 识别的程序，以便写入 PLC 并被 PLC 执行。

变换程序的方法有两种：一种方法是选择"变换→变换"命令或直接按 F4 键；另一种方法是单击"变换"按钮，分别如图 4-15 中的 1 和 2 所示。程序变换后，编辑界面中的灰色消失，变成白色，如图 4-16 所示。

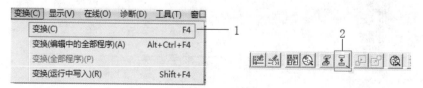

图 4-15　程序变换的方法

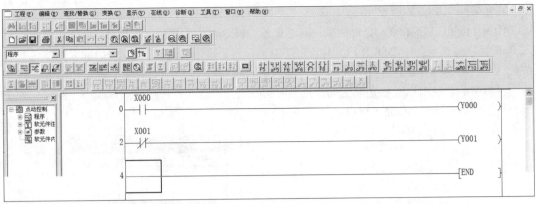

图 4-16　变换后的编辑界面

（5）检查程序。

选择"工具→程序检查"命令，弹出"程序检查"对话框，如图 4-17（a）所示，单击"执行"按钮，对程序进行检查。如果编写的梯形图程序没有错误，在"程序检查"对话框的空白处会显示"MAIN 没有错误。"的信息，如图 4-17（b）所示。

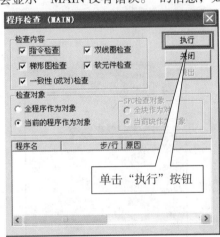

（a）"程序检查"对话框　　　　（b）"程序检查"结果信息显示

图 4-17　程序检查

在 GX Developer 编程软件中，梯形图和指令表可以自动转换。图 4-16 所示的梯形图转换后的指令表见表 4-3。

表 4-3　转换后的指令表

序　号	操作码	操作数
0	LD	X000
1	OUT	Y000
2	LDI	X001
3	OUT	Y001
4	END	

（6）梯形图逻辑测试。

1）启动梯形图逻辑测试。

启动梯形图逻辑测试是对梯形图程序进行仿真测试，操作方法如图 4-18 所示。

在如图4-18（a）所示界面中选择"工具→梯形图逻辑测试启动"命令，系统弹出LADDER LOGIC TEST TOOL对话框，同时显示"PLC写入"进程，如图4-18（b）所示；写入PLC程序完成后，LADDER LOGIC TEST TOOL对话框中的RUN显示框由原来的灰色变成黄色，运行状态也由原来的STOP状态转变为RUN状态，如图4-18（c）所示；梯形图程序编辑界面中的蓝色矩形空心光标变成蓝色矩形实心光标，进入程序仿真调试状态，此时，处于闭合状态的触点X000和处于得电状态的触点Y000将呈蓝色，如图4-18（d）所示。

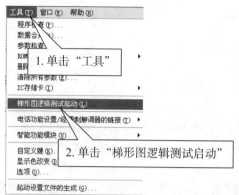

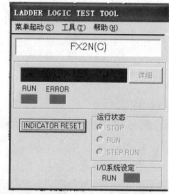

（a）LADDER LOGIC TEST TOOL对话框

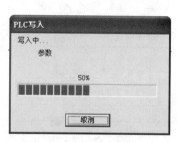

（b）"PLC写入"进程显示

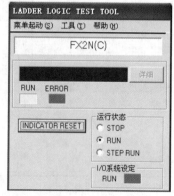

（c）LADDER LOGIC TEST TOOL对话框（RUN状态）

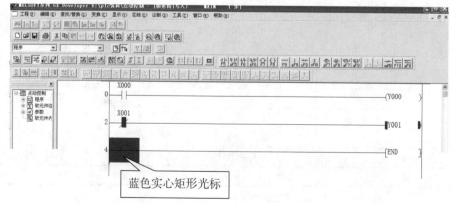

蓝色实心矩形光标

（d）进入仿真状态的工程编辑界面

图4-18　启动仿真程序

2）程序逻辑测试。

测试方法：选择"在线→调试→软元件测试"命令，弹出"软元件测试"对话框或单击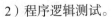图标，如图 4-19（a）所示。

单击"强制 ON 按钮"将 X0 强制为 ON，如图 4-19（b）所示，此时梯形图变为如图 4-20 所示的状态，表明此时 X0 闭合，输出继电器 Y0 工作。若将 X0 强制为 OFF，此时梯形图又变回图 4-18（d）所示的状态，表示 X0 断开后 Y0 失电。

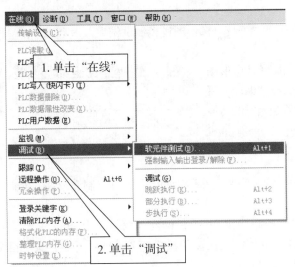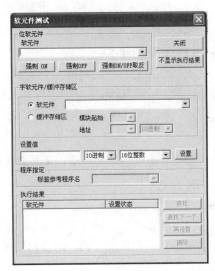

（a）打开"软元件测试"对话框

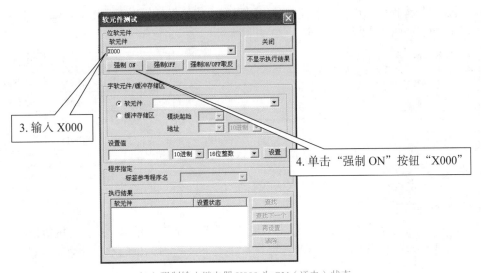

（b）强制输入继电器 X000 为 ON（通电）状态

图 4-19　软元件测试

若再将 X1 强制为 ON，则 Y1 的输出被停止，如图 4-21 所示。

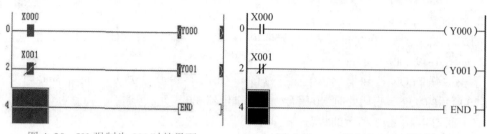

图 4-20　X0 强制为 ON 时的界面　　　　图 4-21　X1 强制为 ON 时的界面

测试完成后，单击"关闭"按钮，再选择"工具→梯形图逻辑测试结束"命令或单击图标，结束梯形图的逻辑测试。

测试结束后，界面将处于读出模式，若再对梯形图进行修改，必须将其切换到写入模式，可选择"编辑→写入模式"命令完成模式切换，也可以通过单击相应的切换按钮，如图 4-22 所示，完成相应的模式切换。

读出模式　　监视（写入模式）

图 4-22　模式切换

6. 设计电动机单向点动PLC控制梯形图

使用 GX Developer 软件创建一个新工程，设置工程名称为"点动控制"，保存在 E 盘"PLC 资料"文件夹中。

（1）编程思路。用输入继电器 X0 接收控制按钮 SB 提供的输入信号；用 X0 的常开触点驱动输出继电器线圈 Y40；用输出继电器 Y40 控制交流接触器线圈 KM 的通、断，实现电动机的启动和停止。

（2）设计梯形图。

根据确定的编程思路设计点动控制梯形图程序，变换后的梯形图如图 4-23（a）所示，对应的指令语句表如图 4-23（b）所示。

序　号	操作码	操作数
0	LD	X000
1	ANI	X001
2	OUT	Y040
3	END	

（a）点动控制梯形图　　　　　　　　（b）对应的指令语句表

图 4-23　点动控制梯形图和指令语句表

（3）检查梯形图程序。

选择"工具→程序检查"命令，弹出"程序检查"对话框，单击"执行"按钮，对程序进行检查，如果编写的梯形图程序没有错误，在"程序检查"对话框的空白处会显示"MAIN 没有错误。"的信息。

4.1.3　安装与调试电路

视频：点动控制
接线

1. 电路安装与接线

安装前，准备好相关器材及工具并进行检查。用万用表检查各元器件的质量，包括断路器是否通断正常，熔断器的熔体是否导通，交流接触器的各触点是否通断正常，热继电器的主端是否相通，热继电器的热保护触点是否通断正常，按钮接触点是否良好，接触器的线圈阻值是否正常。

根据实际基板的尺寸布置各元器件的安装位置，将各元器件安装在基板上，如图 4-24 所示。

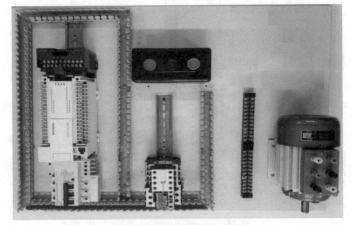

图 4-24　电路器件布局图

（1）安装主电路。

依次将主电路部分的三相电源、断路器、接触器、热继电器、接线端子、三相异步电动机进行连线，如图 4-25 所示。

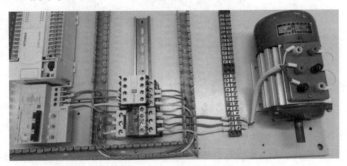

图 4-25　连接主电路

（2）连接 PLC 控制电路。

PLC 控制电路的接线包括 PLC 供电电源接线、输入信号接线、输出信号接线三个部分。

三菱 FX$_{2N}$ 系列 PLC 供电采用 220V 交流供电，需从断路器上引入 220V 交流并接到 PLC 主机的 L 和 N 接线端，如图 4-26 所示。

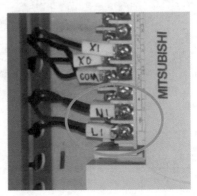

图 4-26　PLC 供电电源接线

（3）PLC输入信号接线。

共有两个输入信号，将按钮及热继电器的常开触点其中一端（任一端）接在PLC公共端COM上，信号端（另一端）分别接在PLC的输入端X0、X1上，如图4-27所示。

图4-27　PLC输入信号接线

（4）PLC输出信号接线。

利用PLC继电器输出扩展模块作为输出，这里需注意编程时的输出地址应根据实际修改。具体接线顺序是：将断路器其中一根相线L引出到交流接触器线圈；从交流接触器线圈到PLC的Y接线端；从PLC输出端COM点到断路器的N接线端，如图4-28所示。

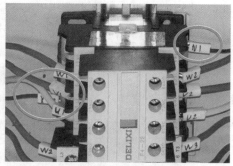

图4-28　PLC输出信号接线

🔔【友情提示】

安装完成后，应对电路进行检测。一是用万用表检查同节点的接线端子之间是否完全导通；二是检查各接线端子是否有差错。

2. 调试电动机单向点动PLC控制电路

（1）设备连接。

1）把计算机的RS-232端口与PLC的编程口直接相连，如图4-29所示。

图4-29　PLC与计算机的连接

2）打开PLC电源开关，此时PLC电源指示灯点亮。

3）将PLC的STOP/RUN开关置于RUN位置，此时PLC的运行指示灯点亮。

4）选择"在线→传输设置"命令，即可弹出"传输设置"对话框，如图4-30所示。

图4-30　传输设置方法

5）在"传输设置"对话框中，单击"直接连接PLC设置"按钮，即可完成相应的PLC连接。单击"通信测试"按钮，可以检测计算机与PLC的连接情况，如图4-31所示。

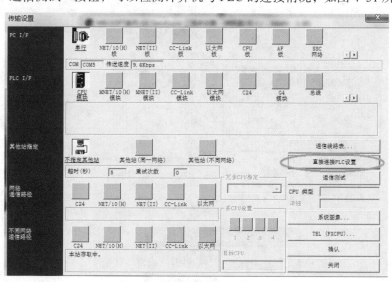

图4-31　"传输设置"对话框

【友情提示】

PLC通信通常有以下三种方式：一是使用计算机的RS-232端口与PLC的编程口直接相

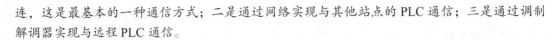

连，这是最基本的一种通信方式；二是通过网络实现与其他站点的 PLC 通信；三是通过调制解调器实现与远程 PLC 通信。

（2）下载程序。

1）选择"在线→PLC 写入"命令，弹出"PLC 写入"对话框，如图 4-32（a）和图 4-32（b）所示。

2）在"PLC 写入"对话框的程序选项中勾选 MAIN 复选框，然后单击"执行"按钮，弹出"MELSOFT 系列 GX Developer"对话框，单击"是"按钮，弹出"PLC 写入"进度显示对话框，如图 4-32（c）所示。

3）程序写入完毕后，自动弹出已完成显示对话框，单击"确定"按钮，完成 PLC 写入，如图 4-32（d）所示。

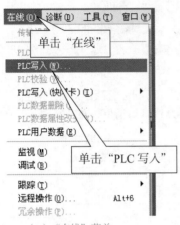

（a）"在线"菜单

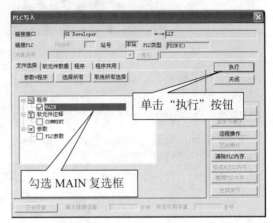

（b）"PLC 写入"对话框

（c）"PLC 写入"进度显示

（d）完成 PLC 写入

图 4-32　程序下载

（3）测试梯形图程序的逻辑功能。

1）单击 ▣ 图标，启动梯形图逻辑测试功能。

2）逻辑测试功能启动后，观察常闭触点呈蓝色，常开触点呈白色，如图 4-33（a）所示。

3）单击 ▣ 图标，启动软元件测试，将 X0 强制为 ON，观察常开触点 X0 和 -(Y040)呈蓝色，如图 4-33（b）所示。

4）再将 X1 强制为 ON，观察常闭触点 X1 和 -(Y040)呈白色，如图 4-33（c）所示。

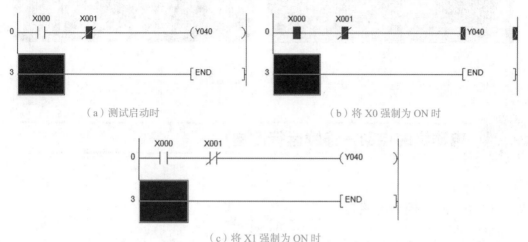

（a）测试启动时　　　　　　　　　　　　　　　（b）将 X0 强制为 ON 时

（c）将 X1 强制为 ON 时

图 4-33　测试逻辑功能

电动机点动控制电路的梯形图程序监视运行界面与梯形图程序的仿真界面相同。将 PLC 的 STOP/RUN 开关置于 RUN 位置，选择"在线→监视→监视模式"命令，对 PLC 点动控制电路梯形图程序的运行情况进行实时监控，按下 SB 按钮，输入继电器的常开触点 X000 变成蓝色的闭合状态，输出继电器也变成蓝色的通电状态，此时可见 PLC 的输入 0 号指示灯亮，输出 0 号指示灯亮，电动机启动。松开 SB1 按钮，输入继电器的常开触点 X000 恢复白色的断开状态，输出继电器也恢复白色的断电状态，PLC 控制的电动机也停车。

（4）调试电动机单向点动 PLC 控制电路。

核对外部接线无误后，将 PLC 的 STOP/RUN 开关置于 RUN 位置。

1）空载调试。

在不接通主电路电源的情况下，按下 SB 按钮，观察 PLC 输出指示灯 Y40 的状态。按下 SB 按钮时，输入 X0 指示灯和输出 Y40 指示灯同时点亮；松开 SB 按钮时，两个指示灯均熄灭。

2）系统调试。

a. 接通主电路电源，观察电动机是否保持静止。

b. 按下 SB 按钮，如图 4-34（a）所示，观察接触器 KM、电动机动作是否符合控制要求，即电动机是否启动；松开 SB 按钮，如图 4-34（b）所示，观察接触器 KM、电动机动作是否符合控制要求，即电动机是否停转。

c. 按下 SB 按钮的同时，拨动热继电器的动作机构，观察电动机的运转情况，若电动机停转，则立即松开按钮（此步操作要特别注意安全）。

电动机单向点动 PLC 控制电路调试成功后，合上断路器 QF 后，按下 SB 按钮，电动机运转；松开 SB 按钮，电动机停转。

 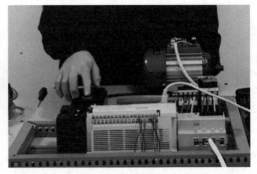

（a）按下 SB 按钮　　　　　　　　　（b）松开 SB 按钮

图 4-34　系统调试运行

4.2　电动机的点动—连续运行控制

4.2.1　设计控制电路

1. 点动—连续运行控制的简明原理

视频：点动—连续运行控制

　　机床设备在正常工作时，一般需要电动机处于连续运转状态，但在试车或调整刀具与工件的相对位置时，又需要电动机能点动控制，实现这种工艺要求的线路是连续与点动综合控制线路。

　　既能点动控制又能连续运转的控制电路如图 4-35 所示，这种控制方式在松开 SB3 时，必须在 KM 自锁触点断开后，SB3 的常闭触点再闭合，如果接触器发生缓慢释放，KM 的自锁触点还没有断开，SB3 的常闭触点已经闭合，KM 线圈就不会断电，这样就变成连续控制了。

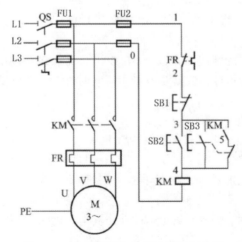

图 4-35　点动控制与连续运转控制电路

　　连续运转的方法是在点动电路中的启动按钮 SB 的两端并联一对交流接触器自身的常开辅助触点，再在控制电路中串接一停止按钮 SB1，这样就形成了自锁功能的单向连续运转的控制电路。

2. 分析系统的输入/输出信号

根据控制任务的要求，系统的输入信号由两部分构成：一是三相异步电动机停止、点动运行和连续运行的控制信号，分别由按钮 SB1、SB2 和 SB3 提供；二是三相异步电动机的过载检测信号，由热继电器 FR 的常闭触点提供。

系统需提供一个输出信号，用于驱动接触器 KM，使三相异步电动机实现点动运行和连续运行。

3. 设计主电路

该任务要求使用三相交流异步电动机作为控制对象，电路使用交流接触器作为主要控制器件，同时考虑到电路的安全性，电路使用熔断器或带漏电保护的断路器进行短路保护，使用热继电器进行过载保护。该主电路与 4.1.2 小节中的电路相同，如图 4-9 所示。

4. 设计 PLC 控制电路

根据任务要求，PLC 点动—连续控制电路的 I/O 地址分配表见表 4-4。

表 4-4   PLC 点动—连续控制电路的 I/O 地址分配表

输入端（I）			输出端（O）		
序　号	输入设备	端口编号	序　号	输出设备	端口编号
1	热继电器 FR（常开触头）	X000	1	接触器 KM	Y040
2	停止按钮 SB1	X001			
3	点动运行按钮 SB2	X002			
4	连续运行按钮 SB3	X003			

根据控制要求，PLC 控制电路共 4 个输入端和 1 个输出端，接线图如图 4-36 所示。

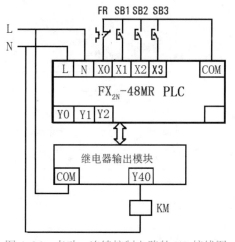

图 4-36   点动—连续控制电路的 I/O 接线图

4.2.2 设计控制程序

1. 梯形图程序

打开三菱 GX Developer 编程软件，新建一个名为"点动—连续运行"的工程，编写梯形图程序。

基于任务功能要求，按照功能先后顺序逐步编写。点动按钮（X002）按下后，输出到点动运行标志（M0），松开后标志失效；连续运行按钮（X003）按下后，经过热继电器触点信号（X000）输出，对连续运行标志（M1）置位；当按下停止按钮（X001）或热继电器信号（X000）时，连续运行标志复位；当点动运行标志（M0）或连续运行标志（M1）出现时，控制信号（Y040）输出。点动—连续运行的PLC控制编程梯形图如图4-37所示。

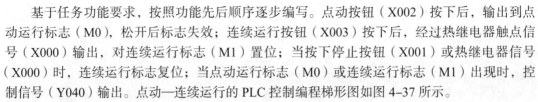

图4-37 点动—连续运行的PLC控制编程梯形图

（1）点动控制X002，输出点动运行标志M0。

（2）连续控制X003，输出置位连续运行标志M1，同时加上热继电器保护X000常闭。

（3）停止控制X001或热继电器，保护X000输出复位M1。

（4）当点动运行标志或连续运行标志出现时，输出Y040，以控制交流接触器线圈达到控制电动机运行的目的。

2. 指令表

见表4-5。

见表4-5

0	LD	X002
1	OUT	M0
2	LD	X003
3	ANI	X000
4	SET	M1
5	LD	X001
6	OR	X000
7	RST	M1
8	LD	M0
9	OR	M1
10	OUT	Y040
11	END	

4.2.3 安装与调试电路

1. 安装电路

根据主电路原理图及PLC控制电路图，准备齐相关器件及工具。选用铁质电工板或其他具有绝缘保护的金属控制箱，将所需的器件进行合理的布局。布局时需考虑工程实际，执行设备（电动机）、控制按钮、电源引入线属于控制电路板以外部分，需要经过接线端子排进行转接。电路器件布局如图 4-38 所示。

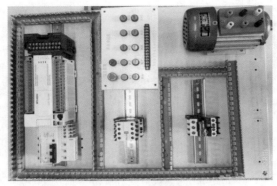

图 4-38 电路器件布局

（1）连接主电路。

主电路是指从三相电源引入电动机部分的线路，三相电源 U、V、W 分别以黄、绿、红三个颜色的导线进行连接，如图 4-39 所示。

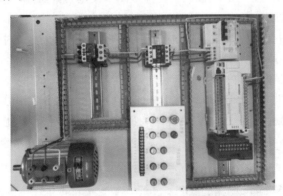

图 4-39 主电路接线实物图

（2）连接 PLC 控制电路。

PLC 控制电路接线包括 PLC 供电电源接线、输入信号接线、输出信号接线 3 个部分。

1）PLC 供电电源接线：三菱 FX_{2N} 系列 PLC 采用 220V 交流供电，需从断路器上引入 220V 交流并接到 PLC 主机的 L 和 N 接线端，如图 4-40 所示。

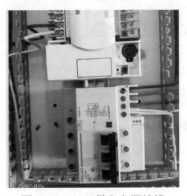

图 4-40 PLC 供电电源接线

2）PLC输入信号接线：本任务共4个输入信号，将3个按钮及热继电器的常开触点COM端（常开点的任一端）接在PLC输入端COM上，信号端（常开点的另一端）接在PLC的X0～X3上，如图4-41所示。

图4-41　PLC输入信号接线

在PLC输入电路中，一般情况下，尽量用常开触点提供PLC的输入信号。如何理解常开和常闭什么时候导通？可以这样来区分：对于输入是以+24V为公共点的，有高电平（+24V）输入PLC时，对应的常开触点闭合，对应的常闭触点断开；对于输入是以0V为公共点的，有低电平（0V）输入PLC时，对应的常开触点闭合，对应的常闭触点断开。

PLC外接急停按钮时要用常闭触点，在梯形图中使用常开触点。急停按钮和用于安全保护的限位开关的硬件常闭触点比常开触点更可靠。如果外接的急停按钮的常开触点接触不好或线路断线，紧急情况时按急停按钮不起作用。如果PLC外接的是急停按钮的常闭触点，出现上述问题时将会使设备停机，有利于及时发现和处理触点的问题。因此用急停常闭按钮和安全保护的限位开关的常闭触点给PLC提供输入信号是最安全、最可靠的。

3）PLC输出信号接线：利用PLC继电器输出扩展模块作为输出，这里需注意编程时的输出地址应根据实际修改。具体接线顺序是：断路器其中一根相线L引出到交流接触器线圈；从交流接触器线圈到PLC的Y接线端；从PLC输出端COM点到断路器的N接线端，如图4-42所示。

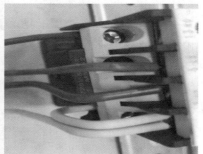

图4-42　PLC输出信号接线

2. 调试电路

下载点动—连续运行程序，单击程序监控开始，操作电工板控制按钮，点动运行程序监控如图4-43所示。连续运行程序监控如图4-44所示。

图 4-43　点动运行监控

图 4-44　连续运行程序监控

4.3 电动机的正反转控制

🔆 4.3.1　设计控制电路

1. 电动机正反转的控制原理

    传统的三相电动机正反转控制电路图如图 4-45 所示，主要采用接触器、按钮来实现电机的正反转切换、自锁和互锁。电机要实现正反转控制，将其电源的相序中任意两相对调即可（称为换相），通常是 V 相不变，将 U 相与 W 相对调，为了保证两个接触器动作时能够可靠调换电动机的相序，接线时应使接触器的上口接线保持一致，在接触器的下口调相。由于将两相的相序对调，所以要确保两个 KM 线圈不能同时得电，否则会发生严重的相间短路故障，因此必须采取联锁。为安全起见，常采用按钮联锁（机械）与接触器联锁（电气）的双重联锁正反转控制线路；使用了按钮联锁，即使同时按下正反转按钮，调相用的两个接触器也不可能同时得电，机械上避免了相间短路。另外，由于应用的接触器联锁，所以只要其中一个接触器得电，其常闭触点就不会闭合，这样在机械、电气双重联锁的应用下，电机的供电系统不可能相间短路，有效地保护了电机，同时避免在调相时相间短路造成事故，烧坏接触器。

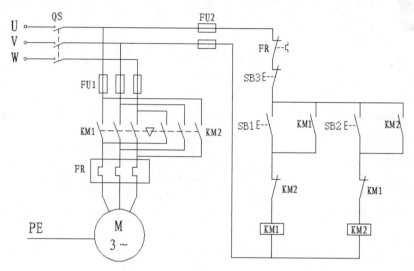

图 4-45　三相电动机正反转控制原理图

主回路采用两个接触器，即正转接触器 KM1 和反转接触器 KM2。当接触器 KM1 的三对主触头接通时，三相电源的相序按 U—V—W 接入电动机。当接触器 KM1 的三对主触头断开，接触器 KM2 的三对主触头接通时，三相电源的相序按 W—V—U 接入电动机，电动机就向相反方向转动。电路要求接触器 KM1 和接触器 KM2 不能同时接通电源，否则它们的主触头将同时闭合，造成 U、W 两相电源短路。为此，在 KM1 和 KM2 线圈各自的支路中相互串联对方的一对辅助常闭触头，以保证接触器 KM1 和 KM2 不会同时接通电源，KM1 和 KM2 的这两对辅助常闭触头在线路中所起的作用称为联锁或互锁作用，这两个正向启动过程对于辅助常闭触头就叫联锁或互锁触头。

（1）正向启动过程。按下启动按钮 SB2，接触器 KM1 线圈通电，与 SB2 并联的 KM1 的辅助常开触点闭合，以保证 KM1 线圈持续通电，串联在电动机回路中的 KM1 的主触点持续闭合，电动机连续正向运转。

（2）停止过程。按下停止按钮 SB3，接触器 KM1 线圈断电，与 SB2 并联的 KM1 的辅助触点断开，以保证 KM1 线圈持续失电，串联在电动机回路中的 KM1 的主触点持续断开，切断电动机定子电源，电动机停转。

（3）反向启动过程。按下启动按钮 SB1，接触器 KM2 线圈通电，与 SB3 并联的 KM2 的辅助常开触点闭合，以保证 KM2 线圈持续通电，串联在电动机回路中的 KM2 的主触点持续闭合，电动机连续反向运转。

2.设计主电路

实现电动机正反转的主电路如图 4-46 所示。电路中通过 KM1 和 KM2 相互配合切换相序以实现正反转。当 KM1 工作时，电动机正转；当 KM2 工作时，电动机反转。

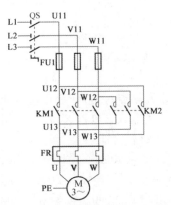

图 4-46　电动机正反转主电路

3. 确定I/O点总数及地址分配

对 PLC 的 I/O 端口做如下地址分配：正转按钮 SB1 接 PLC 的 X000 端口；反转按钮 SB2 接 PLC 的 X001 端口；停止按钮 SB3 接 PLC 的 X002 端口；热继电器常开触点 FR 提供的过载信号接 PLC 的 X003 端口。把 PLC 的扩展模块正转输出信号通过 Y040 端口接接触器线圈 KM1，反转输出信号通过 Y041 端口接接触器线圈 KM2。电动机正反转 PLC 控制电路的 I/O 地址分配表见表 4-5。

表 4-5　电动机正反转控制电路的 I/O 地址分配表

输入端（I）			输出端（O）		
序　号	输入设备	端口编号	序　号	输出设备	端口编号
1	正转按钮 SB1	X000	1	接触器 KM1	Y040
2	反转按钮 SB2	X001	2	接触器 KM2	Y041
3	停止按钮 SB3	X002			
4	热继电器 FR	X003			

4. 设计PLC控制电路

根据以下控制要求，结合 I/O 地址分配表，设计如图 4-47 所示的电动机正反转控制的 I/O 接线图。

（1）按下按钮 SB1，电动机正转；按下按钮 SB3，电动机停止。

（2）按下按钮 SB2，电动机反转；按下按钮 SB3，电动机停止。

（3）用接触器 KM1 实现电动机正转；用接触器 KM2 实现电动机反转。

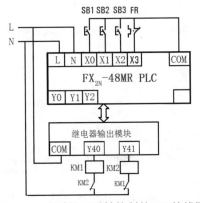

图 4-47　电动机正反转控制的 I/O 接线图

4.3.2 设计控制程序

1. 编程思路

（1）用输入继电器 X000 的常开触点 X000 代表正转启动信号；用输入继电器 X001 的常开触点 X001 代表反转启动信号；用输入继电器 X002 的常闭触点 X002 代表停止信号；用输入继电器 X003 常闭触点 X003 代表过载信号。

（2）用常开触点 X000 与常开触点 X001、常闭触点 X002、常闭触点 X003 、常闭触点 Y041 串联后，驱动输出继电器 Y040。用常开触点 Y040 与常开触点 X000 并联自锁。

（3）用常开触点 X001 与常开触点 X000、常闭触点 X002、常闭触点 X003、常闭触点 Y040 串联后，驱动输出继电器 Y041。用常开触点 Y041 与常开触点 X001 并联自锁。

2. 设计梯形图程序

视频：电动机正反转程序编写

（1）创建、保存一般电动机正反转 PLC 控制电路工程。在 GX Developer 软件编辑界面中创建一个新工程，命名为"一般电动机正反转 PLC 控制"，保存到 D:\MELSEC\GPPW 文件夹中。

（2）编写梯形图。根据一般电动机正反转 PLC 控制电路的编程思路完成梯形图的编写与转换。一般电动机正反转 PLC 控制电路的梯形图和指令表如图 4-48 所示。

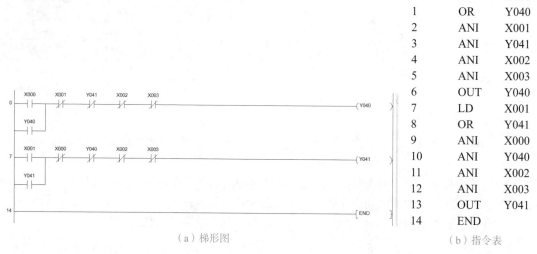

0	LD	X000
1	OR	Y040
2	ANI	X001
3	ANI	Y041
4	ANI	X002
5	ANI	X003
6	OUT	Y040
7	LD	X001
8	OR	Y041
9	ANI	X000
10	ANI	Y040
11	ANI	X002
12	ANI	X003
13	OUT	Y041
14	END	

（a）梯形图   （b）指令表

图 4-48　一般电动机正反转 PLC 控制电路的梯形图和指令表

4.3.3 安装与调试电路

1. 安装电路

（1）安装器件。

根据表 4-5 准备安装用工具、导线和器件。再按照图 4-49 所示的布局安装好各器件。

（2）连接主电路。

根据图 4-47 实现本项目正反转控制主电路线路连接。完成后的结果如图 4-50 所示。

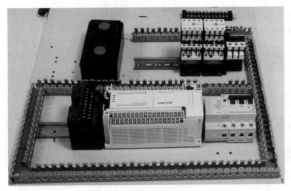

图 4-49　器件布局

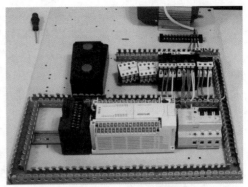

图 4-50　主电路接线实物图

（3）连接控制电路。

根据图 4-47 实现本项目正反转控制线路连接。完成后的结果如图 4-51 所示。

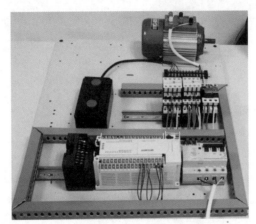

图 4-51　控制电路及主电路接线实物图

2. 调试电路

（1）检查梯形图程序。

选择"工具→程序检查"命令，弹出"程序检查"对话框，单击"程序检查"对话框中的"执行"按钮，对程序进行检查，程序检查完毕，在"程序检查"对话框的空白处会显示"MAIN 没有错误。"的信息。

（2）测试梯形图程序的逻辑功能。

1）启动仿真程序。

选择"工具→梯形图逻辑测试启动"命令，启动仿真程序，进入程序仿真调试状态。

2）仿真调试。

a. 模拟按下正转按钮 SB1。选择"在线→调试→软元件测试"命令，弹出"软元件测试"对话框，在"软元件测试"对话框中的"位软元件"区域输入 X000，单击"强制 ON"按钮，在梯形图程序中，常开触点 X000 变为蓝色的闭合状态，输出继电器 Y040 得电，电动机正转。在"软元件测试"对话框中的"位软元件"区域输入 X000，单击"强制 OFF"按钮，输出继电器 Y040 保持得电状态，电动机继续正转。

b. 模拟按下反转按钮 SB2。在"软元件测试"对话框中的"位软元件"区域输入 X001，单击"强制 ON"按钮，在梯形图程序中，常开触点 X001 变为蓝色的闭合状态，输出继电器

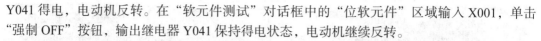

Y041 得电，电动机反转。在"软元件测试"对话框中的"位软元件"区域输入 X001，单击"强制 OFF"按钮，输出继电器 Y041 保持得电状态，电动机继续反转。

c. 模拟按下停止按钮 SB3。在"软元件测试"对话框中的"位软元件"区域输入 X002，单击"强制 ON"按钮，在梯形图程序中常闭触点 X002 变为白色的断开状态，切断输出继电器 Y040、Y041 的线圈回路，电动机停止运转。

（3）调试与运行。

下载正反转程序，单击程序监控开始，先按下反转按钮 SB2，电动机正转，再按下正转按钮 SB1，电动机停转；若按下停止按钮 SB3，电动机反转，再按下正转按钮 SB1，电动机停转。电动机正、反转监控结果分别如图 4-52 和图 4-53 所示。即正、反转控制程序运行正常，成功实现了电动机正反转控制。

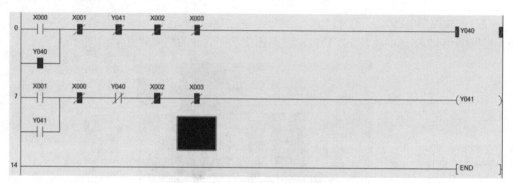

图 4-52 电动机正转程序监控

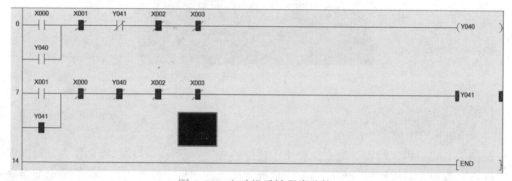

图 4-53 电动机反转程序监控

4.4 电动机其他常用PLC控制

4.4.1 电动机延时启动 PLC 控制

1. 控制要求

为防止电动机的误启动，要求电动机在启动时，必须是先按下启动按钮 SB1，5s 后，电动机才允许启动。按停止按钮 SB2，电动机同时停止。

2. 电动机延时启动控制I/O地址分配

见表4-6。

表 4–6　电动机延时启动控制 I/O 地址分配

输　入			输　出		
端口编号	输入元件	作　用	端口编号	输出元件	作　用
X0	SB2	启动按钮	Y1	KM1	M1 接触器
X1	SB1	停止按钮	Y2	KM2	M2 接触器
X2	FR1	M1 过载保护			
X3	FR2	M2 过载保护			

3. 主电路

见图 4-54。

4. PLC控制电路的I/O接线图

见图 4-55。

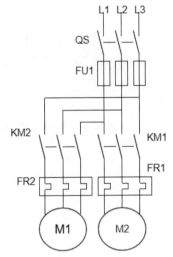

图 4–54　电动机延时启动控制主电路

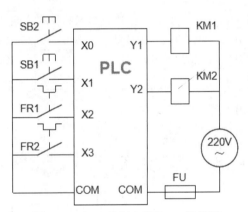

图 4–55　PLC 控制电路的 I/O 接线图

5. PLC梯形图和指令表

利用定时器的计时功能实现延时控制，即用定时器的触点接于需延时动作的电路上，编写的程序如图 4–56 所示。

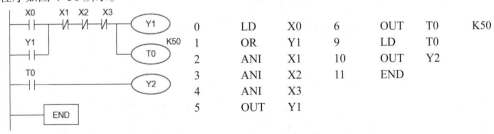

图 4–56　PLC 梯形图和指令表

⊡【友情提示】

Y2 不自锁，因为 Y1 有自锁。

⚙ 4.4.2 电动机丫—△降压启动 PLC 控制

三相异步电动机在全压启动时，其启动电流很大，达到电动机额定电流的 3 ～ 7 倍。如果电动机的功率大，其启动电流会相当大，对电网会造成很大的冲击。为了降低电动机的启动电流，最常用的办法就是电动机丫型启动，因为电机丫型运行时其电流只是△型运行时电流的 1/3，故电动机丫型启动可以降低启动电流。但电动机丫型启动力矩也只有全电压启动时力矩的 1/3，故电动机启动起来后，要马上切换到△型运行。中间的时间大概在 4 ～ 10s。

PLC 中的定时器相当于继电器系统中的时间继电器。它提供无限多对常开、常闭延时触点，FX_{2N} 提供了 256 点。

1. 控制要求

按电动机的启动按钮，电动机 M 先进行丫型启动，6s 后，控制回路自动切换到△型连接，电动机 M 进行△型运行。

2. I/O 信号分配

I/O 信号分配表见表 4-7。

表 4-7 I/O 信号分配表

输　入（I）			输　出（O）		
元　件	功　能	端口编号	元　件	功　能	端口编号
按钮 SB1	电动机启动信号	X0	KM1	控制电动机电源	Y0
按钮 SB2	电动机停止信号	X1	KM2	控制电动机△型运行	Y1
FR1	过载保护信号	X2	KM3	控制电动机丫型启动	Y2

3. PLC 外部接线图

见图 4-57。

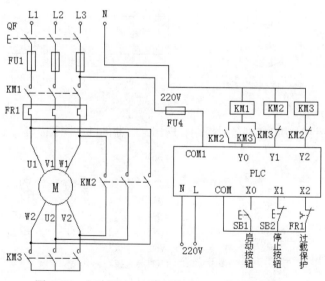

图 4-57 电动机丫—△降压启动 PLC 外部接线图

对于正常运行为△型接法的电动机，在启动时，定子绕组先接成丫型，当电动机转速上升到接近额定转速时，将定子绕组接线方式由丫型改接成△型，使电动机进入全压正常运行。一般功率在 4kW 以上的三相异步电动机均为△型接法，因此均可采用 丫－△降压启动的方法来限制启动电流。

Ｙ－△降压启动过程中，电动机应该是先接成Ｙ型，然后再通电，使电动机在Ｙ型下启动。△型运行时，也应该是电动机先接成△型，然后通电，使电动机在△型下运行。所以在PLC控制的接线图中，在KM1的线圈回路上，串接了KM2、KM3常开触点组成的并联电路。只有当KM2或KM3闭合后，KM1线圈才能得电。这样就可以避免当KM2或KM3元件出故障时，电动机不能接成Ｙ型或△型时，KM1得电，还有电动机送电的情况发生。

4. 梯形图及指令表

对三相异步电动机的Ｙ－△降压启动使用逻辑指令进行编程，如图4-58所示。

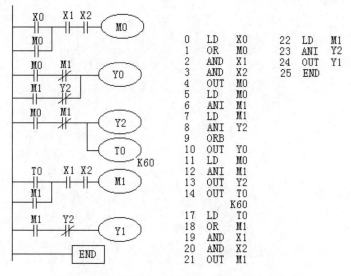

图4-58 电动机Ｙ—△降压启动梯形图和指令表

程序运行中，KM2、KM3不允许同时带电运行。为保证安全、可靠，梯形图设计时，使用程序互锁，限制Y2、Y1的线圈不能同时得电。接线图中，KM2、KM3的线圈回路中，加上电气互锁。双重互锁，保证KM2、KM3的线圈不能同时带电，避免短路事故的发生。

对三相异步电动机的Ｙ－△降压启动使用功能指令进行编程，同样能达到相同目的。PLC控制的梯形图如图4-59所示。

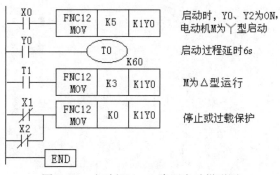

图4-59 电动机Ｙ—△降压启动梯形图

按下启动按钮X0，电动机应Ｙ型启动，Y0、Y2应为ON（传常数K5）；当电动机转速上升到额定转速时，接通Y0、Y1（传常数K3），电动机△型运行。停止或过载保护，传常数K0，则Y3～Y0清零。

典型生活场景的 PLC 控制

  PLC 的应用领域非常广泛，不仅仅应用在工业中，在日常生活中的应用也逐步普及。例如，基于 PLC 的十字路口交通灯自动控制、照明灯自动控制、花样喷泉、自动洗车等系统，这些系统均具有编程容易、功能扩展方便、修改灵活等特点，并且有完善的自诊断和显示功能，维修工作较为简单。

5.1 路口交通信号灯的PLC控制

目前，大多数城市的交通信号灯指挥控制系统，采用电子线路加继电器构成，也有少数采用单片机构成。对信号灯的要求也越来越高，采用电子线路加继电器的控制方式，则需要加入大量的中间继电器、时间继电器、计数器等器件。而且交通控制智能化需要按实际情况改变参数，如果使用继电器控制，则很难实现。如果使用单片机控制，则需要引入大量I/O接口电路、硬件设计，而且这两种控制方式的抗干扰能力十分有限。

由于PLC具有对使用环境适应性强的特性，同时其内部定时器资源十分丰富，可对目前普遍使用的"渐进式"信号灯进行精确控制，特别对多岔路口的控制可以方便地实现。采用可编程控制器对交通信号灯进行管理，技能满足控制要求，又具有高的抗干扰和稳定性。因此现在越来越多地将PLC应用于交通灯系统中。同时，PLC本身还具有通信联网功能，将同一条道路上的信号灯组成一局域网进行统一调度管理，可以缩短车辆通行等候时间，实现科学化管理。

5.1.1 控制要求

交通信号灯由红灯、绿灯、黄灯组成。红灯表示禁止通行；绿灯表示准许通行；黄灯表示警示。交通信号灯分为机动车信号灯、非机动车信号灯、人行横道信号灯、车道信号灯、方向指示信号灯、闪光警告信号灯、道路与铁路平面交叉道口信号灯。交通信号灯用于道路平面交叉路口，通过对车辆、行人发出行进或停止的指令，使各个方向同时到达的人、车交通流尽可能减少相互干扰，从而提高路口的通行能力，保障路口畅通和安全。

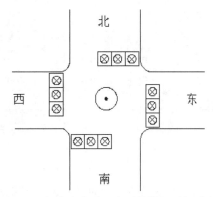

图5-1 一般的十字路口交通信号灯现场示意图

在本设计中，我们仅以机动车信号灯为例来说明它的控制要求。一般的十字路口交通信号灯现场示意图如图5-1所示，其南北和东西每个方向各有红、绿、黄三种信号灯，为确保交通安全，东和西两个方向的信号灯同步变化，南和北两个方向的信号灯也同步变化。

十字路口交通灯的控制要求如下：

（1）按下启动按钮SB1，系统开始工作，首先南北红灯亮5s，同时东西绿灯常亮5s后熄灭。

（2）南北红灯继续亮3s，东西黄灯以1s为周期闪烁3次后熄灭。

（3）东西红灯亮5s，同时南北绿灯常亮5s后熄灭。

（4）东西红灯继续亮3s，南北黄灯以1s为周期闪烁3次后熄灭。

（5）然后循环，直到按下停止按钮后停止工作。

信号灯受启动及停止按钮的控制。当按下启动按钮时，信号灯系统开始工作，并周而复始地循环工作；当按下停止按钮时，信号灯全部熄灭。

对十字路口交通控制要求进行分析，发现东、西、南、北4个方向的指示灯逻辑性非常强。为了使编程设计条理更清晰，可以采用流水灯的编程方法进行程序设计。交通灯的工作原理就是利用红、绿、黄三种颜色灯的工作时间来指挥交通，并且程序要循环工作。为了后面设计时便于分析，表5-1列出了十字路口交通灯与车辆通行的规律。

表 5-1　十字路口交通灯与车辆通行的规律

状　态	亮灯情况	车辆通行情况
状态 1	南北红灯亮，东西绿灯亮（5s）	南北方向禁行，东西方向通行
状态 2	南北红灯亮，东西黄灯亮（3s）	换向等待
状态 3	东西红灯亮，南北绿灯亮（5s）	南北方向通行，东西方向禁行
状态 4	东西红灯亮，南北黄灯亮（3s）	换向等待

5.1.2　电路设计

视频：交通灯 I/O
分配

十字路口交通控制一般分为南北向和东西向，由于同一方向上红、绿、黄灯的工作状态是相同的，所以同一方向的红、绿、黄灯定义 3 个输出就可以满足控制的需要。

（1）输入信号：启动按钮和停止按钮，共两个输入端。

（2）输出信号：各信号灯的亮灭由 PLC 的输出信号来控制，共 6 个输出端。考虑到东西和南北方向的同色信号灯的亮灭状态分别相同，可将同一个方向上的两盏同色信号灯并联，由一个输出信号来控制。该交通信号灯控制系统的 I/O 地址分配见表 5-2。

表 5-2　十字路口交通灯 I/O 地址分配表

输入端（I）			输出端（O）		
序　号	输入设备	端口编号	序　号	输出设备	端口编号
1	启动按钮 SB1	X001	1	南北红灯	Y000
2	停止按钮 SB2	X002	2	南北黄灯	Y001
			3	南北绿灯	Y002
			4	东西红灯	Y003
			5	东西黄灯	Y004
			6	东西绿灯	Y005

根据控制要求，交通灯 PLC 控制电路的 I/O 接线图如图 5-2 所示。

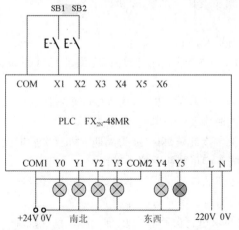

图 5-2　交通灯 PLC 控制电路的 I/O 接线图

1.编写梯形图程序

根据对十字路口交通控制的任务分析,由表 5-2 所示交通灯的 4 个工作状态进行程序编写。

如图 5-3 所示,按下启动按钮 SB1(X001)通电,使辅助继电器 M0 线圈通电并保持通电状态,交通灯程序开始运行。按下停止按钮 SB2(X002)断电,使辅助继电器 M0 线圈失电,交通灯程序停止。

图 5-3 交通灯程序的启动/停止

如图 5-4 所示,辅助继电器 M0 线圈通电时,定时器 T1 线圈通电开始计时 5s,同时南北向红灯 M1(为了避免双线圈出现,此处用 M1 表示 Y000)和东西向绿灯 Y005 常亮,当 T1计时到达设置时间 5s 时,T1 的常闭触点断开,使南北向红灯 M1 和东西向绿灯 Y005 熄灭。

图 5-4 工作状态 1

如图 5-5 所示,T1 的常开触点闭合时,定时器 T2 线圈通电开始计时 3s,同时南北向红灯 M2 常亮(此处用 M2 表示 Y000),而东西向黄灯 Y004 前面有 M8013 特殊辅助继电器,所以东西向黄灯以 1s 为周期开始闪烁。当 T2 计时到达设置时间 3s 时,T2 的常闭触点断开,使南北向红灯 M2 和东西向黄灯 Y004 熄灭。

图 5-5 工作状态 2

如图 5-6 所示,T2 的常开触点闭合时,定时器 T3 线圈通电开始计时 5s,同时南北向绿灯 Y002 和东西向红灯 M3 常亮(此处用 M3 表示 Y003),当 T3 计时到达设置时间 5s 时,T3的常闭触点断开,使南北向绿灯 Y002 和东西向红灯 M3 熄灭。

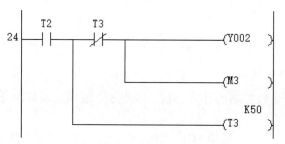

图 5-6　工作状态 3

如图 5-7 所示，T3 的常开触点闭合时，定时器 T4 线圈通电开始计时 3s，而南北向黄灯 Y001 前面有 M8013 特殊辅助继电器，所以南北向黄灯以 1s 为周期开始闪烁。同时东西向红灯 M4 常亮（此处用 M4 表示 Y003），当 T4 计时到达设置时间 3s 时，T4 的常闭触点断开，使南北向黄灯 Y001 和东西向红灯 M4 熄灭。同时由于 T4 常闭触点断开，使 T1 线圈瞬间失电，导致 T2、T3、T4 的线圈均失电，由于 M0 线圈保持通电状态，使 T1 线圈重新通电计时，程序开始循环。在程序运行状态下，按下停止按钮 SB2（X002），使 M0 线圈失电，程序停止运行。

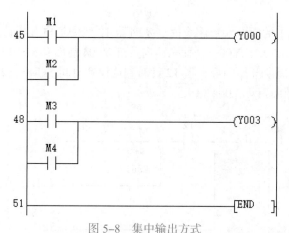

图 5-7　工作状态 4

为了避免双线圈出现，在图 5-4 和图 5-5 中，分别用 M1、M2 表示 Y000，用 M3、M4 表示 Y003，采用如图 5-8 所示的集中输出方式可以解决出现双线圈问题。

图 5-8　集中输出方式

2. 指令表

交通灯 PLC 控制电路指令表见表 5-3。

表 5-3　指令表

0	LD	X001		26	ANI	T3	
1	OR	M0		27	OUT	Y002	
2	ANI	X002		28	OUT	M3	
3	OUT	M0		29	MPP		
4	LD	M0		30	OUT	T3	K50
5	MPS			33	LD	T3	
6	ANI	T1		34	MPS		
7	OUT	M1		35	ANI	T4	
8	OUT	Y005		36	MPS		
9	MPP			37	AND	M8013	
10	ANI	T4		38	OUT	Y001	
11	OUT	T1	K50	39	MPP		
14	LD	T1		40	OUT	M4	
15	MPS			41	MPP		
16	ANI	T2		42	OUT	T4	K30
17	OUT	M2		45	LD	M1	
18	AND	M8013		46	OR	M2	
19	OUT	Y004		47	OUT	Y000	
20	MPP			48	LD	M3	
21	OUT	T2	K30	49	OR	M4	
24	LD	T2		50	OUT	Y003	
25	MPS			51	END		

5.1.4　安装和调试电路

1. 安装电路

（1）用黑色短线将 6 个灯的其中 1 个接线端串联起来接到 24V 直流电源的 0V 端，如图 5-9 所示。

（2）用红色短线将 24V 直流电源的 24V 端接到 PLC 模块的 COM1 和 COM2，如图 5-10 所示。

微课：交通灯模拟接线

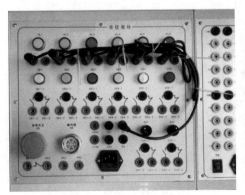

图 5-9　电源 0V 端接线

图 5-10　电源 24V 端接线

（3）用黄色长线按照 I/O 分配地址，将 6 个灯的另一个接线端分别接到 PLC 模块的相应输出端口，如图 5-11 所示。

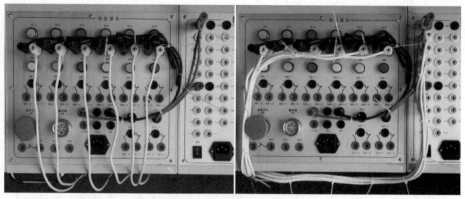

图 5-11　PLC 输出端接线

（4）用黑色长线将按钮的 COM 端接到 PLC 模块输入继电器 X 的 COM 端口。用绿色长导线将按钮的常开触点端口按照 I/O 分配地址接到相应的 X 端口，如图 5-12 所示。

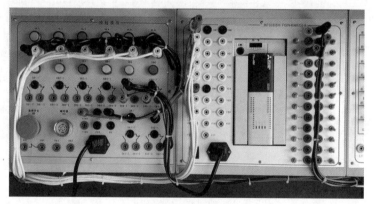

图 5-12　按钮接线

接线完成后，利用万用表检查电路是否正确。正确则可以进行工艺整理和通电调试。

硬件接线时要注意以下几点。

1）严格按照交通灯的 I/O 接线图接线。

2）启动和停止按钮选用自复位式按钮。

3）接线时各个指示灯均要与 PLC 及电源构成回路。

4）接线完成后要用仪表根据接线图进行检查，确保无误后方可申请通电。

2. 调试电路

下载交通灯程序，在编程界面中单击"监视"键，弹出如图 5-13 所示的监视画面。在按下启动按钮后，出现如图 5-14 所示的 PLC 运行监视界面。

根据程序运行监控界面对照硬件进行功能验证，发现问题可从两方面入手。一是软件部分，检查监控界面问题部分的线圈和触点是否有误，检查步的通断电状态。二是硬件连线部分，检查输入 / 输出端子及公共端是否接线有误，以及导线是否完好。反复进行运行和检查修改，直至完成任务。

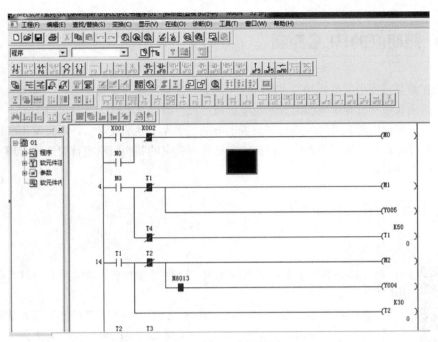

图 5-13　PLC 监视界面

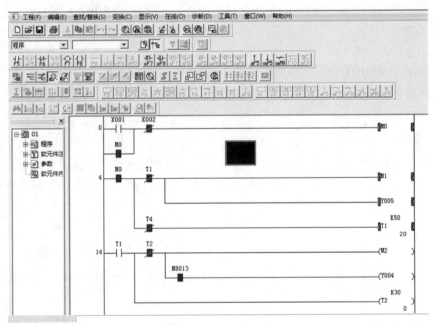

图 5-14　PLC 运行监视界面

△【友情提示】

　　调试时，如果发现红灯、绿灯或黄灯不亮，一般为 I/O 地址错误。修改地址后再次调试，即可运行正常。

　　在调试过程中，若发现红绿交通灯闪烁的间隔时间错误，应查检梯形图有无顺序错误；调整后，再次调试，即可运行正常。

5.2 照明灯的PLC控制

学校在教学过程中要消耗相当多的电能。例如，教室照明、实验、实习、科研等均需电能的支持，然而在教学过程中电能浪费的现象比较严重，教室长明灯、教室内灯多人少、白天光线强也不关灯等现象随处可见。这无疑浪费了电能，增大了办学成本。针对教室用电浪费严重的现象，有必要对教学楼照明系统进行技术改造，将教室的照明用电实行智能化管理，使教室的照明用电合理有效。

5.2.1 控制要求及 PLC 的选择

1. 教室照明控制要求

视频：照明灯
PLC控制

为了确保教室上课期间教学用电，合理安排教室非教学用电，对教室的照明用电实施以下控制策略。

（1）以教学楼为单元，以教室为控制对象。每台 PLC 控制一栋教学楼。

（2）每间教室按课表执行供电。为了提高供电的可靠性，简化程序设计和调试，方便故障排除，PLC 实行分层控制。

（3）为了弥补 PLC 不能根据教室内自然光的强弱自动调整供电策略的缺陷。在 PLC 输入端接入光电控制装置，当自然光符合照明要求时，向 PLC 提供信号，系统拒绝向教学楼供电。

（4）为了合理利用资源，充分发挥图书馆使用效率，晚自习时段集中向某一教学楼供电。将分散在各教学楼教室人数不多的学生集中到某一教学楼和图书馆。而其余教学楼晚自习不提供照明用电。

2. PLC的选择

教学楼照明智能控制过程比较复杂，其特点是 PLC 的输入信号远远少于输出信号，从经济的角度考虑，选取 FX_{2N}-16M，另加 FX_{2N}-16EYR 扩展模块。扩展模块的实际使用数量随教学楼教室的多少决定。

5.2.2 设计过程

教学楼照明智能控制系统的控制程序由周日历映像程序和上课时段选择程序、上课时段数字化程序、教室照明控制等程序段组成。

1. 周日历和日时段程序

一周内，教室是否有课是由课表决定的。当学校课表一经排定并赋予执行时，该教室上课情况就取决于两个因素：一是周日历；二是日作息时间归属时段。从教学的角度，两时段的有效性分别为星期一至星期五及与日作息时间中涉及上课的几个时段。两者的有效度与课表关联。因此，对教室进行有效供电，课表即成为编写照明控制程序的蓝本。由于周日历和日作息是周期性循环执行，两者的循环周期不同且又有关联，编写程序时对两者的差异必须予以充分考虑。如图 5-15 所示为周日历映像程序和上课时段选择程序。

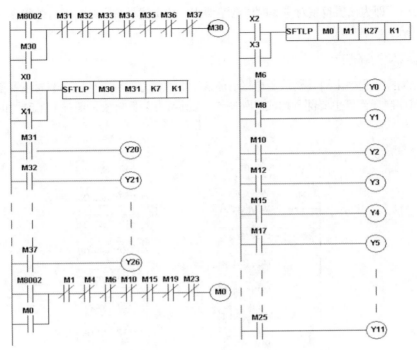

图 5-15　周日历映像程序和上课时段选择程序

在图 5-15 中，X0、X2 为时钟输入接点，X1、X3 为手动输入接点。M31 ～ M37 为周历期（即星期几的意思）映像接点。例如，M31 接点闭合即映像周历期星期一，Y20、Y21、…、Y26 用于周历期显示。

由于该校日作息时间表有 27 个时间段，每一时间段有不同的作息内容。在 27 个时间段中涉及上课的时间段是上午 8:10 ～ 11:55、下午 14:30 ～ 18:40、晚上 19:30 ～ 21:10，共有 10 个课时段。程序设计时必须从输入的时钟信号中选取这 10 个课时信号，在图 5-15 中，M6、M8、M10、M12、…、M25 分别对应时钟控制装置输出的上课信号的映像接点，是从输入的作息时间信号中选取的上课信号。为了便于停电后工作人员调节，确认调节是否正确，程序中设置了手动调节按钮和上课节次显示 Y0、Y2、Y3、Y4、Y5、…、Y11。

由于周日历和日作息是按周期性依次顺序循环运行，时间上具有不可逆转性，而且两者的循环周期不同。根据这一特点，可采用移位的方法设计周日历映像程序和上课时段选择程序，用输入的时钟控制信号（X0、X2）作移位驱动信号。

2. 教室课表的数字化处理

某一教室某一时段是否上课，由教室日课表决定。为了实现教室照明控制按日课表执行，即有课供电、无课断电的控制逻辑，必须将每间教室在某课时段有无课的关系用数字对应表示，经程序运作和处理，转换成教室照明控制信号。为了充分利用 PLC 内部资源，处理方法是采取分层编码，数字表示。例如，某教学楼有 6 层，每层有 8 间教室。若该日第 1 次课除 3 号教室外其余均有课。编码时，将有课表示为 1，无课表示为 0。用 K61 表示第 6 层上午第 1 次课的对应数据。其数字化处理过程为

教室编号	8	7	6	5	4	3	2	1
楼层教室编码	1	1	1	1	1	0	1	1

为了方便数字输入，用十进制数表示。例如，K61=261。

K61=261，即为该层教室对应该时段数字课表。按上述处理方法，即可求得该栋教学楼各层的数字课表。

3. 教室照明控制程序

教室照明控制程序由周日期认定与驱动环节、上课信号与数字传送环节、下课信号与复位环节、照明控制环节等主要部分构成。如图 5-16 所示为某教学楼星期一上午时段的照明控制程序。

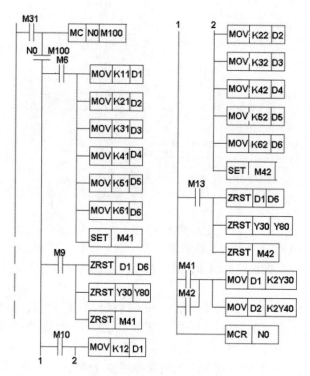

图 5-16　教学楼照明控制程序

在如图 5-16 所示的程序中，M31 为对应周日期接点。M31 接点闭合，程序就进入数字电子课表。M6、M10 为上课信号接点。当上午第 1 次（或第 2 次）课上课时间到时，M6（或M10）接点闭合，传送指令 MOV 将该教学楼的数字课表送入数据寄存器 D1、D6，与此同时，M41（或 M42）闭合，将 D1（或 D2）中数字处理后由 K2Y30（或 K2Y40）输出，完成该次课教室的照明供电。在图 5-16 中，M9、M13 为下课断电接点。当第 1 次（或第 2 次）下课时间到时，M9（或 M13）接点闭合，ZRST 驱动 D1、D6、Y30、Y80、M41（或 M42）复位，断开教室照明供电线路。

为使控制程序能与周日期和日课表相对应，照明控制程序划分为 5 块，每块用主控指令MC/MCR 分割，每块与周日期和日课表相对应。

采用 PLC 做控制元件，相对于市场上出售的智能控制器而言，投资小、故障率低、基本免维护。智能照明控制系统广泛应用在学校照明，大大提高了学校照明电力的管理水平，为学校节省了大量的电费支出，同时为学校师生提供了更舒适、明亮和高效的学习和工作环境。采用智能控制后，灯具的寿命可延长 2 ～ 3 倍。该系统设计、施工方便，可为学校或其他事业单位技术改造和新建项目提供借鉴。

【友情提示】

PLC 在照明智能控制装置中的应用，实现了教室按课表供电，使教室照明供电实现了自动控制，解决了依靠人工操作达到节约用电的被动局面，减少了用电浪费的现象。由于控制程序设计成结构化，当教室课表发生变动时，程序的调整易于进行，不需改变控制程序的整体结构。同时，PLC 的应用也为采用网络控制奠定了基础。

5.3 自动门的PLC控制

自动门适合于宾馆、酒店、银行、写字楼、医院、商店等场所。自动门根据使用的场合及功能不同可分为自动平移门、自动平开门、自动旋转门、自动圆弧门、自动折叠门等，自动平移门最常见的形式是自动门内外两侧加感应器，当人走进门时，感应器感应到人的存在，给控制器一个开门信号，控制器通过驱动装置将门打开。当人通过之后，再将门关上。

视频：自动门
PLC 控制

自动门的控制方法有很多，从控制器的不同，有继电器控制（即通过按钮和复杂的接线安装来控制）和智能控制器控制。智能控制器控制有微电脑控制器控制和 PLC 控制。微电脑控制器控制主要有体积小、安装方便等特点，目前有许多厂家采用此种方式生产自动门；PLC 控制的特点是稳定性高、维护方便，目前许多大型商场的自动门都是采用这种方式来控制的。

5.3.1 控制要求及 PLC 的选择

1. 控制要求

完成自动门控制的实质就是控制电动机的正反转。实现自动控制首先要具备以下功能部件：光电检测开关、限位开关、超载保护开关和直流电动机。电动机正转，开门；电动机反转，关门。

（1）当有人由内到外或由外到内通过光电检测开关时，开关上有电流通过（光电检测开关是脉冲触发须对其自锁），由于开门限位开关常闭，所以线圈上有电通过，电动机正转；当到达开门限位开关位置时，电动机停止运行。

（2）当自动门到开门限位开关位置时，启动延时定时器 8s 后，自动进入关门过程，电动机反转；当自动门移动到关门限位开关位置时，电机停止运行。

（3）在关门过程中，当有人由外到内或由内到外通过光电检测开关时，应立即停止关门，并自动进入开门程序。

（4）在门打开后的 8s 等待时间内，若有人由外至内或由内至外通过光电检测开关时，必须重新开始等待 8s 后，再自动进入关门过程，以保证人安全通过。

（5）为了便于维护，自动门应具有手动和自动控制两种方式。要求增设手动开门和关门开关。

（6）开门与关门不可以同时进行。

2. PLC的选择

在 PLC 系统设计时，首先应确定控制方案，下一步工作就是 PLC 工程设计选型。工艺流程的特点和应用要求是设计选型的主要依据。因此工程设计选型和估算时，应详细分析工艺过程的特点、控制要求，明确控制任务和范围以确定所需要的操作和动作，然后根据控制要求，估计输入／输出点数、所需存储器的容量、确定 PLC 的功能、外部设备特性等，最后选择有较高性能价格比的 PLC 和设计相应的控制系统。

（1）I/O 点数的估算

I/O 点数估算时应考虑适当的裕量，通常根据统计的 I/O 点数，再增加 10%～20% 的可扩展。裕量后，作为 I/O 点数估算数据。根据估算的方法，本项目的 I/O 点数为输入 12 点，输出 12 点。

（2）存储器容量的选择

存储器容量是 PLC 本身能提供的硬件存储单元大小，程序容量是存储器中用户应用项目实用的存储单元的大小，因此程序容量小于存储器的容量。在设计阶段，由于用户程序还未编制，因此，程序容量在设计阶段是未知的，须在程序调试之后才知道。为了在设计选型时能对程序容量有一定估算，通常采用存储器容量的估算来代替，存储器内存容量的估算没有固定的形式，许多文献资料中给出了不同的公式，大体是按数字量 I/O 点数的 10～15 倍，加上模拟 I/O 点数的 100 倍，以此数为内存的总字数（16 位为一个字），另外按次数的 25% 考虑裕量。因此本项目的 PLC 内存容量选择应能存储所要存储的程序，这样才能在以后的改造过程中有足够的空间。

（3）机型的选择

PLC 按结构分为整体型和模块两类；按应用环境分为现场安装和控制室安装两类；按 CPU 字长分为 1 位、4 位、8 位、16 位、32 位、64 位等。从应用角度出发，通常可按控制功能或 I/O 点数选型。整体型 PLC 的 I/O 点数固定，因此用户选择的余地较小，用于小型控制系统；模块型 PLC 提供多种 I/O 卡件或插卡，因此，用户可以较合理地选择和配置系统控制的 I/O 点数，功能扩展方便灵活，一般用于大中型控制系统。

选择 PLC 时应考虑性能价格比。考虑经济性时应同时考虑应用的可扩展性、可操作性、投入产出比等因素，进行比较和兼顾，最终选出比较满意的产品。I/O 点数对价格有直接影响，点数增加到一数值后，相应的存储器容量相应增加，因此，点数的增加对 PLC 选用、存储器容量、控制功能范围等选择都有影响。在估算和选用时应充分考虑，使整个控制系统有较合理的性能价格比。本项目所设计的自动门属于小型控制系统，结合经济性考虑选用整体型 PLC。

（4）对 PLC 响应时间的要求

对于多数场合，PLC 的响应时间基本上能满足控制要求。响应时间包括输入滤波时间，输出滤波时间和扫描周期。PLC 的工作方式决定了它不能接收频率过高或持续时间小于扫描周期的输入信号，当有此类信号输入时，需要选用扫描速度高的 PLC 或快速响应模块和中断输入模块。

综合以上因素，本设计采用三菱 PLC，型号为 FX_{2N}–40MR–A(输入 24 点／输出 16 点)，电源 AC 220V。

5.3.2 设计过程

1. 总体设计

自动门控制装置由门内光电探测开关 K1、门外光电探测开关 K2、开门到位限位开关 K3、关门到位限位开关 K4、开门执行机构 KM1（使直流电动机正转）、关门执行机构 KM2（使直流电动机反转）部件组成。光电探测开关在检测到人或物体时为 ON，否则为 OFF。

由图 5-17 可知，当感应器件检测到人或物体信号时，将信号传给 PLC，PLC 根据已经采集的信号发出控制信号，是驱动装置运行，通过传动装置带动自动门的运行。

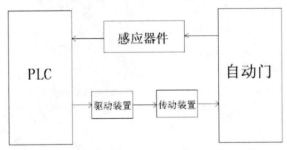

图 5-17　总体方案设计的结构框图

2. 系统硬件设计

（1）传感装置

传感装置用于负责自动门采集外部信号，当有移动的物体进入其工作范围时，它就给主控制器一个脉冲信号。传感装置作为自动门电控部分的主要部件，其性能表现优良与否直接影响着整个自动门系统运行的性能及安全稳定的可靠性。目前，自动门使用的传感装置主要有微波感应装置、触摸式感应装置、接近式感应装置、红外遥感装置等，其运用场合主要体现在功能和性能上的差异。本设计中传感装置采用上海晶圆微电子公司生产的型号为 WB-3004 的微波感应装置。

（2）变频装置

基于自动门在实际工作条件下的需要，对门的开和关实现速度上的变换，本设计采用型号为 FR-540 的变频器。

（3）驱动及传动装置

本设计中，自动门驱动电动机的运转速度可通过变频装置来调节，采用亚坦电机控制有限公司所生产的 45BLDC 直流无刷式电动机，该型号电动机具有结构简单、易于维护、运行可靠、宽调速范围、机械特性线性化、大启动转矩、高效运行等优点，适合在要求安静、可靠、体积小等场合中应用。其功率范围在 15 ～ 100W，额定工作电压为 DC 24V。

（4）其他部件

1）门扇行进轨道，用于约束门扇的吊具走轮系统，使其按特定方向行进。

2）门扇吊具走轮系统，用于吊挂活动门扇，同时在动力牵引下带动门扇运行。

3）同步皮带（有的厂家使用三角皮带），用于传输电动机所产生的动力，牵引自动感应门扇吊具走轮系统。

4）下部导向系统是自动感应门门扇下部的导向与定位装置，防止门扇在运行时出现前后门体摆动。

3. 系统软件设计

根据控制要求，自动感应门的工作流程如下：当自动感应门门扇要完成一次开门与关门，感应探测器探测到有人进入时，将脉冲信号传给主控器，主控器判断后通知马达运行，同时监控马达转数，以便通知马达在一定时候加力和进入慢行运行。马达得到一定运行电流后做正向运行，将动力传给同步带，再由同步带将动力传给吊具系统使自动感应门扇开启；自动感应门扇开启后由控制器作出判断，如果需要关闭自动感应门，则通知马达做反向运动，关闭自动感应门。自动门系统流程如图 5-18 所示。

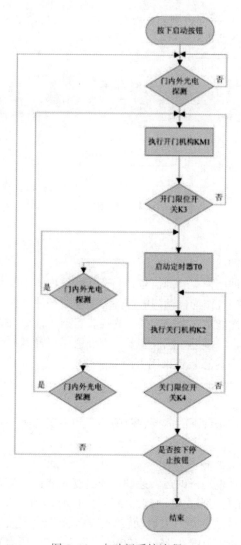

图 5-18　自动门系统流程

其工作过程分析如下。

根据功能要求共有 4 个输入信号和 4 个输出信号，所以应当设置 4 个按钮作为输入端的输入信号，当有人由内到外或由外到内通过光电检测开关 K1 或 K2 时，输入端为 ON。输出端开门执行机构 KM1 动作，电动机正转，到达开门限位开关 K3 位置时，关门限 K3 动作，电动机停止运行。自动门在开门位置停留 8s 后，自动进入关门过程，状态为 ON，关门执行机构 KM2 被启动，电动机反转，当门移动到关门限位开关 K4 位置时，开门限 K4 动作，电动机停止运行。在关门过程中，当有人员由外到内或由内到外通过光电检测开关 K2 或 K1 时，应立即停止关门，并自动进入开门程序。在门打开后的 8s 等待时间内，若有人员由外至内或由内至外通过光电检测开关 K2 或 K1 时，必须重新开始等待 8s 后，再自动进入关门过程，以保证人安全通过。开门与关门不可同时进行；有启动、停止开关；有开关门的状态显示；开关门的时间以 8 位数码的方式倒计时。

本系统共有 6 个输入信号和 10 个输出信号，而主机 CPU226 是 24 个输入端和 16 个输出端，可以按一定的顺序依次将按键的输入端连到主机上，并正确定义输入端地址，以便于编写梯形图。当按钮被按下时，其输入端的信号为高电平。其 I/O 点代码和地址编号见表 5-4。

表 5–4 I/O 点代码和地址编号

输　入		输　出	
元　件	PLC 输入地址	元　件	PLC 输入地址
门外光检测开关	X001	开门执行机构 KM0	Y000
门内光检测开关	X002	开门执行机构 KM1	Y001
开门限位开关	X003	关门执行机构 KM2	Y002
关门限位开关	X004		
过载保护开关	X005		
紧急停止开关	X006		
启动 / 停止	X007		
手动开门	X010		
手动关门	X011		

电路控制原理图如图 5–19 所示，PLC 外部接线图如图 5–20 所示，PLC 梯形图如图 5–21 所示。

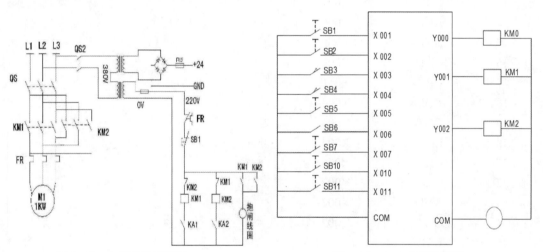

图 5–19　电路控制原理图　　　　　图 5–20　PLC 外部接线图

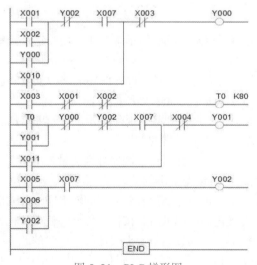

图 5–21　PLC 梯形图

PLC 控制指令语句表如下。

0	LD	X001
1	OR	X002
2	OR	Y000
3	ANI	Y002
4	AND	X007
5	OR	X010
6	ANI	X003
7	OUT	Y000
8	LD	X003
9	ANI	X001
10	ANI	X002
11	OUT	T0
12	LD	T0
13	OR	Y001
14	ANI	Y000
15	ANI	Y002
16	AND	X007
17	OR	X011
18	ANI	X004
19	OUT	Y001
20	LD	X005
21	OR	X006
22	OR	Y002
23	AND	X007
24	OUT	Y002
25	END	

4. 系统调试

（1）硬件调试

1）接通电源，检查可编程控制器是否能正常工作，接头是否接触良好，再把可编程控制器与电脑通信口连接。

2）进行上电前的准备。为了防止损坏硬件，应在电路板上电前进行电路检查，包括芯片焊接方向正误的检查和芯片引脚是否短路和断路的检查。

3）上电检查。打开电源，先判断电路是否存在异常，如果出现芯片过热等现象，应及时切断电源，检查电路故障。在上电无异常的前提下，可以使用万用表和示波器进行测量。首先测量电源芯片的输出电压是否正常，然后用示波器分别测量各个主要芯片电源引脚，查看电源的波形情况，如果有纹波，则在预先留出的位置焊上退耦电容以消除纹波，保证芯片工作正常。电源测量完毕后，进一步用示波器测量有源晶振的输出脚，其输出是频率为 8MHz 的波形（非方波，类似正弦波）。在确定晶振起振后，按住复位键，使单片机始终保持在复位状态，同时测量其各个引脚的电平情况，并同数据手册上表述的复位时的芯片引脚状态进行比对，由此可判断 PLC 是否正常。确认 PLC 正常之后，通过仿真器连接用户板进行调试。

（2）软件调试

按要求输入梯形图并转换成指令表，然后进行语法的检查，正确后设置正确的通信口，将指令读入指定的可编程控制器 ROM 中，进行下一步的调试。由于编写系统程序是按功能模块进行的，因此调试系统时也按功能模块进行。

在调试电机控制程序时出现了较大问题，下面重点阐述遇到的问题及解决方法。电机控制程序主要控制电机的整个运转过程，包括电机的加减速、倒转、遇障碍物检测等。在单独测试加减速、倒转等情况时没有遇到问题，但在加上遇障碍物检测时，却发现只要加上检测程序，程序一旦运行马上就会复位。经检查，程序没有任何问题。分析产生复位的可能情况，既然是加入遇障碍物检测程序后才会产生复位，那么很可能是在同一位置多次遇到障碍物而产生了复位。但是，实际上并没有装上门框，所以不可能是遇到了障碍物。经过深入分析发现，判断是否存在障碍物通过检测门的运行速度小于该阶段的速度门限值，而电机在启动后的第一个运行阶段，由于惯性速度不可能马上达到所设定的值，因而，在启动的第一阶段进行速度检测时，就会出现检测到速度小于门限值的情况，从而产生复位信号。找到原因之后，取消了在第一阶段的速度检测。由于第一阶段的运行距离很短，速度也很低，所以在这个阶段取消速度检测并不会产生什么问题。调整之后，程序运行恢复正常，完成了所设定的功能。

其他模块的测试都比较顺利，只出现了语法错误等一般性的问题，这些问题都通过设置断点、单步运行等调试手段解决了。

5.4 花样喷泉的PLC控制

花样喷泉是一种将水或其他液体经过一定压力通过喷头洒出来具有一定形状的组合体，提供水压的一般为水泵。采用 PLC 控制技术，可以设计适应不同季节、不同场合的喷水要求的花样喷泉系统。使用 PLC 花样喷泉控制系统，不但实现了自动转换花样喷泉的喷水样式，提高了系统的可靠性和安全性，还具有分隔空间、增加层次、净化空气和美化环境的作用。

视频：花样喷泉的 PLC 控制

5.4.1 喷泉设计与控制要求

1. 喷泉规模的设计

该喷泉占地面积俯视图为正方形，其面积 S=100㎡；喷射范围俯视图为圆形，其半径 R=4.5m。喷泉概况平面图如图 5-22 所示。

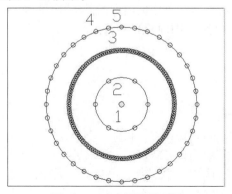

图 5-22　喷泉概况平面图

在图 5-22 中，喷泉由 5 种不同的水柱组成。其中 1 表示大水柱所在的位置，其水柱较大，喷射高度较高；2 表示中水柱所在的位置，由 6 支中水柱均匀分布在 2 的圆（r =2m）的轨迹上，水量比大水柱的水量小，其喷射高度比大水柱低；3 表示小水柱，它由 150 支小水柱均匀分布在 3（r =3m）的圆的轨迹上，其水柱较细，其喷射高度比中水柱略矮；4 和 5 为花朵式和旋转式喷泉，各由 19 支喷头组成，均匀分布在 4 和 5 的圆（r =4m）的轨迹上，其水量压力均较弱。

2. 喷泉水柱的分布

该喷泉的回水池俯视图为圆形，与喷泉喷射范围俯视图为同心圆，且半径相等。回水池的深度为 2m。该回水池由 1 个半径为 100cm 的圆水池和 3 个有效宽度为 50cm 的圆环水池组成，且各个水池之间相通，连接池宽度为 50cm，3 个圆环水池的半径分别为 2m、3m、4m，如图 5-23 所示。

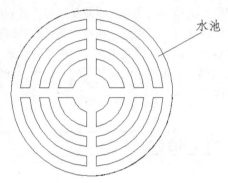

水池

图 5-23　回水池的设计

回水池上方由金属栏嵌入式覆盖。

大水柱喷头的内径 d =50mm；水柱喷头的内径 d =30mm；水柱喷头的内径 d =20mm；朵喷泉和旋转喷泉的内径 d =30mm。

大水柱高度 h =5m；水柱高度 h =3m；水柱高度 h =2m；朵喷泉和旋转喷泉的喷水高度 h =1m。

3. 喷泉的控制原理

PLC 可以用于圆周运动或直线运动的控制。从控制机构配置来说，早期直接用于开关量 I/O 模块连接位置传感器和执行机构，现在一般使用专用的运动控制模块。如可驱动步进电机、伺服电机的单轴或多轴位置控制模块。

喷泉控制系统由启动控制程序、位移脉冲控制程序、位移及复位控制程序、驱动控制程序组成。通过位移脉冲控制程序实现元件中的内容在存储器间的移动，通过复位控制程序实现喷泉花样的循环，通过驱动控制程序实现喷泉的喷射。

5.4.2　设计过程

1. PLC控制花样喷泉运行要求

（1）按下启动按钮，喷泉进入运行等待状态。

（2）按下喷泉的单步／连续运行方式按钮，该喷泉默认为连续运行方式。

（3）按下喷泉喷水花样的循环方式按钮，喷泉开始运行，每隔 6s 改变一次花样。在连续运行方式下，喷水花样将一直循环下去；在单步运行方式下，喷水花样只运行一个循环。按下其他任意一个循环方式按钮，喷泉喷水花样的循环方式立刻改变。

（4）按下停止按钮，喷泉停止运行。喷泉的运行流程如图 5-24 所示。

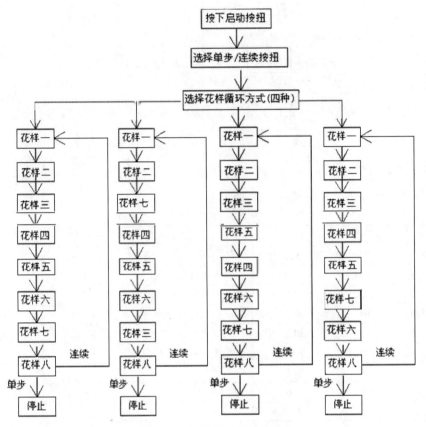

图 5-24　喷泉的运行流程图

2. 喷泉的运行过程

按下喷泉控制系统的启动按钮，首先大水柱从地而起，直射天空；6s 后，大水柱消失，紧接着 6 支中水柱竞相射向天空；最后所有水柱喷泉一齐迸发。

整个过程分为 8 段，每段 6s，且自动转换，全过程为 48s。当单步 / 连续开关置于连续，花样选择开关置于 1 时，其喷泉水柱的动作顺序如下：1 → 2 →（1+3+4）→（2+5）→（1+2）→（2+3+4）→（2+4）→（1+2+3+4+5）→ 1，周而复始，直到按下停止按钮，水柱喷泉才停止工作。

当单步 / 连续开关置于单步时，喷泉水柱的动作只运行一个循环。花样选择开关置于 2 时，其喷泉水柱的动作顺序如下：1 → 2 →（2+4）→（2+5）→（1+2）→（2+3+4）→（1+3+4）→（1+2+3+4+5）→ 1。花样选择开关置于 3 时，其喷泉水柱的动作顺序如下：1 → 2 →（1+3+4）→（1+2）→（2+5）→（2+3+4）→（2+4）→（1+2+3+4+5）→ 1。花样选择开关置于 4 时，其喷泉水柱的动作顺序如下：1 → 2 →（1+3+4）→（2+5）→（1+2）→（2+4）→（2+3+4）→（1+2+3+4+5）→ 1。

3. 花样喷泉 PLC 控制接线图

本设计基于西门子 S7-200 PLC 编程，设计花样喷泉系统。花样喷泉 PLC 控制接线图如图 5-25 所示。

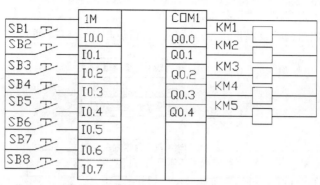

图 5-25　花样喷泉 PLC 控制接线图

4. PLC控制I/O点分配

花样喷泉 PLC 控制 I/O 点分配见表 5-5。

表 5-5　样喷泉 PLC 控制 I/O 点分配

输入信号			输出信号		
名　称	代　号	输入点编号	名　称	代　号	输出点编号
启动按钮	SB1	I0.0	大水柱接触器	KM1	Q0.0
停止按钮	SB2	I0.1	中水柱接触器	KM2	Q0.1
连续按钮	SB3	I0.2	小水柱接触器	KM3	Q0.2
单步按钮	SB4	I0.3	花朵式喷泉接触器	KM4	Q0.3
花样 1 按钮	SB5	I0.4	旋转式喷泉接触器	KM5	Q0.4
花样 2 按钮	SB6	I0.5	—	—	—
花样 3 按钮	SB7	I0.6	—	—	—
花样 4 按钮	SB8	I0.7	—	—	—

5. 花样喷泉PLC控制梯形图（见图5-26）

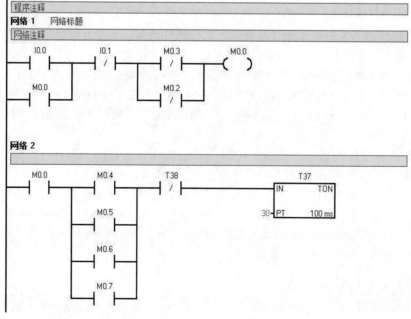

图 5-26　花样喷泉 PLC 控制梯形图

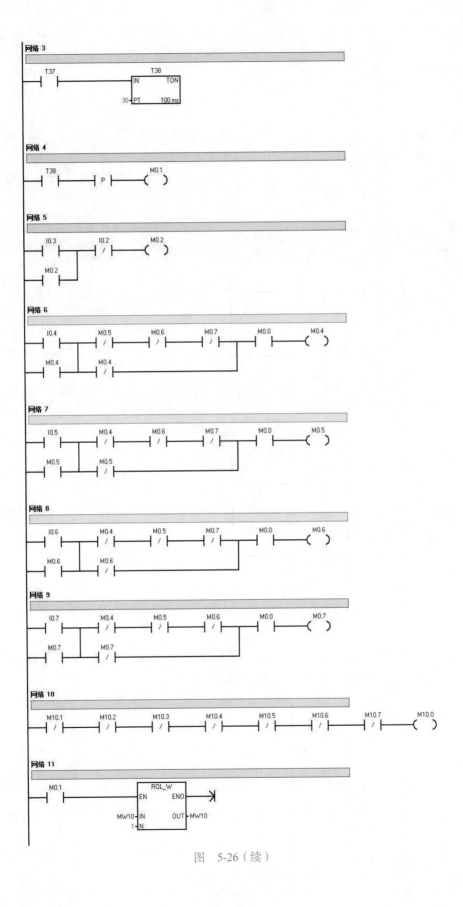

图　5-26（续）

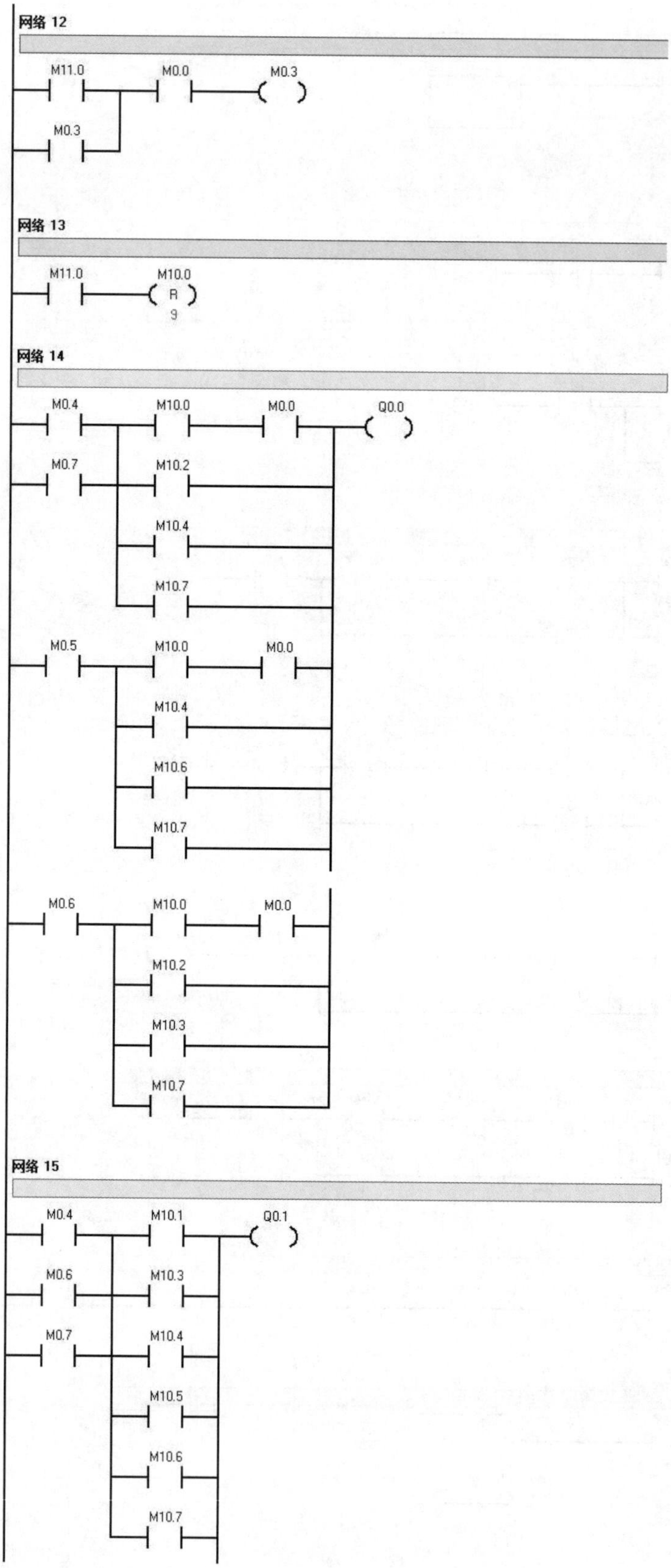

网络 12

```
  M11.0      M0.0          M0.3
───┤ ├───────┤ ├──────────( )───

   M0.3
───┤ ├───
```

网络 13

```
  M11.0      M10.0
───┤ ├───────( R )───
              9
```

网络 14

```
  M0.4      M10.0      M0.0       Q0.0
───┤ ├───┬───┤ ├───────┤ ├────────( )───
         │
  M0.7   │  M10.2
───┤ ├───┤───┤ ├───
         │
         │  M10.4
         ├───┤ ├───
         │
         │  M10.7
         └───┤ ├───

  M0.5      M10.0      M0.0
───┤ ├───┬───┤ ├───────┤ ├───
         │
         │  M10.4
         ├───┤ ├───
         │
         │  M10.6
         ├───┤ ├───
         │
         │  M10.7
         └───┤ ├───

  M0.6      M10.0      M0.0
───┤ ├───┬───┤ ├───────┤ ├───
         │
         │  M10.2
         ├───┤ ├───
         │
         │  M10.3
         ├───┤ ├───
         │
         │  M10.7
         └───┤ ├───
```

网络 15

```
  M0.4      M10.1       Q0.1
───┤ ├───┬───┤ ├────────( )───
         │
  M0.6   │  M10.3
───┤ ├───┤───┤ ├───
         │
  M0.7   │  M10.4
───┤ ├───┤───┤ ├───
         │
         │  M10.5
         ├───┤ ├───
         │
         │  M10.6
         ├───┤ ├───
         │
         │  M10.7
         └───┤ ├───
```

图　5-26（续）

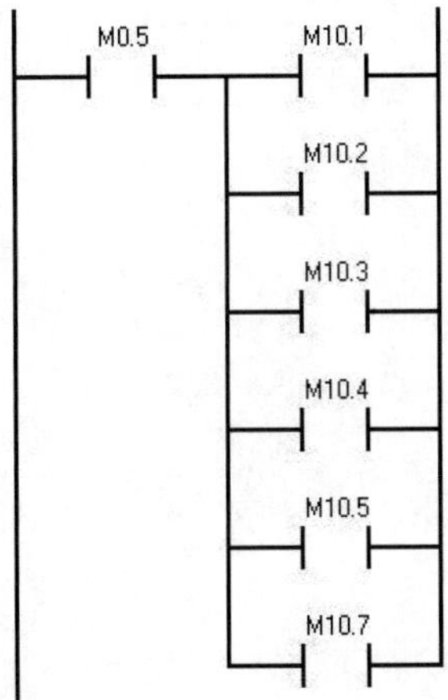

网络 16

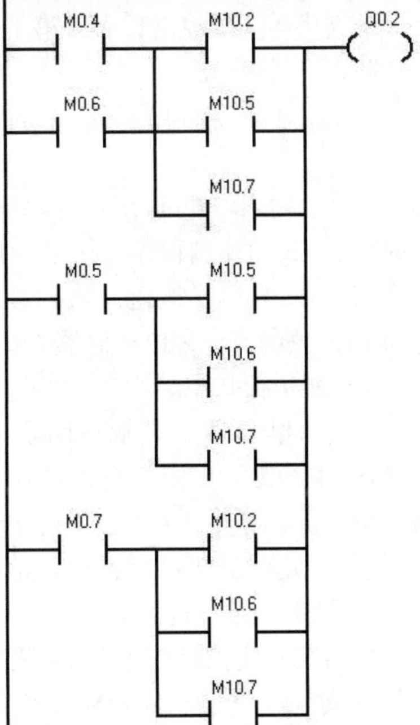

网络 17

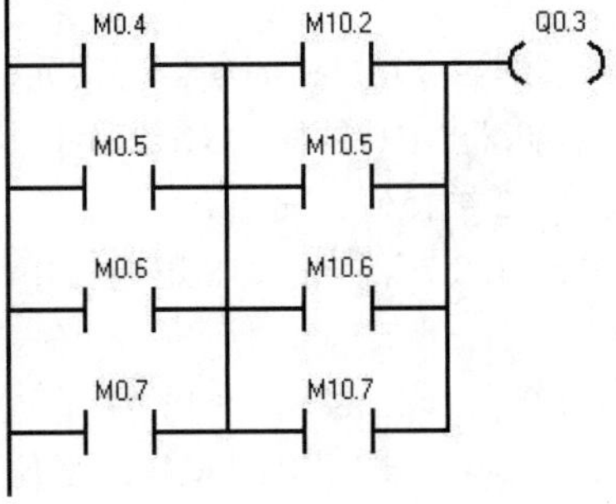

图　5-26（续）

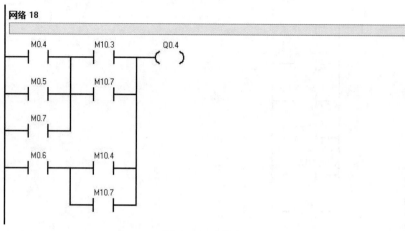

图 5-26（续）

在图 5-26 中，第 1 逻辑行为启动控制程序；第 2 ～ 4 逻辑行组成 6s 移位脉冲控制程序；第 5 逻辑行为单步／连续控制程序；第 6 ～ 9 逻辑行组成花样选择控制程序；第 10 ～ 13 逻辑行组成移位及复位控制程序；第 14 ～ 18 逻辑行组成驱动控制程序。

接通 PLC 电源，第 10 逻辑行中位存储器 M10.0 接通，其在第 14 逻辑行中的常开触点闭合，为喷泉的启动做好了准备。

当按下喷泉控制器的启动按钮 SB1 后，第 1 逻辑行中输入继电器 I0.0 的常开触点闭合，位存储器 M0.0 接通并自锁。本程序默认为连续循环喷泉样式的控制程序，按钮 SB2 为连续按钮，在第 5 逻辑行中，入继电器 I0.2 为常闭触点，按钮 SB3 为单步按钮，第 5 逻辑行中的输入继电器 I0.3 为常开触点，当按下此按钮时，继电器 I0.3 触点闭合，位存储器 M0.2 接通并自锁，其在第 1 逻辑行中的常闭触点断开，喷泉样式进入一次运行状态。

选择默认状态，按下按钮 SB4，第 6 逻辑行中，输入继电器常开触点闭合，位存储器 M0.4 接通并自锁，其在第 2 逻辑行和第 14 ～ 18 逻辑行中的常开触点闭合，进入第一种喷泉样式，输出继电器 Q0.0 被接通，大水柱控制接触器 KM1 通电闭合，大水柱 1 射向天空。

同时，第 2 逻辑行中的 M0.0、M0.4 的常开触点闭合，定时器 T37 被接通开始计时，经过 3s 后，T37 动作，第 3 逻辑行中的常开触点闭合，定时器 T38 被接通并开始计时，又经过 3s 后，T38 动作，第 4 逻辑行中的常开触点闭合一个扫描周期，使位存储器 M0.1 闭合一个扫描周期。M0.1 在第 11 逻辑行中的常开触点闭合一个扫描周期，将字元件 MW10 中的内容向左移 1 位，即将 M10.0 中的 1 的内容移至位存储器 M10.1 中，M10.1 闭合。

由于 M10.1 接通，其在第 14 逻辑行中的常开触点闭合，输出继电器 Q0.1 被接通，中水柱控制接触器 KM2 通电闭合，中水柱喷出。

又经过 6s 后，M0.1 在第 6 逻辑行中的常开触点闭合一个扫描周期，将字元件 MW10 中的内容向左移一位，即将 M10.1 中 1 的内容移至位存储器 M10.2 中，M10.2 闭合其在第 14 和第 16 逻辑行中的常开触点闭合，输出继电器 Q0.0、Q0.2 被接通，喷出大水柱、小水柱。

经过第 7 个 6s 后，1 被移至位存储器 M10.7 中，M10.7 第 14 ～ 18 逻辑行中的常开触点闭合；所有输出继电器全部闭合，所有喷泉一起喷发。

又经过 6s 后，1 被移至位存储器 M11.0 中，M11.0 在第 12 逻辑行中的常开触点闭合，使字元件 MW10 中 M10.0 ～ M11.0 的各位复位为 0，第 10 逻辑行中的 M10.7 复位，M10.0 接通，M10.0 在第 14 逻辑行中的常开触点闭合；Q0.0 被接通，大水柱喷发。

如此不断循环，直到按下停止按钮 SB2。

⊙ 5.4.3 程序调试

程序调试步骤如下。

（1）按下启动按钮，喷泉进入待命状态，如图 5-27 所示。

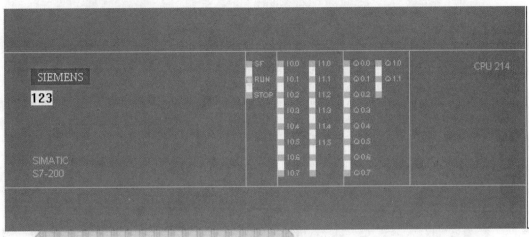

图 5-27　程序调试图（一）

（2）选择单步运行，如图 5-28 所示。

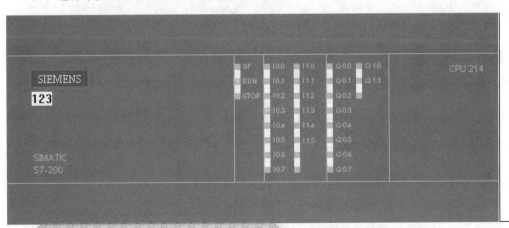

图 5-28　程序调试图（二）

（3）按下第一种运行方式，喷泉开始运行，如图 5-29 所示。

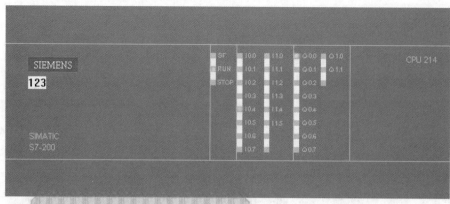

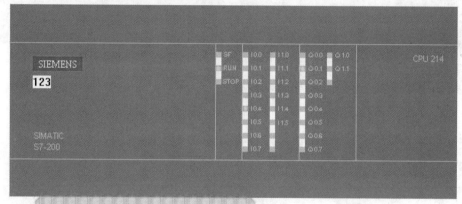

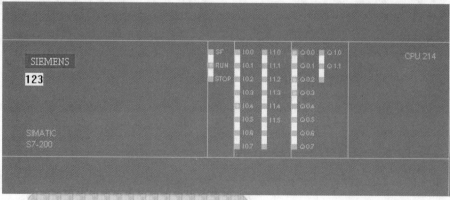

图 5-29　程序调试图（三）

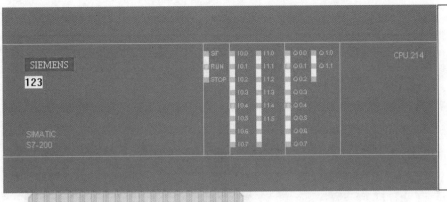

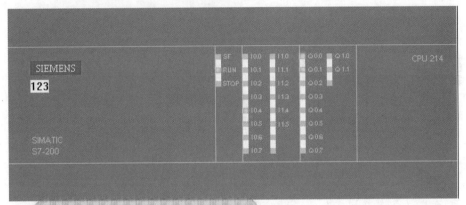

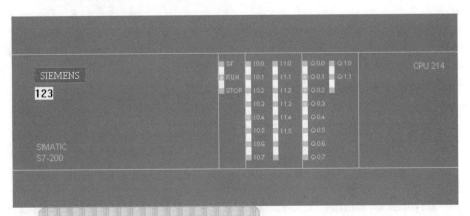

图 5-29（续）

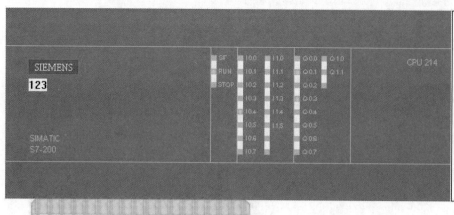

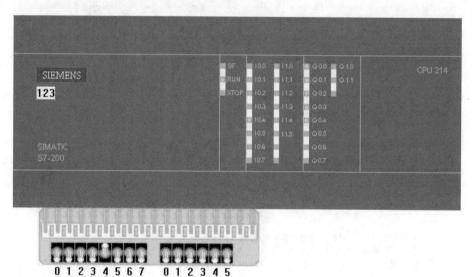

图 5-29（续）

当喷泉第 8 种喷射花样结束后，喷泉进入停止状态。在此调试过程中，主要观察喷射花样的运行是否符合程序的设定。

其余 3 种循环方式也是在喷泉处于单步运行状态时进行调试。

喷泉的 4 种循环方式选择开关，可以在喷泉处于单步运行状态时进行调试。在喷泉运行状态下，按下喷泉循环方式选择按钮，完成 4 种循环方式间的切换调试。

以上调试完成后，喷泉在默认（连续）状态下启动，喷泉一直运行下去。

5.5 自动洗车机的PLC控制

洗车机的主运动由左右行程开关控制，同时不同循环次序伴随不同的其他动作，如喷水、刷洗、喷洒清洁剂及风扇吹干动作等。采用 PLC 控制洗车机，设计周期短，修改方便，省去大量的中间继电器、时间继电器，安装接线方便。当洗车机工艺过程要求变动时，一般不需要大量改动硬件控制电路，只需改变软件程序即可实现，而且可在监控状态下现场检查和修改，因此，PLC 是一种较理想的控制工具。

🔹 5.5.1　控制要求

（1）按下启动按钮，洗车机开始往右移，喷水设备开始喷水，刷子开始洗刷。

（2）洗车机右移到达右极限开关后，开始左移，喷水及刷子继续工作。

（3）洗车机左移到达极限位置后，开始右移，喷水机及刷子停止工作，清洗机设备开始动作喷洒清洗剂。

（4）洗车机右移到达极限位置，开始左移，继续喷洒清洁剂。

（5）洗车机左移到达极限位置，开始右移，停止喷洒清洁剂，当洗车机往右移 3s 后停止，刷子开始洗刷。

（6）刷子洗刷 5s 后停止，洗车机继续右移 3s，刷子又开始洗刷 5s 后停止，洗车机继续右移，到达右极限开关后停止，然后往左移。

（7）重复上面第（6）步，洗车机左移碰左极限开关停止。

（8）洗车机往右移，风机设备动作将车吹干，碰到右极限开关时，洗车机往左移，直到碰到左极限开关，重复两次动作。洗车整个过程完成。启动灯熄灭。

（9）原点复位设计。若洗车机正在动作时发生停电或故障，则故障排除后必须使用原点复位，将洗车机复位到原点，才能做洗车全流程的动作，其动作就是按下复位按钮，则洗车机的右移、喷水、洗刷、风扇及清洁剂喷洒均需停止，洗车机往左移，当洗车机到达左极限开关时，原点复位灯亮起，表示洗车机完成复位动作。

🔹 5.5.2　硬件设计

1. 电路设计

生活中常见的洗车一般都是人力清洗，用时较长，而且由于工作时间较长会导致疲劳，工作精度下降。基于此，我们考虑利用 PLC 的知识，设计一个可以自动清洗车辆的自动洗车机，在工作效率、工作精度和工作时间上为洗车这一行业提供便利及创新。

由设计与控制要求可知，我们需要设置的装置有洗车机、清洗机、刷子、风机和喷水机。分别设置交流接触器来开断和控制电路，设置熔断器和隔离开关保护电路，根据题意和选择好的器件，最终设计出的总电路图如图 5-30 所示。

（1）选用 JR16B-60/3D 型热继电器。其中，J 表示继电器；R 为热的谐音；16 表示设计序号；60 表示额定电流；3D 表示三相保护。相关元件主要技术参数如下：额定电流为 20A；热元件额定电流为 32/45A。

（2）选用 CJ10Z-40/3 型接触器。其中，C 表示接触器；J 表示交流；10 为设计编号；40 为额定电流；3 为主触点数目。

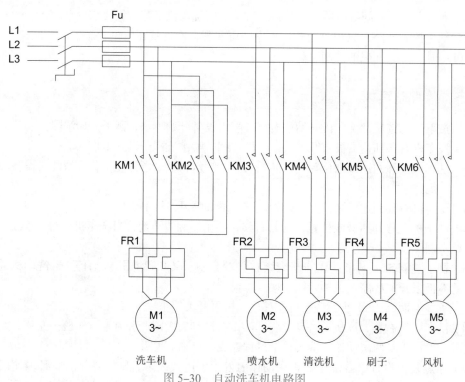

图 5-30 自动洗车机电路图

2. PLC的选择

综合抗干扰能力、维护率、损坏率、编程及监控功能等因素考虑，选用西门子PLC，型号为S7-300。

 5.5.3 程序设计

1. I/O分配

根据总电路图设置PLC的I/O分配，其中I0.0 ~ I0.3 共4个输入端点，Q0.0 ~ Q0.7 共8个输出端点，见表5-6。

表 5-6 I/O 分配表

输入点地址	功　能	输出点地址	功　能
I0.0	SB1 启动开关	Q0.0	洗车机左移
I0.1	复位按钮	Q0.1	洗车机右移
I0.2	左侧极限开关	Q0.2	喷水机喷水
I0.3	右侧极限开关	Q0.3	刷子动作
		Q0.4	喷洒清洁剂
		Q0.5	风机动作
		Q0.6	启动灯
		Q0.7	复位灯

2. PLC I/O接线图

根据 I/O 分配和电路图设计出 I/O 接线图，如图 5-31 所示。其中，SB1、SB2 分别为启动和复位手动按钮，Q0.2 ～ Q0.5 为喷水、刷子等电动机，Q0.6 和 Q0.7 为启动灯、复位灯。

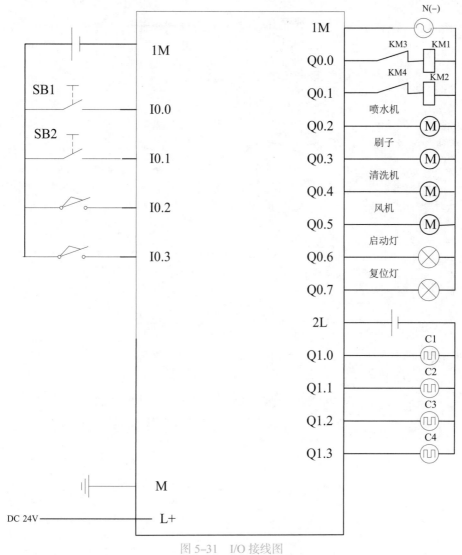

图 5-31 I/O 接线图

3. 流程图

根据控制要求，自动洗车机执行流程图如图 5-32 所示。

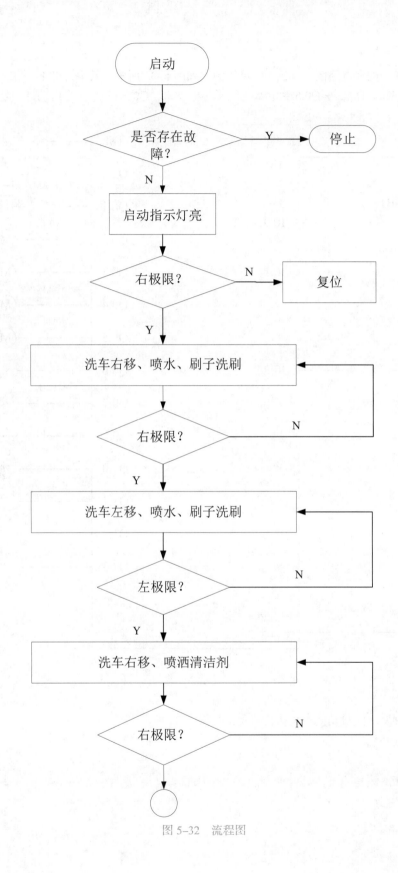

图 5-32　流程图

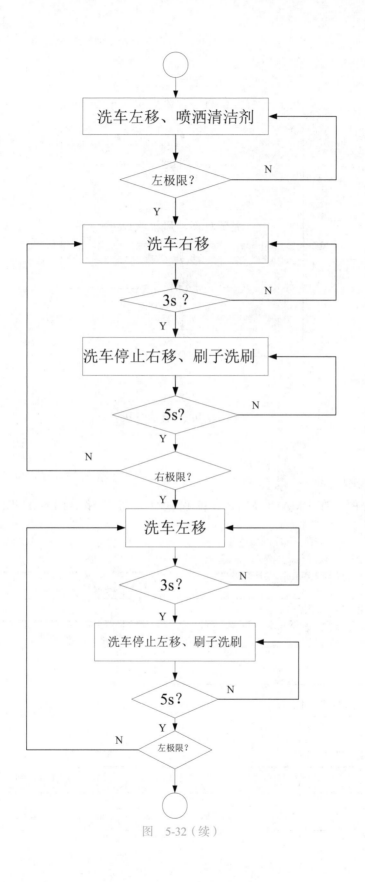

图 5-32（续）

Y
洗车右移、风机吹风
右极限？
N
Y
洗车左移、风机吹风
左极限？
N
Y
N
吹风3次?
Y
洗车结束、指示灯灭

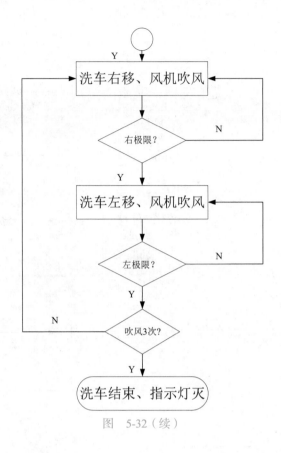

图　5-32（续）

4. PLC梯形图

根据流程图，在SIMATIC Manager编程软件中进行梯形图的编程，具体程序如图5–33所示。

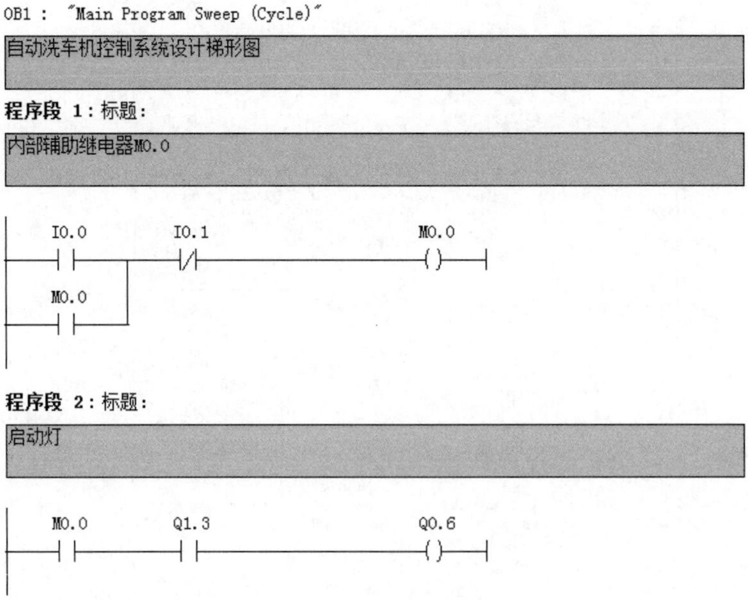

OB1 : "Main Program Sweep (Cycle)"
自动洗车机控制系统设计梯形图
程序段 1：标题：
内部辅助继电器M0.0
I0.0
I0.1
M0.0
M0.0
程序段 2：标题：
启动灯
M0.0
Q1.3
Q0.6

图5–33　PLC梯形图

程序段 3：标题：

内部辅助继电器M0.1

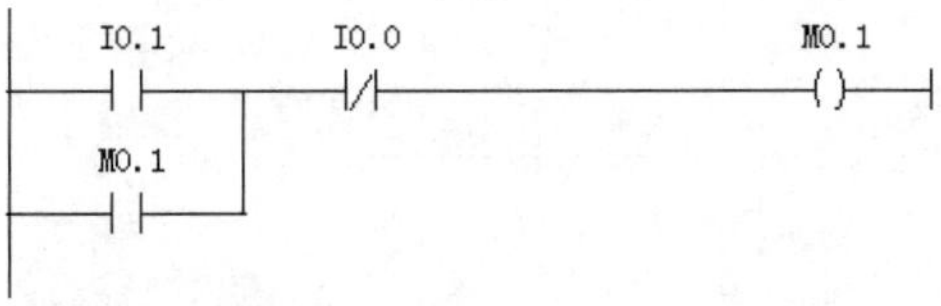

```
    I0.1        I0.0              M0.1
 ───┤ ├────┬────┤/├──────────────( )───┤
    M0.1   │
 ───┤ ├────┘
```

程序段 4：标题：

复位灯

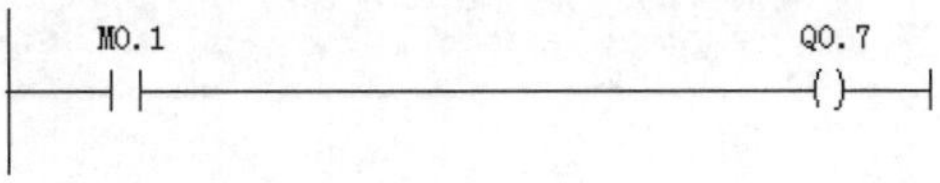

```
    M0.1                          Q0.7
 ───┤ ├──────────────────────────( )───┤
```

程序段 5：标题：

洗车机向右运动

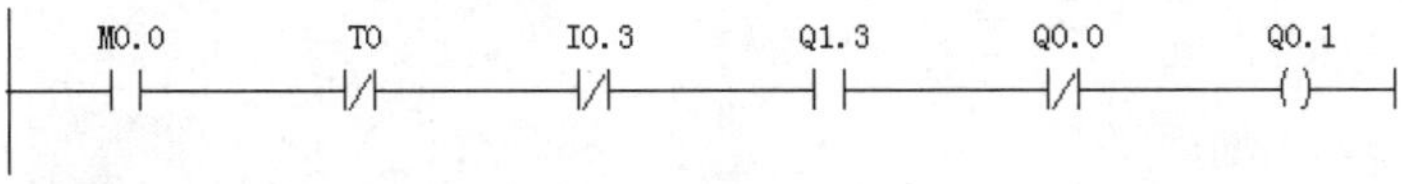

```
    M0.0     T0      I0.3    Q1.3    Q0.0   Q0.1
 ───┤ ├─────┤/├─────┤/├─────┤ ├─────┤/├────( )───┤
```

程序段 6：标题：

洗车机向右运动

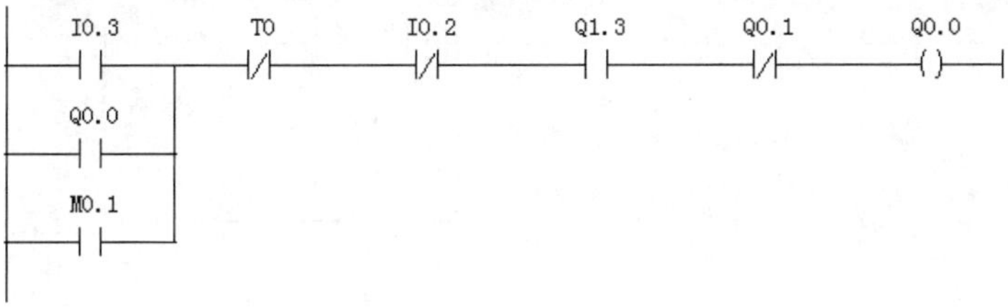

```
    I0.3        T0      I0.2    Q1.3    Q0.1   Q0.0
 ───┤ ├────┬───┤/├─────┤/├─────┤ ├─────┤/├────( )───┤
    Q0.0   │
 ───┤ ├────┤
    M0.1   │
 ───┤ ├────┘
```

程序段 7：标题：

喷水器

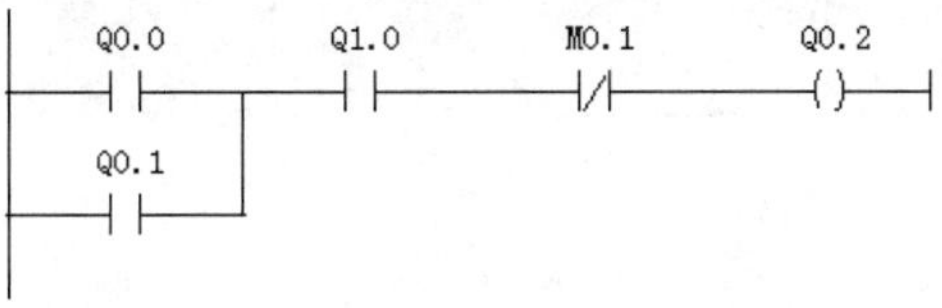

```
    Q0.0     Q1.0    M0.1    Q0.2
 ───┤ ├───┬──┤ ├─────┤/├─────( )───┤
    Q0.1  │
 ───┤ ├───┘
```

程序段 8：标题：

刷水器

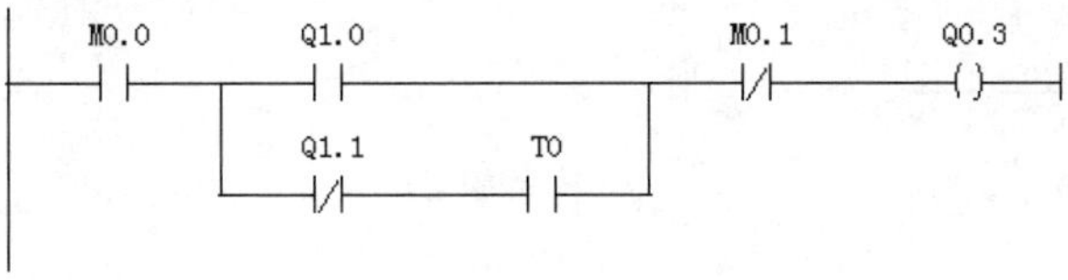

```
    M0.0     Q1.0                  M0.1    Q0.3
 ───┤ ├───┬──┤ ├────────────┬──────┤/├─────( )───┤
          │  Q1.1     T0     │
          └──┤/├─────┤ ├─────┘
```

图　5-33（续）

程序段 9：标题：

清洗机

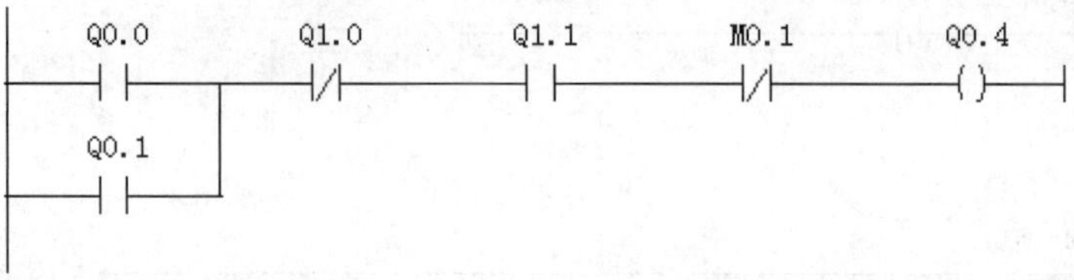

```
   Q0.0        Q1.0        Q1.1        M0.1        Q0.4
───┤ ├───┬───┤/├────────┤ ├────────┤/├────────( )───
          │
   Q0.1   │
───┤ ├────┘
```

程序段 10：标题：

风机

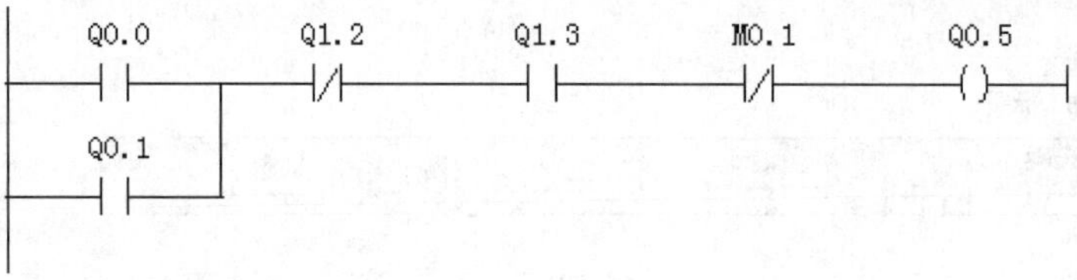

```
   Q0.0        Q1.2        Q1.3        M0.1        Q0.5
───┤ ├───┬───┤/├────────┤ ├────────┤/├────────( )───
          │
   Q0.1   │
───┤ ├────┘
```

程序段 11：标题：

定时器

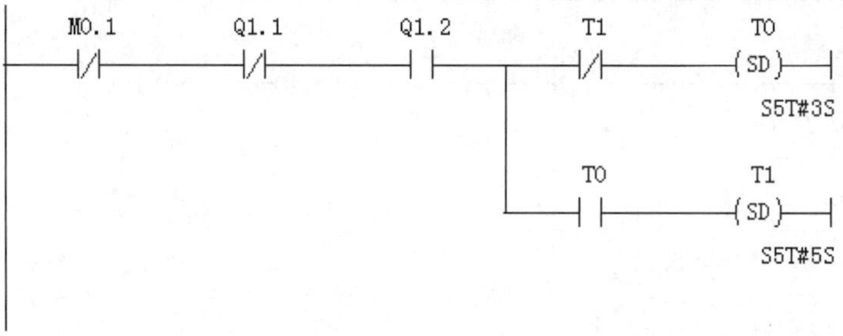

```
   M0.1        Q1.1        Q1.2        T1          T0
───┤/├────────┤/├────────┤ ├───┬───┤/├────────(SD)───
                                 │                S5T#3S
                                 │
                                 │   T0          T1
                                 └──┤ ├────────(SD)───
                                                  S5T#5S
```

程序段 12：标题：

计数器C1

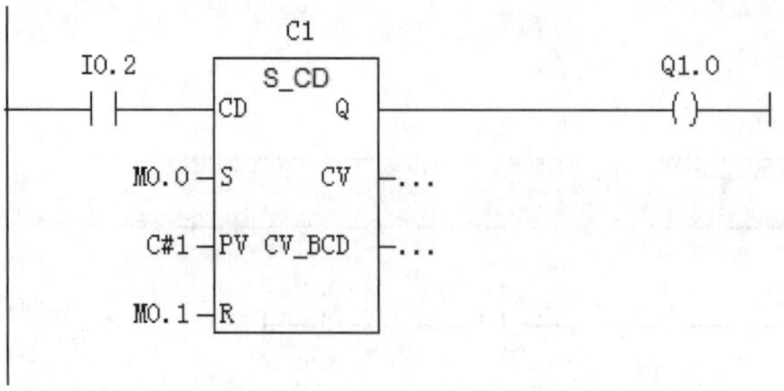

```
                   C1
   I0.2           S_CD                         Q1.0
───┤ ├───────CD         Q ──────────────────( )───
                          
          M0.0─┤S        CV ─...
          
          C#1─┤PV  CV_BCD ─...
          
          M0.1─┤R
```

图 5-33（续）

程序段 13：标题：

计数器C2

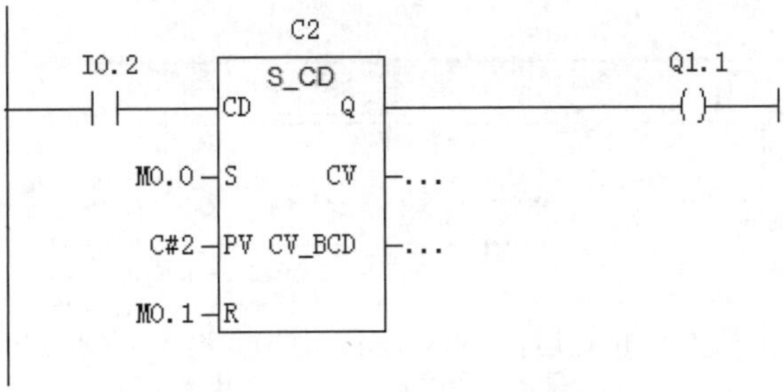

```
        I0.2              C2                      Q1.1
        ┤├          ┌─────────┐                    ( )
                    │  S_CD   │
                  ──┤CD     Q ├──────────────────
                    │         │
        M0.0        │         │
        ──┤S     CV ├── ...
                    │         │
        C#2         │         │
        ──┤PV CV_BCD├── ...
                    │         │
        M0.1        │         │
        ──┤R        │
                    └─────────┘
```

程序段 14：标题：

计数器C3

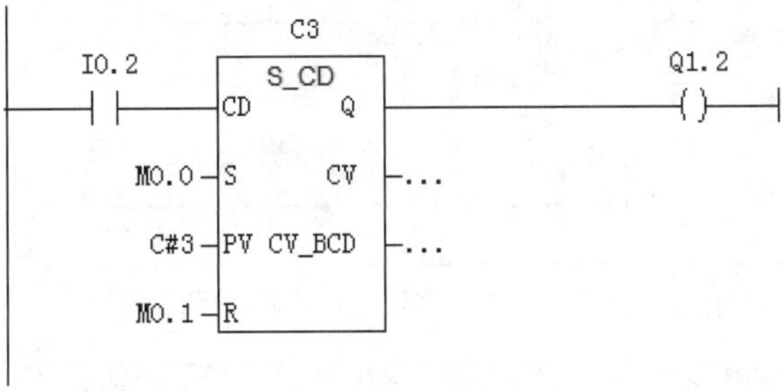

```
        I0.2              C3                      Q1.2
        ┤├          ┌─────────┐                    ( )
                    │  S_CD   │
                  ──┤CD     Q ├──────────────────
                    │         │
        M0.0        │         │
        ──┤S     CV ├── ...
                    │         │
        C#3         │         │
        ──┤PV CV_BCD├── ...
                    │         │
        M0.1        │         │
        ──┤R        │
                    └─────────┘
```

程序段 15：标题：

计数器C4

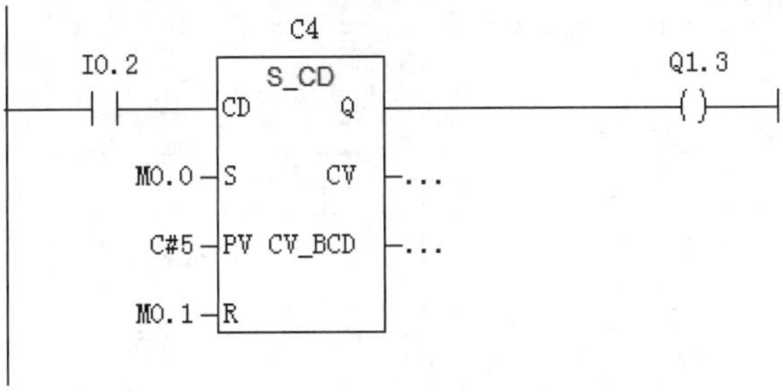

```
        I0.2              C4                      Q1.3
        ┤├          ┌─────────┐                    ( )
                    │  S_CD   │
                  ──┤CD     Q ├──────────────────
                    │         │
        M0.0        │         │
        ──┤S     CV ├── ...
                    │         │
        C#5         │         │
        ──┤PV CV_BCD├── ...
                    │         │
        M0.1        │         │
        ──┤R        │
                    └─────────┘
```

图 5-33（续）

5.5.4　程序调试

　　由编程完成的梯形图进行运行操作，可以得到程序仿真图来模拟自动洗车机的运行过程。

　　（1）单击 I0.0 启动按钮，启动后，实现 Q0.1 右移、Q0.2 喷水、Q0.3 刷子动作、Q0.6 启动灯亮（在运行过程中，启动灯 Q0.6 一直亮）。

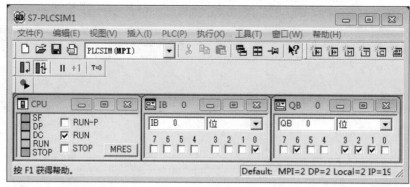

（2）右移直至触碰到 I0.3 右极限开关，此时运行 Q0.0 左移、Q0.2 喷水、Q0.3 刷子动作。

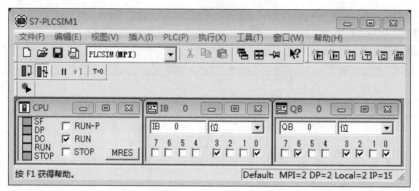

（3）左移直至触碰到 10.2 左极限开关，开始 Q0.1 右移、Q0.4 喷洒清洁剂。

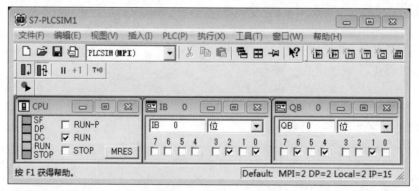

（4）右移直至触碰到 I0.3 右极限开关，开始 Q0.0 左移、Q0.4 继续喷洒清洁剂。

（5）左移直至触碰到 I0.2 左极限开关，停止喷洒清洁剂，Q0.3 刷子开始动作。

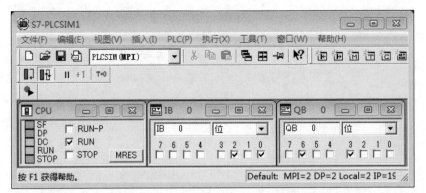

（6）Q0.1 右移 3s，Q0.3 刷子动作 5s 后停止，再次右移，交替进行，直至再次右移至极限。

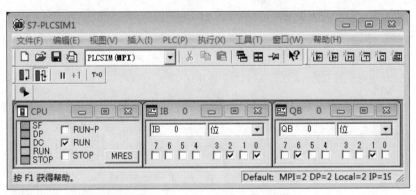

（7）右移触碰到 I0.3 右极限开关，此时 Q0.3 刷子继续动作。

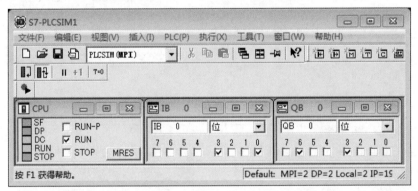

（8）Q0.0 左移 3s、Q0.3 刷子动作 5s 后停止，再次左移，交替进行，直至左移至左极限。

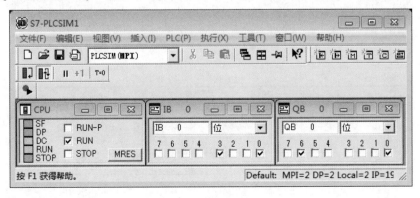

（9）左移触碰到 I0.2 左极限开关，此时刷子停止动作，实现 Q0.1 右移、Q0.5 风机动作。

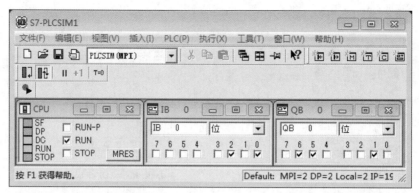

（10）右移触碰到 I0.3 右极限开关，开始 Q0.0 左移，此时 Q0.5 风机继续动作。

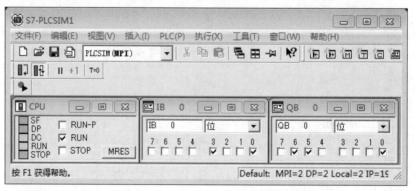

（11）左右移动往返重复两次，Q0.5 风机持续动作，Q0.6 启动灯一直亮。

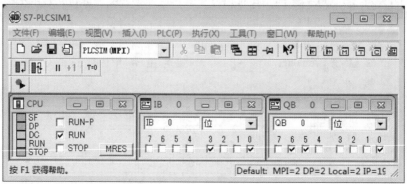

（12）动作 2 次后，直至再次触碰到 I0.2 左极限开关，完成整个洗车过程，停止时，Q0.6 启动灯灭，无电动机动作。

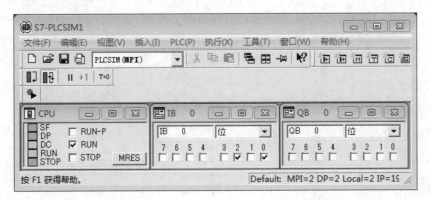

第 6 章

典型工业场景的 PLC 控制

PLC 是专门为在工业环境下的应用而设计的数字运算操作电子系统，是实现工业电气工程自动化、物联网控制的基础。近年来，PLC 正以独树一帜的技术优势发挥着重要作用，广泛应用于工业自动化、汽车电子、交通运输、物联网控制等各个行业，在企业技术改造中迅速得到应用和推广，并深入过程控制、位置控制等多种场合。

6.1 工业机械手的PLC控制

　　工业机械手（以下简称机械手）是一种在程序控制下能模仿人手和臂的某些动作功能，进行抓取、搬运物件或操作工具的自动操作装置。例如，机械手通过4个自由度（手爪松开抓紧、手臂上升下降、机械臂伸出缩回、机械臂左旋右旋）的动作完成物料搬运工作。其特点是可以通过编程来完成各种预期的作业，构造和性能上兼有人和机械手机器各自的优点。

　　机械手的工作均由电机驱动，它的上升、下降、左移、右移都是由电机驱动螺纹丝杆旋转来完成的。

　　机械手是提高生产过程自动化、改善劳动条件、提高产品质量和生产效率的有效手段之一。尤其在高温、高压、粉尘、噪声及带有放射性和污染的场合，应用更为广泛。

⚙ 6.1.1 机械手简介

1. 机械手的种类

（1）按驱动方式，可分为液压式、气动式、电动式、机械式机械手。

（2）按适用范围，可分为专用机械手和通用机械手两种。

（3）按运动轨迹控制方式，可分为点位控制和连续轨迹控制机械手等。

2. 机械手的结构

　　机械手一般由基座、执行机构、驱动机构和控制系统4部分组成。典型机械手的外形如图6-1所示。

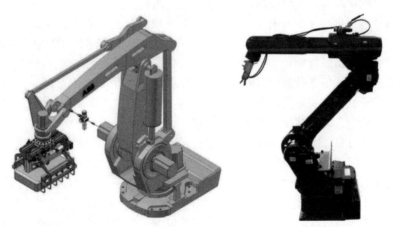

图6-1　机械手的外形

（1）执行机构

　　机械手的执行机构分为手部、手臂、躯干。

　　1）手部。安装在手臂的前端。手臂的内孔中装有传动轴，可把运用传给手腕，以转动、伸曲手腕，开闭手指。机械手手部的构造系模仿人的手指，分为无关节、固定关节和自由关节3种。手指的数量又可分为二指、三指、四指等，其中以二指用得最多。可以根据夹持对象的形状和大小，配备多种形状和大小的夹头以适应操作的需要。所谓没有手指的手部，一般是指真空吸盘或磁性吸盘。

2）手臂作用是引导手指准确地抓住工件，并运送到所需的位置上。为了使机械手能够正确地工作，手臂的3个自由度都要精确地定位。

3）躯干是安装手臂、动力源和各种执行机构的支架。

（2）驱动机构

机械手所用的驱动机构主要有4种：液压驱动、气压驱动、电气驱动和机械驱动。

1）液压驱动。其驱动系统通常由液动机（各种油缸、油马达）、伺服阀、油泵、油箱等组成，由驱动机械手执行机构进行工作。它通常具有很大的抓举能力（高达几百千克以上），其特点是结构紧凑、动作平稳、耐冲击、耐震动、防爆性好，但液压元件要求有较高的制造精度和密封性能，否则漏油将污染环境。

2）气压驱动。其驱动系统通常由气缸、气阀、气罐和空压机组成，其特点是气源方便、动作迅速、结构简单、造价较低、维修方便。但难以进行速度控制，气压不可太高，故抓举能力较低。

3）电气驱动。电力驱动是机械手使用最多的一种驱动方式。其特点是电源方便、响应快、驱动力较大（关节型的持重已达400kg）、信号检测、传动、处理方便，并可采用多种灵活的控制方案。驱动电机一般采用步进电机、直流伺服电机（AC）为主要的驱动方式。由于电机速度高，通常采用减速机构（如谐波传动、RV摆线针轮传动、齿轮传动、螺旋传动和多杆机构等）。有些机械手已开始采用无减速机构的大转矩、低转速电机进行直接驱动（DD），这既可以使机构简化，又可以提高控制精度。

4）机械驱动。机械驱动只用于动作固定的场合。一般用凸轮连杆机构来实现规定的动作。其特点是动作可靠、工作速度高、成本低，但不易于调整。其他还有混合驱动，即液——气或电——液混合驱动。

（3）控制系统。机械手控制的要素包括工作顺序、到达位置、动作时间、运动速度、加减速度等。机械手的控制分为点位控制和连续轨迹控制两种。

控制系统可以根据动作的要求设计采用数字顺序控制。它首先要编制程序加以存储，然后根据规定的程序控制机械手进行工作，程序的存储方式有分离存储和集中存储两种。分离存储是将各种控制因素的信息分别存储于两种以上的存储装置中，如顺序信息存储于插销板、凸轮转鼓、穿孔带内；位置信息存储于时间继电器、定速回转鼓等。集中存储是将各种控制因素的信息全部存储于一种存储装置内，如磁带、磁鼓等。这种方式用于顺序、位置、时间、速度等必须同时控制的场合，即连续控制的情况下使用。

其中插销板用于需要迅速改变程序的场合。换一种程序只需抽换一种插销板即可，而同一插件又可以反复使用；穿孔带容纳的程序长度可不受限制，但如果发生错误时，就要全部更换；穿孔卡的信息容量有限，但便于更换、保存、可重复使用；磁芯和磁鼓仅适用于存储容量较大的场合。至于选择哪一种控制元件，则根据动作的复杂程序和精确程序来确定。对动作复杂的机械手，采用求教再现型控制系统。更复杂的机械手采用数字控制系统、小型计算机或微处理机控制的系统。控制系统以插销板应用最多，其次是凸轮转鼓。它装有许多凸轮，每一个凸轮分配给一个运动轴，转鼓运动一周便完成一个循环。

（4）基座

基座是机械手的支撑部件，基座承受机械手的全部重量和工作载荷，所以基座应有足够的强度、刚度和承载能力。另外，基座还要求有足够大的安装基面，以保证机械手工作时的稳定性。

3. 机械手搬运机构

机械手搬运机构如图6-2所示。

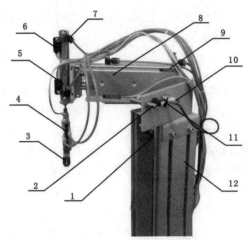

1. 摆动气缸　2. 定位螺栓　3. 气动手爪　4、6、9. 磁性开关　5. 标准气缸　7. 节流阀
8. 双联气缸　10. 接近开关　11. 缓冲阀　12. 支架

图 6-2　机械手搬运机构

整个搬运机构能完成 4 个自由度动作：机械臂伸缩、机械臂旋转、手臂上下、手爪松紧。机械手搬运机构各部件功能见表 6-1。

表 6-1　机械手搬运机构各部件功能表

名　称	功　能	备　注
气动手爪	实现抓取和松开物料	由双线圈电磁阀控制
手爪磁性开关 Y59BLS	用于手爪夹紧、松开检测	当抓取到物料时，手爪夹紧，磁性传感器有信号输出，指示灯亮，松开时则反之
提升气缸	实现手臂的上升、下降	由双线圈电磁阀控制
磁性开关 D-C73	用于手臂上、下位置检测	当手臂上升或下降到位时，对应传感器有信号输出，指示灯亮
伸缩气缸	实现机械臂伸出、缩回	由双线圈电磁阀控制
磁性传感器 D-Z73	用于机械臂的伸缩位置检测	机械臂伸出或缩回到位后，对应传感器有信号输出，指示灯亮
旋转气缸	实现机械臂的左、右旋转	由双线圈电磁阀控制
左右限位传感器	用于机械臂的左、右位置检测	机械臂左旋或右旋到位后，对应传感器有信号输出，指示灯亮
节流阀	用于调节气流大小以控制各气缸动作速度	
缓冲阀	旋转气缸高速左旋和右旋时，起缓冲减速作用	

4. 机械手的自由度

机械手能够在其活动范围内实现任意运动和转向，我们一般把活动的关节称为自由度。为了抓取空间中任意位置和方位的物体，需要有 6 个自由度。自由度是机械手设计的关键参数。自由度越多，机械手的灵活性越大，通用性越广，其结构也越复杂。一般专用机械手有 2～3 个自由度。控制系统通过对机械手每个自由度的电机的控制来完成特定动作，同时接收传感器反馈的信息，形成稳定的闭环控制。控制系统的核心通常是由单片机或 dsp 等微控制芯片构成，通过对其编程来实现所要的功能。

多关节机械手的优点是：动作灵活、运动惯性小、通用性强、能抓取靠近基座的工件，并能绕过机体和工作机械之间的障碍物进行工作。随着生产的需要，对多关节手臂的灵活性、定位精度及作业空间等提出越来越高的要求。

5. 机械手的工作过程

机械手的初始位置停在原点，按下启动按钮后，机械手将下降→夹紧工件→上升→右移→再下降→放松工件→再上升→左移8个动作，完成一个工作周期。机械手的下降、上升、右移、左移等动作转换是由相应的限位开关控制的，而夹紧、放松动作的转换是由时间控制的。为了确保安全，机械手右移到位后，必须在右工作台上无工件时才能下降，若上次搬到右工作台上的工件尚未移走，机械手应自动暂停、等待。为此设置了一个光电开关，以检测"无工件"信号。

机械手的工作过程如图6-3所示。

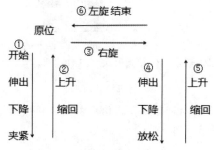

图6-3　机械手的工作过程

（1）机械手抓取物料顺序：当出料口有料时，机械臂伸出→手臂下降→手爪夹紧并保持1s。

（2）机械手放物料顺序：手臂上升→机械臂缩回→机械臂右旋→机械臂伸出→手臂下降并保持1s→手爪松开放下物料。

（3）机械手回原位顺序：手臂上升→机械臂缩回→机械臂左旋，回到初始位置完成一个工作周期。

6.1.2　PLC 控制电路设计

1. I/O地址分配

根据任务要求确定I/O端口。机械手PLC控制的I/O地址分配表见表6-2所示。

表6-2　机械手 PLC 控制的 I/O 地址分配表

输入端（I）			输出端（O）		
序　号	输入设备	端口编号	序　号	输出设备	端口编号
1	启动按钮 SB1	X0	1	机械手左旋转	Y0
2	停止按钮 SB2	X1	2	机械手右旋转	Y1
3	气动手爪传感器	X2	3	手爪抓紧	Y2
4	旋转左限到位传感器	X3	4	手爪松开	Y3
5	旋转右限到位传感器	X4	5	手臂下降	Y4
6	机械臂伸出到位传感器	X5	6	手臂上升	Y5
7	机械臂缩回到位传感器	X6	7	机械臂伸出	Y6
8	手臂提升到位传感器	X7	8	机械臂缩回	Y7
9	手臂下降到位传感器	X10			
10	物料检测光电传感器	X11			

2. PLC的I/O接线图

根据机械手的 I/O 地址分配表绘制接线图，如图 6–4 所示。

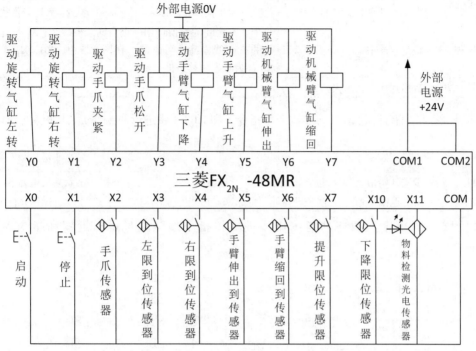

图 6–4　机械手 PLC 控制的 I/O 接线图

3. 顺序功能图

顺序功能图（SFC）就是用状态来描述控制过程的流程图，顺序功能图有 3 种不同的基本结构：单序列结构、选择序列结构和并行序列结构。这里重点认识单序列结构顺序功能图，如图 6–5 所示。

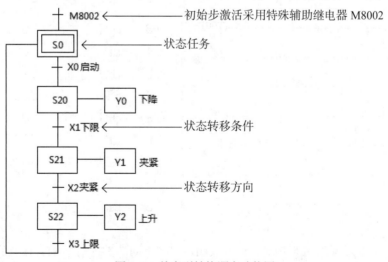

图 6–5　单序列结构顺序功能图

顺序功能图主要组成元素见表 6–3。

表 6-3　顺序功能图主要组成元素

组成元素	功　能	备　注
状态任务	本状态该做什么，分为初始状态、活动状态和静止状态	如图 6-5 所示，S0 为初始状态，启动 X0 后，S20 为活动状态，将执行本步操作，后面未工作的 S21、S22 都是静止状态
状态转移条件	满足本条件就转到下一个状态	两个状态之间的切换可用一个有向线段表示，代表向下转移的有向线段箭头可省略。在图 6-5 中，X0、X1、X2、X3 都为状态转移条件
状态转移方向	转移到什么状态去	

步进顺控指令有两条：STL（步进开始指令）和 RET（步进返回指令），其功能见表 6-4。

表 6-4　步进顺控指令

助记符	指令名称	功　能	操作元件
STL	步进开始指令	建立新的子母线	状态继电器 S
RET	步进返回指令	使子母线返回到原来左母线的位置	没有操作元件

把图 6-5 的单序列顺序功能图用步进顺控指令编写成步进梯形图和指令表，如图 6-6 所示。

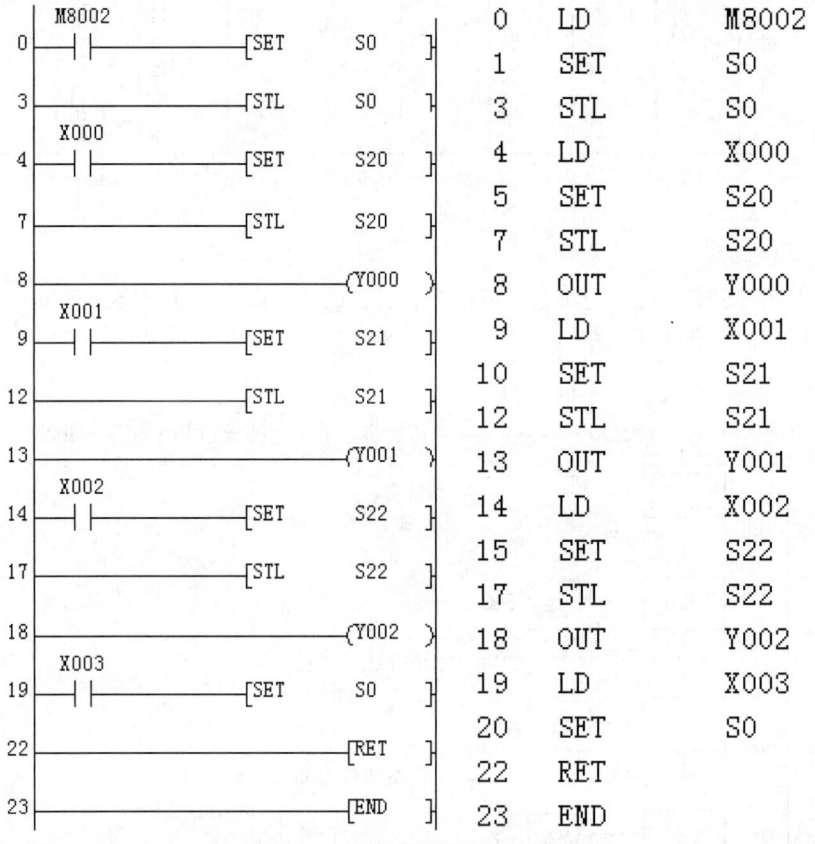

图 6-6　步进梯形图及指令表

用步进指令 STL 编写梯形图时，同一线圈可以在不同的步进指令 STL 接点后（即不同程序段）多次使用，在同一步进指令 STL 接点后（即同一程序段中），同一状态继电器只能使用一次。

6.1.3 PLC 控制程序设计

分析机械手的控制任务，整个机械手搬运机构需要完成以下 10 步动作：复位、机械臂伸出、手臂下降、手爪夹紧、手臂上升、机械臂缩回、机械臂右旋、机械臂伸出、手臂下降、手臂放松后再回原位。为了使编程设计条理更清晰，可以采用顺序功能图和步进顺控指令进行程序设计。

视频：机械手
PLC 程序设计

1. 顺序功能图

（见图 6-7）

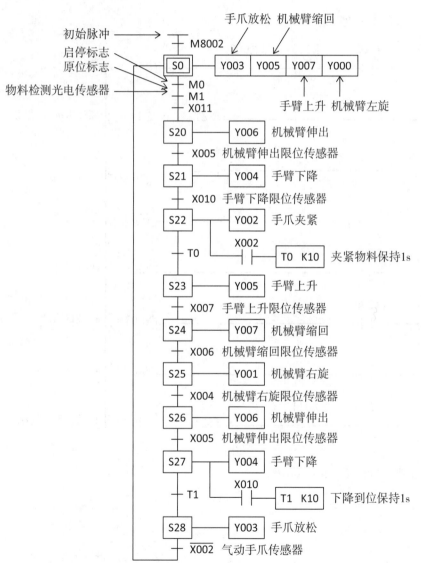

视频：机械手
PLC 控制操作

图 6-7 机械手控制顺序功能图

2. 梯形图

根据顺序功能图用步进顺控指令编写梯形图。

（1）启停参考程序（见图6-8）

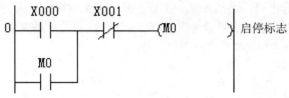

图 6-8 机械手启停参考程序

（2）初始化参考程序（见图6-9）

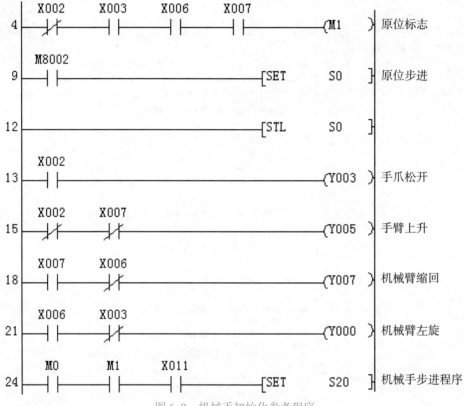

图 6-9 机械手初始化参考程序

（3）机械手步进参考程序（见图6-10）

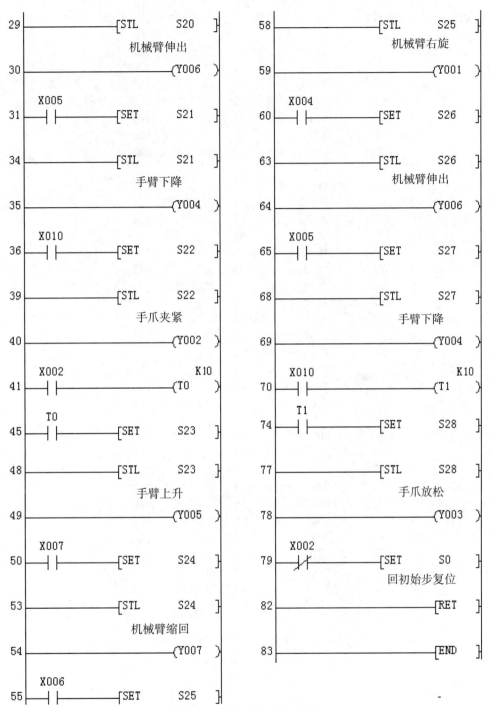

図 6-10 機械手步進参考程序

图 6-10 机械手步进参考程序

3. 指令表（见图6-11）

0	LD	X000		39	STL	S22	
1	OR	M0		40	OUT	Y002	
2	ANI	X001		41	LD	X002	
3	OUT	M0		42	OUT	T0	K10
4	LDI	X002		45	LD	T0	
5	AND	X003		46	SET	S23	
6	AND	X006		48	STL	S23	
7	AND	X007		49	OUT	Y005	
8	OUT	M1		50	LD	X007	
9	LD	M8002		51	SET	S24	
10	SET	S0		53	STL	S24	
12	STL	S0		54	OUT	Y007	
13	LD	X002		55	LD	X006	
14	OUT	Y003		56	SET	S25	
15	LDI	X002		58	STL	S25	
16	ANI	X007		59	OUT	Y001	
17	OUT	Y005		60	LD	X004	
18	LD	X007		61	SET	S26	
19	ANI	X006		63	STL	S26	
20	OUT	Y007		64	OUT	Y006	
21	LD	X006		65	LD	X005	
22	ANI	X003		66	SET	S27	
23	OUT	Y000		68	STL	S27	
24	LD	M0		69	OUT	Y004	
25	AND	M1		70	LD	X010	
26	AND	X011		71	OUT	T1	K10
27	SET	S20		74	LD	T1	
29	STL	S20		75	SET	S28	
30	OUT	Y006		77	STL	S28	
31	LD	X005		78	OUT	Y003	
32	SET	S21		79	LDI	X002	
34	STL	S21		80	SET	S0	
35	OUT	Y004		82	RET		
36	LD	X010		83	END		
37	SET	S22					

图6-11　机械手的PLC控制程序指令表

6.1.4　程序调试

把机械手的PLC控制程序写入PLC，核对外部接线，将PLC的STOP/RUN开关置于RUN位置。

1. 空载调试

断开输出负载回路电源，按下启动按钮，拨动物料检测传感器和其他传感器对应的扭子开关，观察PLC输出指示灯的状态。

2. 气动回路手动调试

接通空气压缩机电源，启动空气压缩机，等待气源充足。

（1）将气源压力调整到 0.4 ～ 0.5MPa，开启气动二联件上的阀门供气，观察有无漏气。

（2）对机械手各动作进行手动调试，若出现异常现象，应关闭气源再排除故障。

3. 传感器调试

（1）将物料放在物料检测传感器旁，观察 PLC 输入指示灯。

（2）手动调试各气缸动作到位，观察各限位传感器对应的 PLC 输入指示灯。

（3）机械手复位至初始位置。

4. 联机调试

以上模拟调试正常后，接通 PLC 输出负载的电源，便可联机调试，观察机械手动作是否符合控制要求。

6.2 材料分拣装置的PLC控制

材料分拣装置应用 PLC 结合气动技术、传感器技术和位置控制技术，设计不同的自动分拣控制系统，该系统灵活性较强，程序开发简单，适用于进行材料分拣的弹性生产线的要求，且可以实现不同材料的自动分拣和归类功能。

6.2.1 基本功能及控制要求

本材料分拣系统利用各种传感器对待测材料进行检测并分类。当待测物体经过下料装置送入传送带后，依次接受各种传感器的检测。如果被某种传感器检测中，则通过相应的气动装置将其推入料箱；否则继续前行。

1. 物料传送和分拣机构组成

物料传送和分拣机构的组成如图 6-12 所示。

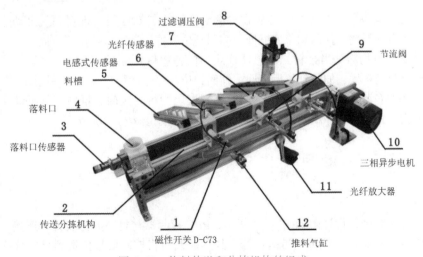

图 6-12 物料传送和分拣机构的组成

物料分拣机构各部件功能见表 6-5。

表 6-5　物料分拣机构各部件功能表

名　称	功　能	备　注
落料口	物料落料位置定位	
落料口传感器	检测是否有物料到传送带上	当传送带上有物料时，传感器有信号输出，指示灯亮，并给 PLC 一个输入信号
料槽	放置物料	
推料气缸	将物料推入料槽	本项目由单线圈电磁阀控制
光纤传感器	检测不同颜色的物料	可通过调节光纤放大器来区分不同颜色的灵敏度
电感式传感器	检测金属材料	检测距离 3 ～ 5mm
三相异步电机	驱动传送带转动	由变频器控制转速和方向

2. 工作过程

视频：物料分拣过程

本系统所用物料传送与分拣机构由变频器控制的三相异步电动机拖动，可实现正反转变换，有高速、中速和低速 3 种速度，从而控制皮带传送速度的快慢。具体工作过程如下。

接通电源，启动开关，传送带开始运行。系统启动后，当下料传感器（光电传感器）检测到料口有料时，传送带停止，同时出料气缸开始动作，将待测物料推到传送带上，电动机启动，待测物体开始在传送带运行。

当电感传感器检测到金属物料时，电动机停止，同时出料气缸动作，将物料推入相应的料槽，然后电动机启动运转。

当电容传感器检测到非金属物料时，电动机停止，同时出料气缸动作，将物料推入相应的料槽，然后电动机启动运转。

当颜色传感器检测到材料为某一颜色时，电动机停止，同时出料气缸动作，将物料推入相应的料槽，然后电动机启动，带动传送带运转。剩余的材料到达备用传感器，备用传感器检测到物料时，电动机停止，同时出料气缸动作，将物料推入相应的料槽，然后电动机启动，带动传送带运转。当竖井式下料槽无料时，传送带运行一个行程后自动停止。

3. 分拣功能

（1）分拣金属物料。当推料一传感器检测到金属物料 0.1s 时，推料一气缸动作，推料杆伸出，推出物料到料槽，伸出到位后缩回，缩回到位后停止运行，等待下一周期。

（2）分拣白色物料。当推料二传感器检测到白色物料 0.1s 时，推料二气缸动作，推料杆伸出，推出物料到料槽，伸出到位后缩回，缩回到位后停止运行，等待下一周期。

（3）分拣黑色物料。当推料三传感器检测到黑色物料 0.1s 时，推料三气缸动作，推料杆伸出，推出物料到料槽，伸出到位后缩回，缩回到位后停止运行，等待下一周期。

6.2.2　PLC 控制电路设计

1. 材料分拣系统硬件设计

材料分拣系统硬件设计图如图 6-13 所示，PLC 控制器与材料分拣装置相连接，通过采集材料分拣装置各传感器气缸传送带的信号，经程序判断将控制信号传送到材料分拣装置各气缸，输出控制动作。

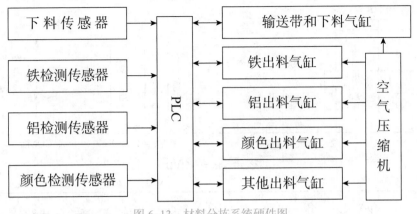

图 6-13　材料分拣系统硬件图

2. I/O地址分配表

根据任务要求确定 I/O 端口，物料分拣系统 I/O 地址分配表见表 6-6。

表 6-6　物料分拣系统 I/O 地址分配表

输入端（I）			输出端（O）		
序　号	输入设备	端口编号	序　号	输出设备	端口编号
1	启动按钮 SB1	X0	1	驱动推料一伸出	Y0
2	停止按钮 SB2	X1	2	驱动推料二伸出	Y1
3	推料一伸出限位传感器	X2	3	驱动推料三伸出	Y2
4	推料一缩回限位传感器	X3	4	驱动变频器	Y4
5	推料二伸出限位传感器	X4			
6	推料二缩回限位传感器	X5			
7	推料三伸出限位传感器	X6			
8	推料三缩回限位传感器	X7			
9	启动推料一传感器	X10			
10	启动推料二传感器	X11			
11	启动推料三传感器	X12			
12	落料口光电传感器	X13			

3. PLC硬件接线图

根据表 6-6 所示的物料分拣系统的 I/O 地址分配表，绘制如图 6-14 所示的物料分拣系统 I/O 接线图。

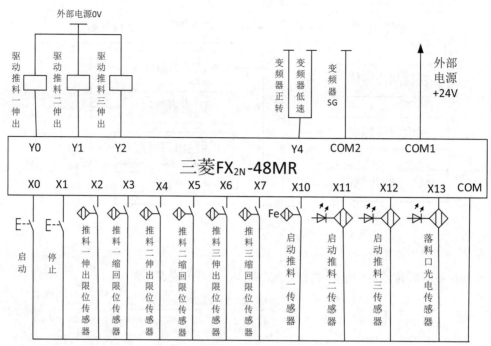

图 6-14　物料分拣系统 I/O 接线图

6.2.3　PLC 程序设计

视频：子程序编写

1. 选择性分支的设计

从多个流程顺序中选择执行其中一个流程，称为选择性分支。如图 6-15 所示就是一个选择性分支的顺序功能图。

视频：程序结构建立

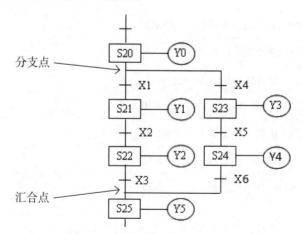

图 6-15　选择性分支的顺序功能图

在图 6-15 的选择性分支中，S20 为分支状态，X1 和 X4 在同一时刻最多只能有一个为接通状态。S20 为活动步时，输出 Y0，若 X1 接通，动作状态就向 S21 转移，S20 变为 0 状态；若 X4 接通，动作状态就向 S23 转移，S20 变为 0 状态。S25 为汇合状态，可由两个分支中的任意一个驱动。

选择性分支、汇合的编程原则是先集中处理分支状态，然后集中处理汇合状态。

（1）分支状态的编程

首先对 S20 进行驱动处理（OUT Y0），然后按 S21、S23 的顺序进行转移处理选择性。分支状态的梯形图和指令表如图 6-16 所示。

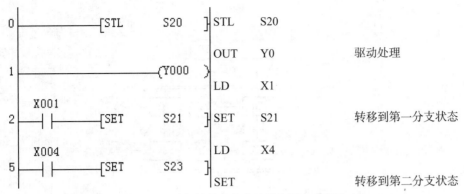

图 6-16　选择性分支状态的梯形图和指令表

（2）汇合状态的编程

编程方法是先进行汇合前各分支状态的驱动处理，再依顺序进行向汇合状态的转移处理。依次将 S21、S23 的输出进行处理，然后按顺序进行从 S22（第一分支）、S24（第二分支）向 S25 的转移。选择性汇合状态的梯形图和指令表如图 6-17 所示。

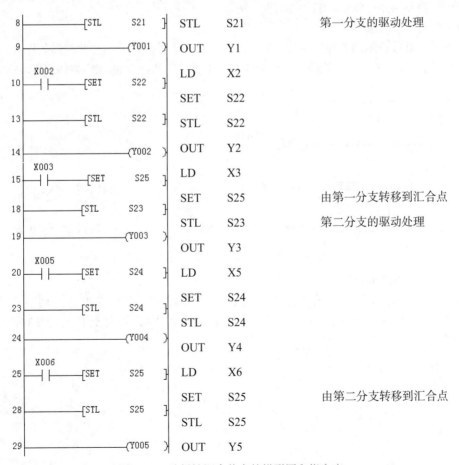

图 6-17　选择性汇合状态的梯形图和指令表

2. 并行分支的设计

并行分支结构是指同时处理多个程序流程。如图 6-18 所示，当 S30 被激活成为活动步后，输出 Y0，若转换条件 X1 成立，就同时执行下面两个分支程序。

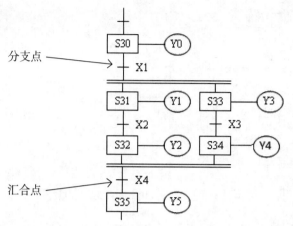

图 6-18 并行分支的顺序功能图

S35 为汇合状态，由 S32、S34 两个状态共同驱动，当这两个状态都成为活动步且转换条件 X4 成立时，汇合转换成 S35 步。

下面简要介绍并行分支、汇合的编程方法。

（1）分支状态的编程

首先对 S30 进行驱动处理（OUT Y0），进入并行分支处理后，用公共转移条件 X1 对各分支的首状态器 S31、S33 进行置位。并行分支状态的梯形图和指令表如图 6-19 所示。

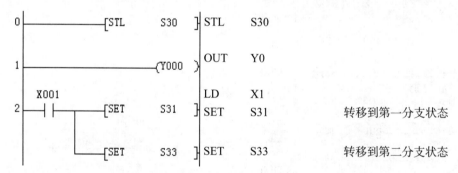

图 6-19 并行分支状态的梯形图和指令表

（2）汇合状态的编程

编程方法是先进行汇合前各分支状态的驱动处理，再在分支汇合处将各分支最后一个状态器 S32、S34 串联，并串入其对应的转移条件 X4，转移到汇合点 S35。程序如图 6-20 所示。

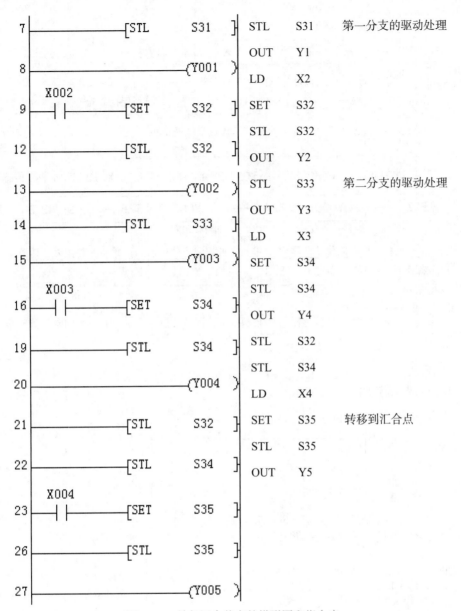

第一分支的驱动处理

第二分支的驱动处理

转移到汇合点

STL	S31
OUT	Y1
LD	X2
SET	S32
STL	S32
OUT	Y2
STL	S33
OUT	Y3
LD	X3
SET	S34
STL	S34
OUT	Y4
STL	S32
STL	S34
LD	X4
SET	S35
STL	S35
OUT	Y5

图 6–20　并行汇合状态的梯形图和指令表

3. 物料分拣系统PLC控制程序

通过对物料分拣系统控制的任务进行分析，发现整个分拣机构需要完成复位、传送带启动、推料杆伸出和推料杆缩回 4 步动作，其中 3 个推料杆分成 3 个选择分支，本项目所用电磁阀为单线圈电磁阀，是将推料杆的伸出和缩回用置位和复位指令来完成。为了使编程设计条理更清晰，可以采用步进顺控指令中的选择性分支结构进行程序设计。

（1）顺序功能图如图 6–21 所示。

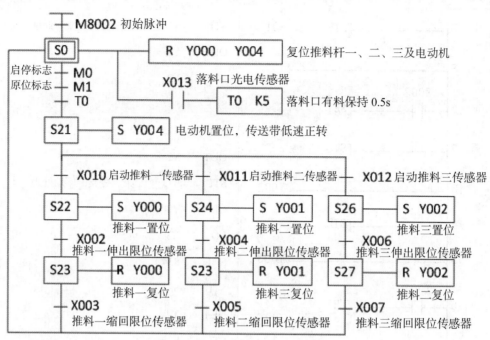

图 6-21　物料分拣系统的顺序功能图

（2）梯形图

1）启停参考程序如图 6-22 所示。

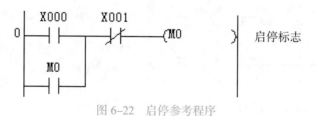

图 6-22　启停参考程序

2）初始化参考程序如图 6-23 所示。

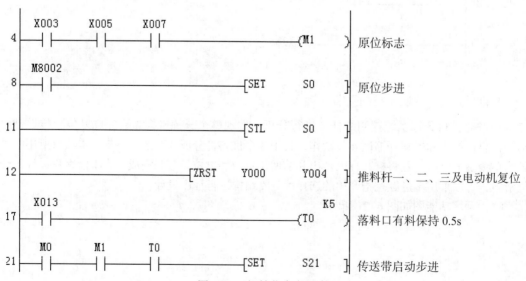

图 6-23　初始化参考程序

3）传送带启动参考程序如图 6-24 所示。

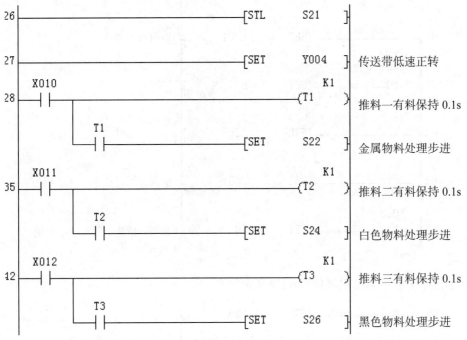

图 6-24　传送带启动参考程序

4）金属物料处理参考程序如图 6-25 所示。

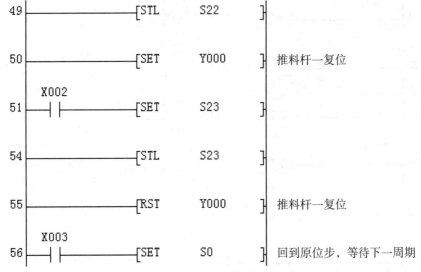

图 6-25　金属物料处理参考程序

5）白色物料处理参考程序如图 6-26 所示。

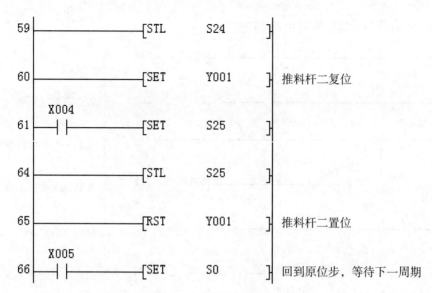

59	[STL	S24	]	
60	[SET	Y001	]	推料杆二复位
61 X004	[SET	S25	]	
64	[STL	S25	]	
65	[RST	Y001	]	推料杆二置位
66 X005	[SET	S0	]	回到原位步，等待下一周期

图6-26 白色物料处理参考程序

6）黑色物料处理参考程序如图6-27所示。

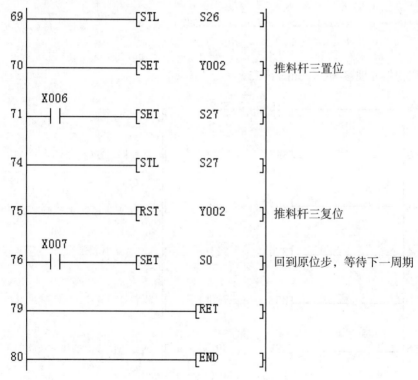

69	[STL	S26	]	
70	[SET	Y002	]	推料杆三置位
71 X006	[SET	S27	]	
74	[STL	S27	]	
75	[RST	Y002	]	推料杆三复位
76 X007	[SET	S0	]	回到原位步，等待下一周期
79	[RET		]	
80	[END		]	

图6-27 黑色物料处理参考程序

4. 指令表（见图 6-28）

0	LD	X000		43	OUT	T3	K1
1	OR	M0		46	AND	T3	
2	ANI	X001		47	SET	S26	
3	OUT	M0		49	STL	S22	
4	LD	X003		50	SET	Y000	
5	AND	X005		51	LD	X002	
6	AND	X007		52	SET	S23	
7	OUT	M1		54	STL	S23	
8	LD	M8002		55	RST	Y000	
9	SET	S0		56	LD	X003	
11	STL	S0		57	SET	S0	
12	ZRST	Y000	Y004	59	STL	S24	
17	LD	X013		60	SET	Y001	
18	OUT	T0	K5	61	LD	X004	
21	LD	M0		62	SET	S25	
22	AND	M1		64	STL	S25	
23	AND	T0		65	RST	Y001	
24	SET	S21		66	LD	X005	
26	STL	S21		67	SET	S0	
27	SET	Y004		69	STL	S26	
28	LD	X010		70	SET	Y002	
29	OUT	T1	K1	71	LD	X006	
32	AND	T1		72	SET	S27	
33	SET	S22		74	STL	S27	
35	LD	X011		75	RST	Y002	
36	OUT	T2	K1	76	LD	X007	
39	AND	T2		77	SET	S0	
40	SET	S24		79	RET		
42	LD	X012		80	END		

图 6-28　物料分拣系统程序指令表

6.3　多段速皮带运输机的PLC控制

　　皮带式输送机又称带式输送机，是一种连续运输机械，既可以输送各种散料，也可以输送各种纸箱、包装袋等单件重量不大的件货，用途广泛。由于皮带式输送机运输的物料重量不同，可以用改变输送带运行速度来改变电动机的力矩。简单地说，就是通过识别物料重量的大小（使用不同的包装）来实现不同的传输速度。当物料较重时用低速，一般时用中速，较轻时用高速。

视频：多段速运输
PLC 编程与仿真

　　目前，在自动化控制系统中，常把 PLC 与变频器结合在一起完成电动机的多段速控制。既能发挥 PLC 灵活多变的强大功能，又能使变频器的调速功能得到更具体的实现。

　　在外部操作模式或组合操作模式下，变频器可以通过外接的开关器件的组合通断改变输入端子的状态来实现。这种控制频率的方式称为多段速控制功能。

6.3.1 控制电路设计

皮带运输机的 PLC 控制系统主要由变频器、PLC、主令控制器、三相异步电动机 4 部分构成。变频器利用内部继电器接点或具有继电器接点开关特性的元器件（如晶体管）与 PLC 连接。PLC 作为整个系统的"大脑"，负责接收外部信号（主令控制器、变频器、转速传感器、限位等），经过程序运行处理后，再提供指令通断信号（正转、反转、档数等）给变频器和其他动作单元，由变频器控制电机的转向、速度（频率）。多段速皮带运输机电路原理图如图 6-29 所示。

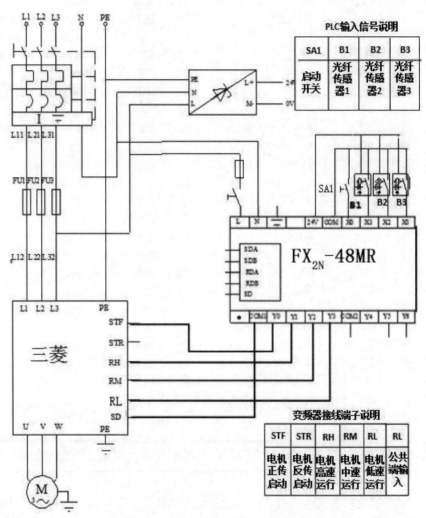

图 6-29　多段速皮带运输机电路原理图

1. 变频器电源电路

变频器电源电路是从三相电源输入变频器漏电保护开关，然后到熔断器，再到变频器输入端 L1、L2、L3，最后经变频器输出端子 U、V、W、PE 引出到三相电动机。

2. PLC 电源供电电路

PLC 电源供电电路是从电源模块引入 220V 交流作为 PLC 的工作电源。

3. PLC输入电路

设计输入信号为 4 个，分别是启 / 停控制旋钮和 3 个探测物料所用的光纤传感器。

4. PLC输出电路

PLC 输出控制信号为 4 个，分别是控制变频器的正转、高速、中速和低速运行。

根据分析，PLC I/O 端口分配见表 6-7。

表 6-7　PLC I/O 端口分配表

输 入 信 号				输 出 信 号			
功　能	名　称	符　号	输入地址	功　能	名　称	符　号	输出地址
启 / 停控制 及信号采集	启 / 停控制旋钮	SA1	X000	输出控制 执行	正转控制	STF	Y000
	光纤传感器 1	B1	X001		高速控制	RH	Y001
	光纤传感器 2	B2	X002		中速控制	RM	Y002
	光纤传感器 3	B3	X003		低速控制	RL	Y003

6.3.2　PLC 程序设计

1. 利用光纤传感器进行不同的物料检测

光型光纤传感器是将经过被测对象所调制的光信号输入光纤后，通过在输出端进行光信号处理来测量的，这类传感器带有另外对待测物理量敏感的感光元件，光纤仅作为传光元件，必须附加能够对光纤所传递的光进行调制的敏感元件才能组成传感元件。光纤传感器根据其测量范围还可以分为点式光纤传感器、积分式光纤传感器、分布式光纤传感器 3 种。其中，分布式光纤传感器用来检测大型结构的应变分布，可以快速无损测量结构的位移、内部或表面应力等重要参数。目前用于土木工程中的光纤传感器类型主要有 Math-Zender 干涉型光纤传感器、Fabry-pero 腔式光纤传感器、光纤布拉格光栅传感器等。

本项目利用三个光纤传感器不同的灵敏度，实现不同的物料检测。如图 6-30 所示，调节旋转灵敏度调整旋钮，改变光纤传感器灵敏度来识别 3 种物料。传感器 B1 在放下黑色、白色、金属物料时有输出信号；传感器 B2 在放下白色和金属物料时有输出信号，放黑色物料时没有输出信号；传感器 B3 为近铁传感器，所以只有在放下金属物料时才有输出信号，放下黑色、白色物料时没有输出信号。

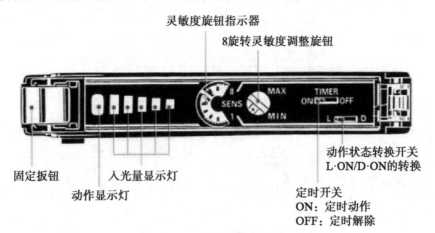

图 6-30　光纤传感器结构

2. 设计多段速运输机程序

在一个传送带运输机上有一个启动开关，在任何时候都能启动和关闭传送带运输机。当启动开关打开时，需要检测到物料才能启动电动机、通过重量改变电动机的转速以防止电动机在不同重量的情况下负荷工作被损坏。所以需要采集物料的重量控制速度进行对电动机的保护，利用光纤传感器测量物料的重量并控制电动机的速度，当物料比较轻时电动机以高速运行，物料一般重量时电动机以中速运行，物料较重时电动机以低速运行。这样的设计既体现节能，又减少了对电动机的危害。

SA1 启动开关，当 SA1 为开时，触发传感器电动机运行，光纤传感器 B1、B2、B3 被触发和电动机工作情况见表 6-8 所示。

表 6-8　传感器及电动机工作情况

工作情况描述	物料的重量	光纤传感器			电动机运行速度
		B1	B2	B3	
	较轻（黑色）	ON	OFF	OFF	高速运行
	一般（白色）	ON	ON	OFF	中速运行
	较重（金属）	ON	ON	ON	低速运行

设计思路如下。

（1）当启动传送机时，需要检测物料才能启动，并在任何时候都能启动和关闭传送带运输机。

（2）当 B1（X001）被触发，电动机正转启动（Y000 接通）并以高速运行（Y001 接通），电动机不能中速和低速运行（Y002 和 Y003 被断开）。

（3）当 B1（X001）和 B2（X002）同时被触发时，说明物料重量一般，电动机中速运行（Y002 接通），同时不能高速和低速运行（Y001 和 Y003 被断开）。

（4）当 B1（X001）、B2（X002）、B3（X003）同时被触发时，说明物料较重，电动机低速运行（Y003 接通），同时不能高速和中速运行（Y001 和 Y002 被断开）。

根据设计思路，设计出多段速皮带运输机 PLC 指令程序见表 6-9 所示。多段速皮带运输机 PLC 梯形图如图 6-31 所示。

表 6-9　多段速皮带运输机 PLC 指令程序

步序	指令	地址	步序	指令	地址	步序	指令	地址
0	LDI	X000	13	ANI	X002	22	RST	Y001
1	ZRST	Y000 Y003	14	ANI	X003	23	RST	Y003
6	LD	X003	15	SET	Y001	24	LD	X003
7	OR	X002	16	RST	Y002	25	AND	X000
8	OR	X001	17	RST	Y003	26	SET	Y003
9	AND	X000	18	LD	X002	27	RST	Y001
10	SET	Y000	19	AND	X000	28	RST	Y002
11	LD	X001	20	ANI	X003	29	END	
12	AND	X000	21	SET	Y002			

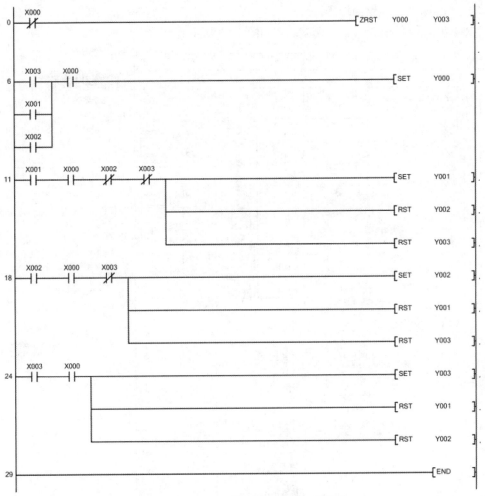

图 6-31 多段速皮带运输机 PLC 梯形图

6.3.3 设备电路的连接

1. 变频器的接线

（1）变频器主电路的接线

FR-E700 系列变频器主电路的通用接线图如图 6-32 所示。

视频：连接设备电路

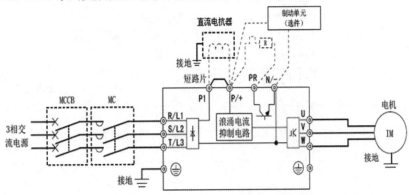

图 6-32　FR-E700 系列变频器主电路的通用接线图

（2）变频器控制电路的接线

FR-E700 系列变频器控制电路接线图如图 6-33 所示。

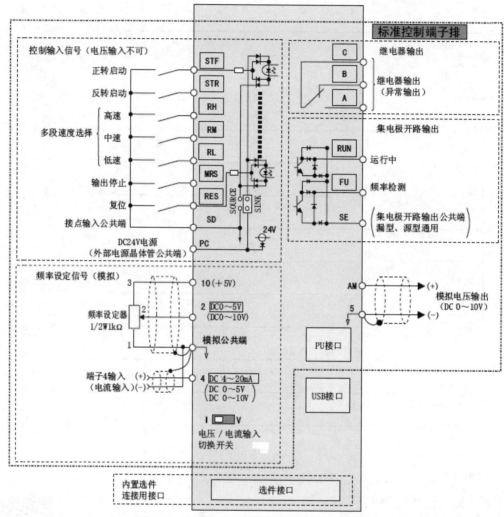

图 6-33　FR-E700 系列变频器控制电路接线图

在图 6-33 中，控制电路端子分为控制输入、频率设定（模拟量输入）、继电器输出（异常输出）、集电极开路输出（状态检测）和模拟电压输出等 5 部分区域，各端子的功能可通过调整相关参数的值进行变更。各控制电路端子的功能说明如表 6-10 ～表 6-12 所示。

表 6-10　控制电路输入端子的功能说明

种类	编号	名　称	功　能　说　明	
接点输入	STF	正转启动	STF 信号为 ON 时正转、为 OFF 时停止指令	STF、STR 信号同时为 ON 时，变成停止指令
	STR	反转启动	STR 信号为 ON 时反转、为 OFF 时停止指令	
	RH RM RL	多段速度选择	用 RH、RM 和 RL 信号的组合可以选择多段速度	

种类	编号	名 称	功 能 说 明
接点输入	MRS	输出停止	MRS 信号为 ON（20ms 或以上）时，变频器输出停止； 用电磁制动器停止电机时，用于断开变频器的输出
	RES	复位	用于解除保护电路动作时的报警输出。使 RES 信号处于 ON 状态 0.1s 或以上，然后断开； 初始设定为始终可进行复位。但进行了 Pr.75 的设定后，仅在变频器报警发生时可进行复位。复位时间约为 1s
	SD	接点输入公共端（漏型）（初始设定）	接点输入端子（漏型逻辑）的公共端子
		外部晶体管公共端（源型）	源型逻辑是当连接晶体管输出（即集电极开路输出）时，如可编程控制器（PLC），将晶体管输出用的外部电源公共端接到该端子，可以防止因漏电引起的误动作
		DC 24V 电源公共端	DC 24V 0.1A 电源（端子 PC）的公共输出端子； 与端子 5 及端子 SE 绝缘
	PC	外部晶体管公共端（漏型）（初始设定）	漏型逻辑时当连接晶体管输出（即集电极开路输出）例如可编程控制器（PLC）时，将晶体管输出用的外部电源公共端接到该端子时，可以防止因漏电引起的误动作
		接点输入公共端（源型）	接点输入端子（源型逻辑）的公共端子
		DC 24V 电源	可作为 DC 24V、0.1A 的电源使用
频率设定	10	频率设定用电源	作为外接频率设定（速度设定）用电位器时的电源使用（按照 Pr.73 模拟量输入选择）
	2	频率设定（电压）	如果输入 DC 0 ～ 5V（或 0 ～ 10V），在 5V（10V）时为最大输出频率，输入 / 输出成正比。通过 Pr.73 进行 DC 0 ～ 5V（初始设定）和 DC 0 ～ 10V 输入的切换操作
	4	频率设定（电流）	若输入 DC 4 ～ 20mA（或 0 ～ 5V，0 ～ 10V），在 20mA 时为最大输出频率，输入 / 输出成正比。只有 AU 信号为 ON 时，端子 4 的输入信号才会有效（端子 2 的输入将无效）。通过 Pr.267 进行 4 ～ 20mA（初始设定）和 DC 0 ～ 5V、DC 0 ～ 10V 输入的切换操作。 电压输入（0 ～ 5V/0 ～ 10V）时，请将电压 / 电流输入切换开关切换至 V
	5	频率设定公共端	频率设定信号（端子 2 或 4）及端子 AM 的公共端子。请勿接大地

表 6-11 控制电路接点输出端子的功能说明

种类	记 号	名 称	功 能 说 明
继电器	A、B、C	继电器输出（异常输出）	指示变频器因保护功能动作时输出停止的 1c 接点输出。异常时，B–C 间不导通（A–C 间导通）；正常时，B–C 间导通（A–C 间不导通）
集电极开路	RUN	变频器正在运行	变频器输出频率大于或等于启动频率（初始值 0.5Hz）时为低电平，已停止或正在直流制动时为高电平
	FU	频率检测	输出频率大于或等于任意设定的检测频率时为低电平，未达到时为高电平
	SE	集电极开路输出公共端	端子 RUN、FU 的公共端子

续表

种类	记号	名 称	功 能 说 明	
模拟	AM	模拟电压输出	可以从多种监视项目中选一种作为输出。变频器复位中不被输出。输出信号与监视项目的大小成比例	输出项目：输出频率（初始设定）

表6-12　控制电路网络接口的功能说明

种 类	记 号	名 称	端子功能说明
RS-485	—	PU 接口	通过 PU 接口，可进行 RS-485 通信。 • 标准规格：EIA-485（RS-485） • 传输方式：多站点通信 • 通信速率：4800 ~ 38400bps • 总长距离：500m
USB	—	USB 接口	与个人电脑通过 USB 连接后，可以实现 FR Configurator 的操作。 • 接口：USB1.1 标准 • 传输速度：12Mbps • 连接器：USB 迷你 -B 连接器（插座为迷你 -B 型）

2. 连接变频器电源通路及PLC供电电路

参照图 6-32，将按钮模块和三菱 PLC 主机模块电源插头连接到电源模块上；从电源模块引出三相 380V 交流电源至变频器模块 L1、L2、L3 插孔，同时将变频器模块 U、V、W、PE 连接电机的对应端子（中间用端子排转接）；将 PLC 直流 24V 和光纤传感器电源接到按钮模块上直流 24V 电源上，如图 6-34 所示。

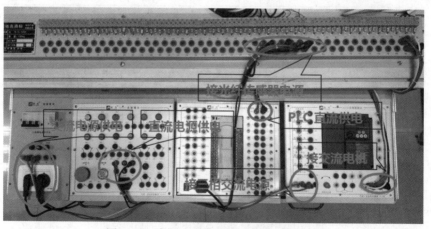

图 6-34　多段速皮带运输机电源电路接线

3. 连接PLC输入信号电路

参照图 6-32，输入信号一共 4 个，1 个用作启 / 停控制的旋钮开关和 3 个用作物料检测的光纤传感器。将 3 个光纤传感器的信号端分别接到 PLC 的 X001、X002、X003 上，将启 / 停控制的旋钮接到 X000 上。

PLC 信号输入端的接线有两种方法：一种是共阳；另一种是共阴。接线时一定要根据原理图进行。如图 6-32 所示为共阴接法。连接完成后如图 6-35 所示。

图 6-35　多段速皮带运输机 PLC 输入信号电路

4. 连接PLC输出信号电路

参照图 6-32，将 PLC 的输出端子 COM、Y000、Y001、Y002、Y003 分别接到变频器的 SD、STF、RH、RM、RL 上。连接完成后如图 6-36 所示。

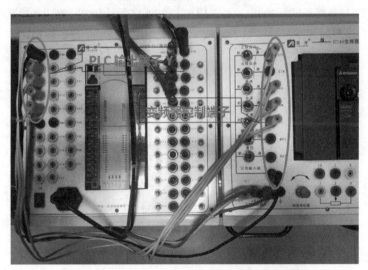

图 6-36　多段速皮带运输机 PLC 输出信号电路

变频器的控制信号端需要的是开关信号，这和平常用 PLC 来控制继电器是有区别的。继电器线圈需要电源，而变频器控制信号不需要，所以只需将 PLC 的 COM 端和变频器的公共输入端连接，将 PLC 输出信号接到控制端即可。

6.3.4　设置变频器的参数

在使用变频器之前，首先要熟悉变频器的面板显示和键盘操作单元（或称控制单元），并且按使用现场的要求合理设置参数。FR-E700 的控制面板如图 6-37 所示。

视频：设置变频器参数

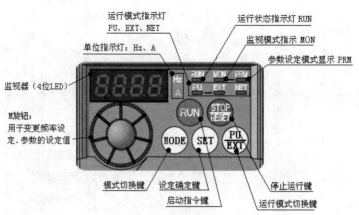

图 6-37　FR-E700 的控制面板

下面介绍图 6-36 中的旋钮和按键的主要功能。

（1）M 旋钮（三菱变频器旋钮）：旋动该旋钮可以变更频率设定、参数的设定值。按下该旋钮可显示监视模式时的设定频率、校正时的当前设定值、报警历史模式时的顺序。

（2）MODE：模式切换键，用于切换各设定模式。与运行模式切换键同时按下也可以用来切换运行模式。长按此键（2s）可以锁定操作。

（3）SET：设定确定键，用于各设定的确定。此外，如果在运行中按此键，则监视器出现运行频率、输出电流、输出电压的显示。

（4）PU/EXT：运行模式切换键，用于切换 PU/ 外部运行模式。使用外部运行模式变更参数 Pr.79。

（5）RUN：启动指令键，在 PU 模式下，按此键启动运行。通过 Pr.40 的设定，可以选择旋转方向。

（6）STOP/RESET：停止运行键，在 PU 模式下，按此键停止运转。保护功能（严重故障）生效时，也可以进行报警复位。

变频器的面板运行状态显示情况见表 6-13。

表 6-13　变频器的面板运行状态显示情况

类　别	显示内容	说　明	类　别	显示内容	说　明
运行模式显示	PU	PU 运行模式时亮灯	监视数据单位显示	Hz	显示频率时亮灯
	EXT	外部运行模式时亮灯		A	显示电流时亮灯
	NET	网络运行模式时亮灯		RUM	运行状态显示
监视器	(4 位 LED)	显示频率、参数编号等	其他显示	PRM	参数设定模式显示时亮灯
				MON	监视器显示时亮灯

在变频器运行状态显示中，当出现变频器在动作中亮灯或者闪烁时，其中，亮灯表示正转运行中；1.4s 循环，反转运行中；快速闪烁表示按键或输入启动指令都无法运行时，有启动指令，但频率指令在启动频率以下时输入了 MRS 信号。

1. 设定变频器的控制模式

设定变频器的控制模式为外部 /PU 组合运行模式。修改 Pr.79 设定值的一种方法是：按 MODE 键使变频器进入参数设定模式；旋动 M 旋钮，选择参数 Pr.79，按 SET 键确定；然后旋动 M 旋钮选择合适的设定值（本次设置为 3），按 SET 键确定；两次按 MODE 键后，变频器的运行模式将变更为设定的模式。

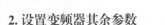

2. 设置变频器其余参数

任务要求如下。

（1）电动机额定电流为 0.15A，频率为 50Hz。

（2）运行时，上限频率为 50Hz，下限频率为 0Hz，加速时间为 1s，减速时间为 2s。

（3）速度设置为高速 50Hz、中速 35Hz、低速 20Hz。

根据任务要求，设置如表 6-14 所示的参数。

表 6-14　变频器参数设置

序号	变频器参数	出厂值	设定值	功能说明	序号	变频器参数	出厂值	设定值	功能说明
1	P1	120	50	上限频率（50Hz）	8	P79	0	3	外部 /PU 组合运行模式 1
2	P2	0	0	下限频率（0Hz）	9	P178	60	60	STF（正转指令）
3	P3	50	50	电动机额定频率	10	P179	61	61	STR（反转指令）
4	P4	50	50	RH（高速运行指令）	11	P180	0	0	RL（低速运行指令）
5	P5	30	35	RM（中速运行指令）	12	P181	1	1	RM（中速运行指令）
6	P6	10	20	RL（低速运行指令）	13	P182	2	2	RH（高速运行指令）
7	P9	变频器额定电流	0.15	电动机额定电流					

3. 下载程序并进行程序监控

把程序下载到 PLC，下载完后单击监控，查看程序的输入 / 输出情况，并根据编程思路解决程序上出现的问题，调整各个传感的位置，防止出现位置不对，影响程序的运行。

4. 整机联调

在整体运行下将启动开关打开，放入黑色物料，电动机以 50Hz 速度运行，放入白色物料，电动机以 35Hz 速度运行，放入金属物料，电机以 20Hz 速度运行。在任何时候，只要启动开关关闭，传送带输送机就会马上停止并复位。

FR-E700 变频器有几百个参数，在实际使用时，只需根据使用现场的要求设定部分参数，其余按出厂设定即可。一些常用参数则应该是熟悉的。关于参数设定更详细的说明请参阅 FR-E700 使用手册。

6.4 两种液体混合系统的PLC控制

多种液体自动混合是工业中经常遇到的一个工艺流程。它一般要求多种液体在不同时刻向容器中注入不同的量。如果采用传统的手动控制液体流量，则容易产生误差，其误差会导致整个混合液的报废。这在工业生产中是不允许的。利用 PLC 对原有液体混合装置进行技术改造，可以实现在混合过程中控制精确、运行稳定、自动化程度高，适合工业生产的需要。

6.4.1 控制电路的设计

1. 控制要求

图 6-38 为液体混合控制系统模拟示意图，图中有 4 个拨动开关，分别是启动开关、高液位传感器、中液位传感器、低液位传感器；有 7 个指示灯，分别模拟液体 1 流入、液体 2 流入、高液位指示灯、中液位指示灯、低液位指示灯、搅拌电机工作，混合液流出。此电路的控制要求如下。

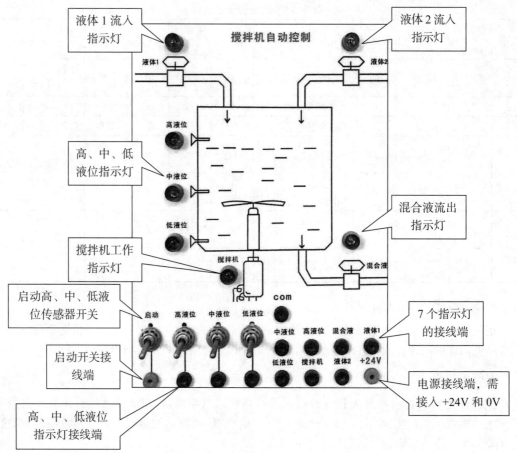

图 6-38　液体混合控制系统模拟示意图

（1）初始状态：工作前，混合罐保持空罐状态。

（2）过程控制：拨动启动开关 K1，开始下列操作。

1）液体 1 指示灯亮，液体 1 流入容器。当液位达到低液位时，闭合低液位模拟传感器开关 S1，低液位指示灯亮。当液位达到中液位时，闭合中液位模拟传感器开关 S2，中液位指示灯和液体 2 指示灯亮，液体 1 指示灯熄灭。

2）当液面达到高液位时，闭合高液模拟位传感器开关 S3，高液位指示灯和搅拌电机指示灯同时亮，搅拌电机开始工作，液体 2 指示灯熄灭，液体 2 停止流入容器。

3）搅拌电机工作 20s 后停止搅拌。

4）混合液指示灯亮，开始出料。当液位下降过高液位时，断开高液位模拟传感器开关 S3，高液位指示灯熄灭，中液位指示灯点亮。当液位下降过中液位时，断开中液位模拟传感器

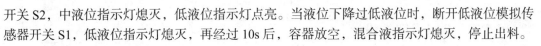

开关 S2，中液位指示灯熄灭，低液位指示灯点亮。当液位下降过低液位时，断开低液位模拟传感器开关 S1，低液位指示灯熄灭，再经过 10s 后，容器放空，混合液指示灯熄灭，停止出料。

5）循环 1）～4）的工作。

停止操作：启动开关处于闭合状态，则循环 1）～4）的工作。若启动开关 K1 处于断开状态，则在当前循环（操作过程）完毕后停止操作，回到初始状态。

根据上述控制要求，整理出液体混合控制系统运行规律见表 6-15。

表 6-15　液体混合控制系统运行规律表

状　态	亮灯情况	动作情况
状态 1	液体 1 指示灯亮	液体 1 流入
状态 2	液体 1 指示灯亮，低液位指示灯亮	液体 1 流入
状态 3	中液位指示灯亮，液体 2 指示灯亮	液体 2 流入
状态 4	高液位指示灯亮，搅拌电机指示灯亮 20s	搅拌电机工作
状态 5	混合液指示灯亮，高液位指示灯亮	混合液流出
状态 6	混合液指示灯亮，中液位指示灯亮	混合液流出
状态 7	混合液指示灯亮，低液位指示灯亮	混合液流出
状态 8	混合液指示灯亮 10s 后熄灭	混合液流出

2. 设计液体混合系统的 PLC 控制电路

（1）分配 I/O 地址见表 6-16。

表 6-16　液体混合控制系统 I/O 地址分配表

输入端（I）			输出端（O）		
序　号	输入设备	端口编号	序　号	输出设备	端口编号
1	启动开关（K1）	X0	1	液体 1 指示灯	Y0
2	低液位模拟传感器开关（S1）	X1	2	液体 2 指示灯	Y1
3	中液位模拟传感器开关（S2）	X2	3	低液位指示灯	Y2
4	高液位模拟传感器开关（S3）	X3	4	中液位指示灯	Y3
			5	高液位指示灯	Y4
			6	搅拌电机工作指示灯	Y5
			7	混合液指示灯	Y6

（2）绘制 I/O 接线图，如图 6-39 所示。

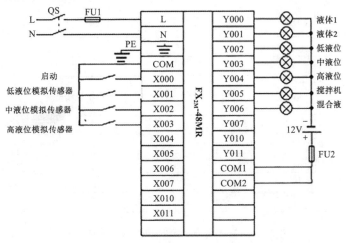

视频：搅拌电机
自动控制模拟

图 6-39　液体混合 PLC 控制系统的 I/O 接线图

轻松自学PLC（零基础·图解·视频）

6.4.2　控制程序的设计

（1）设计顺序功能图。液体混合控制系统的顺序功能图如图6-40所示。

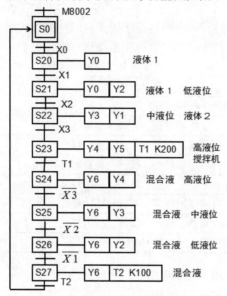

图6-40　液体混合控制系统的顺序功能图

（2）编写梯形图。根据图6-40所示的顺序功能图编写梯形图程序，检查之后变换梯形图程序。液体混合系统的PLC控制参考程序如图6-41所示。

视频：控制程序录入

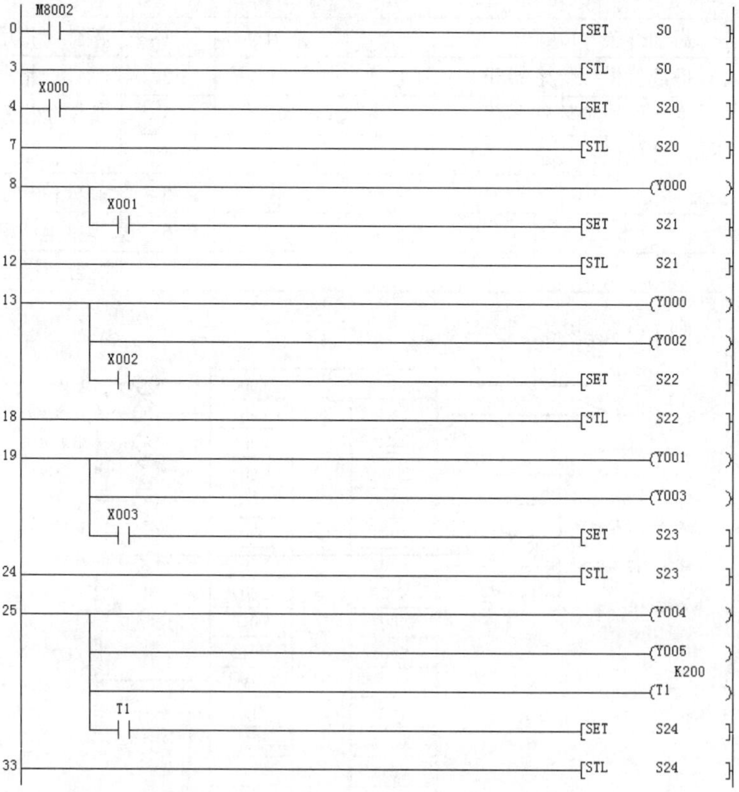

图6-41　液体混合系统的PLC控制参考程序

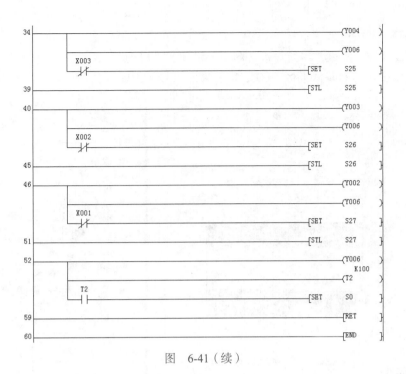

图 6-41（续）

6.4.3 控制系统的安装

1. PLC与电脑的连接

连接 PLC 和电脑之间的通信线。

2. 连接PLC电源线

将红色电源线的一端连在实训台的三相电源的 U、V、W 任意一端，另一端连在 PLC 模块的 L 端。将蓝色电源线的一端连在三相电源的 N 端，另一端连在 PLC 模块的 N 端，如图 6–42 所示。

视频：安装 PLC 控制电路

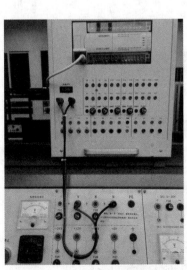

图 6–42　PLC 电源线连接

3. 连接输入导线

对照 I/O 地址分配表，将搅拌机自动控制模块的"启动""低液位""中液位""高液位"开关接口分别接到 PLC 输入端接口 X0、X1、X2、X3，如图 6-43 所示。

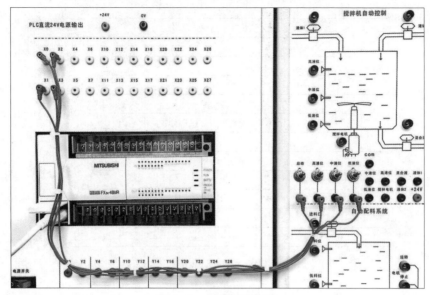

图 6-43　输入导线连接

4. 连接输出导线

对照 I/O 地址分配表，将搅拌机自动控制模块的"液体 1""液体 2""低液位""中液位""高液位""搅拌电机""混合液"模拟指示灯接口分别接到 PLC 输出端接口 Y0 ～ Y6，如图 6-44 所示。

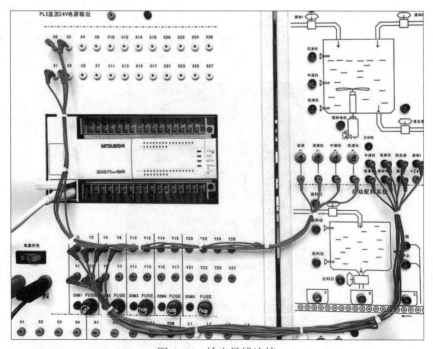

图 6-44　输出导线连接

5. 连接PLC输出端公共端

将 PLC 输出端的 COM1 和 COM2 接到 PLC 自带直流电源的接地端 COM，如图 6-45 所示。

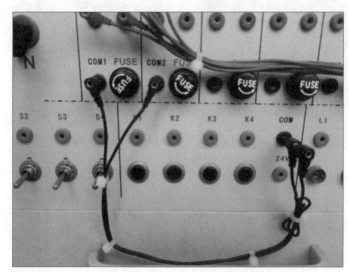

图 6-45　PLC 输出端公共端

6. 连接搅拌机自动控制模块电源线

这里利用 PLC 自带的 24V 直流电源给搅拌机自动控制模块提供电源，将搅拌机自动控制模块的"+24V"和 COM 接口分别接到 PLC 模块的"+24V"和 COM 接口，如图 6-46 所示。

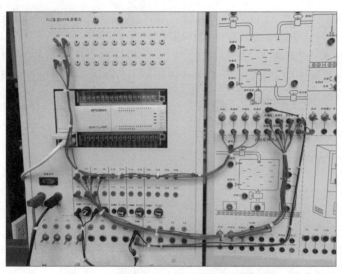

图 6-46　搅拌机自动控制模块电源线连接

7. 通电检查

打开电源总开关，再打开 PLC 电源开关，如果 PLC 状态指示灯 POWER、RUN 点亮，则表示 PLC 通电正常，如图 6-47 所示。

（a）打开总开关　　　　　（b）打开 PLC 电源开关

图 6-47　打开电源开关

6.4.4　控制系统的调试

视频：功能调试

1. 下载程序

在 GX Developer 软件中选择"在线"→"PLC 写入"命令，当弹出"PLC 写入"对话框时，勾选"程序"选项，单击"执行"按钮，直到出现"已完成"界面。

2. 调试程序

（1）设置为监视模式。在 GX Developer 软件工具栏单击"监视"按钮，将程序设置为"监视"模式，便于调试功能时查看程序运行情况。

（2）调试状态 1。对照表 6-15，调试状态 1。将搅拌机自动控制模块中的启动开关闭合，会观察到面板中的液体 1 指示灯点亮，程序步进指令运行到 S20 步，如图 6-48 所示。

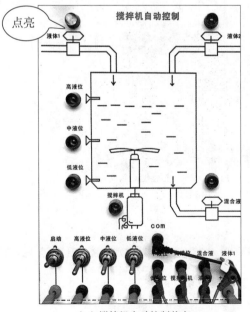

（a）搅拌机自动控制状态 1　　　　　　（b）状态 1 的程序监视运行情况

图 6-48　状态 1

（3）调试状态 2。对照表 6-15，调试状态 2。将搅拌机自动控制模块中的低液位传感器开关闭合，会观察到面板中的液体 1 和低液位指示灯点亮，程序步进指令运行到 S21 步，如图 6-49 所示。

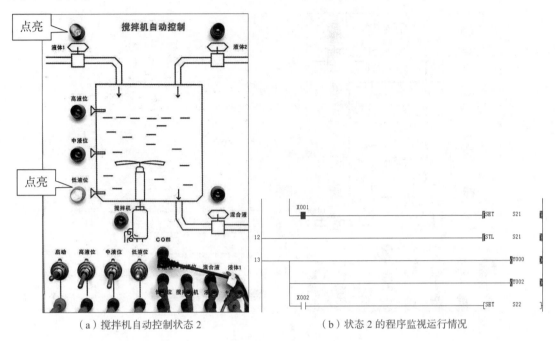

（a）搅拌机自动控制状态 2　　　　　（b）状态 2 的程序监视运行情况

图 6-49　状态 2

（4）调试状态 3。对照表 6-16，调试状态 3。将搅拌机自动控制模块中的中液位传感器开关闭合，会观察到面板中的液体 2 和中液位指示灯点亮，程序步进指令运行到 S22 步，如图 6-50 所示。

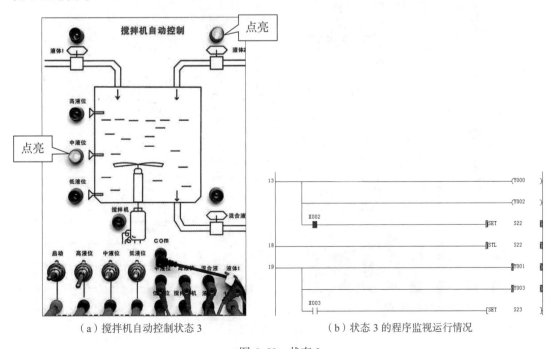

（a）搅拌机自动控制状态 3　　　　　（b）状态 3 的程序监视运行情况

图 6-50　状态 3

（5）调试状态4。对照表6-15，调试状态4。将搅拌机自动控制模块中的高液位传感器开关闭合，会观察到面板中的搅拌电机和高液位指示灯点亮，程序步进指令运行到S23步，如图6-51所示。

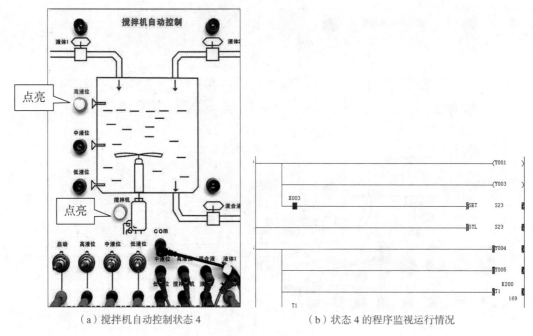

（a）搅拌机自动控制状态4　　　　　　　（b）状态4的程序监视运行情况

图6-51　状态4

（6）调试状态5。对照表6-15，调试状态5。搅拌机点亮20s后，会观察到面板中的混合液和高液位指示灯点亮，程序步进指令运行到S24步，如图6-52所示。

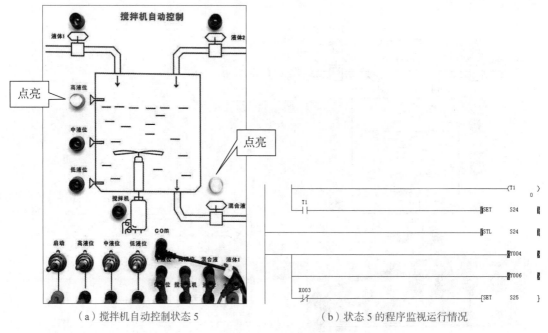

（a）搅拌机自动控制状态5　　　　　　　（b）状态5的程序监视运行情况

图6-52　状态5

（7）调试状态 6。对照表 6-15，调试状态 6。将搅拌机自动控制模块中的高液位传感器开关断开，会观察到面板中的混合液和中液位指示灯点亮，程序步进指令运行到 S25 步，如图 6-53 所示。

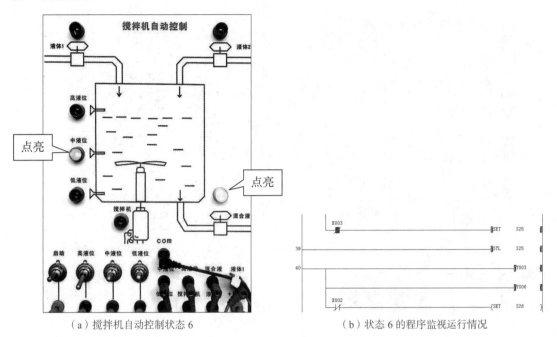

（a）搅拌机自动控制状态 6　　　　　　　（b）状态 6 的程序监视运行情况

图 6-53　状态 6

（8）调试状态 7。对照表 6-15，调试状态 7。将搅拌机自动控制模块中的中液位传感器开关断开，会观察到面板中的低液位和混合液指示灯点亮，程序步进指令运行到 S26 步，如图 6-54 所示。

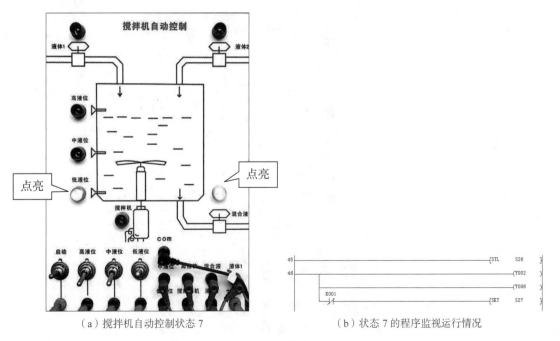

（a）搅拌机自动控制状态 7　　　　　　　（b）状态 7 的程序监视运行情况

图 6-54　状态 7

（9）调试状态 8。对照表 6-15，调试状态 8。将搅拌机自动控制模块中的低液位传感器开关断开，观察到面板中只有混合液指示灯点亮 10s 后熄灭，程序步进指令运行到 S27 步，如图 6-55 所示。

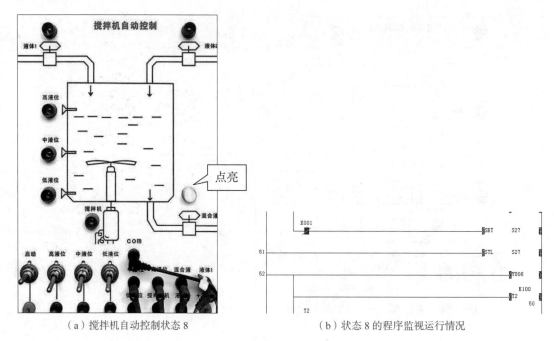

（a）搅拌机自动控制状态 8　　　　　　（b）状态 8 的程序监视运行情况

图 6-55　状态 8

（10）调试循环功能。将搅拌机自动控制模块的启动开关一直闭合，执行完步骤（9）后，跳转到步骤（1），循环执行。若关掉启动开关，则在当前循环（操作过程）完毕后，停止操作，回到初始状态，如图 6-56 所示。

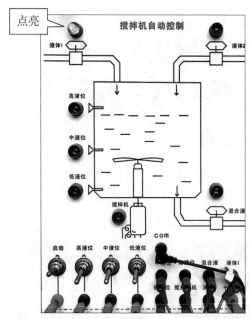

图 6-56　搅拌机自动控制面板循环到初始状态

240

<table>
</table>

6.5	**剪板机的PLC控制**

剪板机是钢板连续生产线上不可缺少的重要设备，其用途是剪切定尺寸、切边、切试样及切除钢板的局部缺陷等。目前，对剪板机的功能需求在不断扩展，同时对剪板机的生产效率和加工精度提出更高的要求。通过将PLC控制技术应用于剪板机，极大地改善了设备的电气性能，提高了设备的自动化水平，实现连续方式的生产，大大提高生产效率，减轻了工作人员的劳动强度。

6.5.1 剪板机的控制要求

1. 剪板机的结构

自动剪板机是一种精确控制板材加工尺寸，将大块金属板材进行自动循环剪切加工，并由送料车运送到下一工序的自动化加工设备。其结构及原理如图 6-57 所示。

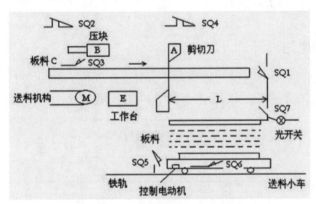

图 6-57　自动剪板机的结构及原理

该剪板机控制系统设置了 7 个限位开关，分别用于检测各部分的工作状态。其中，SQ1 用于检测待剪板料是否被输送到位；SQ2、SQ3 分别用于检测压块 B 的状态，检测压块是否压紧已到位的板料；SQ4 用于检测剪切刀 A 的状态；SQ7 为光电接近开关，用于检测板料是否被剪断落入小车；SQ5 用于检测小车是否到位；SQ6 用于判断小车是否空载。送料机构 E、压块 B、剪切刀 A 和送料小车分别由 4 台电动机拖动。系统未动作时，压块及剪切刀的限位开关 SQ2、SQ3 和 SQ4 均断开，SQ1、SQ7 也是断开的。

2. 自动剪板机的工作原理

当系统启动时，输入板料加工尺寸、加工数量等参数，按下自动开关，系统自动运行。首先检查限位开关 SQ6 的状态，若小车空载，系统开始工作，启动送料小车。小车运行到位，限位开关 SQ5 闭合，小车停车；启动送料机构 M、带动板料 C 向右移动。当板料碰到行程开关 SQ1 时，送料停止同时制动器松开、电磁离合器结合，主电动机通过传动机构工作；压块电动机启动，使压块 B 压下，压块上限开关 SQ2 闭合。当压块到位，板料压紧时，压块下限开关 SQ3 闭合；剪切刀电动机启动，控制剪刀下落。此时，SQ4 闭合，直到把板料剪断，板料落入小车；当小车上的板料够数时，启动小车电动机，带动小车右行，将切好的板料送至下一工序；卸下后，再启动小车左行，重新返回剪板机下，开始下一车的工作循环。板料的长度

L 可以根据需要进行调整，每一车板料的数量可预先设定。

3.控制要求

据剪板机的工作特点，对控制系统提出控制要求如下。

（1）上电后，检测各工作机构的状态，控制各工作机构处于初始位置。

（2）进料，由控制系统控制进料机构将待剪板料自动输送到位。

（3）定剪切尺寸，采用伺服电机控制挡料器位置，以保证精确的剪切尺寸，其尺寸可以是定值，也可以设置为循环变动值。

（4）压紧和剪切，待剪板料长度达到设定值后，由主电动机带动压料器和剪切刀具；先压紧板料，然后剪断板料。

（5）送料车的运行，包括卸载后自动返回。

（6）剪切板料的尺寸设定、自动计数及每车板料数的预设定。

（7）具备断电保护和来电恢复功能。

（8）能实现加工过程自动控制、加工参数显示、系统检测。

（9）保证板料加工精度、加工效率和安全可靠性。

（10）具有良好的人机操作界面。

6.5.2　控制电路设计

根据板材自动精确剪切加工的工作特点及动作要求，本方案采用 PLC 来实现对自动剪板机的自动化控制。自动剪板机总体设计方案如图 6-58 所示。

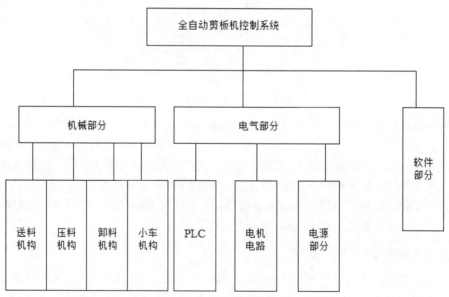

图 6-58　自动剪板机总体设计方案

1.控制系统主电路设计

控制系统主电路如图 6-59 所示。控制对象为 4 台电动机和 1 个蜂鸣器。KM1 ～ KM7 为接触器，其中 KM1 是紧急停止接触器；KM2 用于控制蜂鸣器；KM3 ～ KM7 分别用于控制送料、压块、剪切和小车电动机。

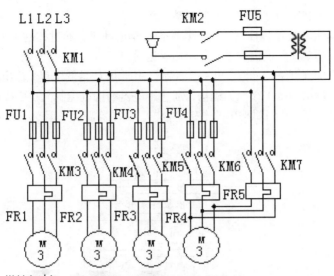

图 6-59　控制系统主电路图

FR1 ～ FR5 都采用热敏电阻作为测量元件的热继电器，FR1、FR3 的设定值取送料和剪切电动机上限温度的 95%，当到达此温度时进行闪光报警。

2. 进料机构控制电路设计

进料机构用交流电动机带动送料皮带，传送皮带送料只向一个方向运动，只要求电动机向一个方向旋转即可，轻负载小功率电动机可直接启动，用熔断器和热继电器进行短路、过载保护。使待剪板料自动快速稳定地输送到剪切位置。

3. 压料机构控制电路设计

压块的作用是压紧板料，以利于剪切刀切断板料，压块有上升和下降两种运动，要求带动压块的电动机具有正反转运动，控制电路有联锁保护、熔断器和热继电器短路及过载保护。

4. 剪切刀控制电路设计

剪切刀有两种运动，下行切断板料，然后上升复位。带动剪切刀机构的电动机也应具有正反转，用熔断器和热继电器进行短路及过载保护。

根据电动机的控制要求，其电动机正反转程序流程框图如图 6-60 所示。

5. 小车送料装置设计

为实现板料自动输送到下一工位并返回，可采用电动机通过带传动带动驱动轴，驱动行走轮完成小车往返各机构的运动，根据控制的特点和经济性要求，用交流电动机来实现进料、小车送料、托架下料，采用伺服电动机控制挡料器。

伺服电动机的额定速度比一般异步电动机高得多，并且可以控制转速和位移。该控制系统需要完成对工作机构的控制情况如下。

（1）进料控制。执行器件为进料电动机，通过对进料电动机的启 / 停控制，实现进给机构输送板料、停止输送板料的控制。

（2）刀具剪切控制，执行器件为电磁离合器和电磁制动器。通过控制主电机传动路线中的电磁离合器，控制传动机构带动刀具完成向下剪切板料，撤回利用弹簧完成。为了防止惯性造

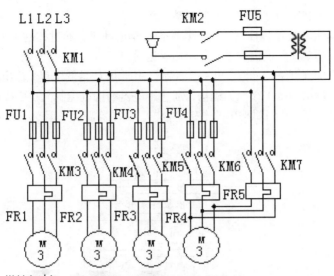

成连续剪切，需要控制制动器剪切一次后制动一次。

（3）小车往返运动及停止控制。执行器件为小车电动机，通过控制小车电动机的启、停、正反转，控制送料小车在剪板机与下一工位往返送料。

其中，执行机构都可采用光电、开关量控制。由于 PLC 是低压直流输出，所以，使用中间继电器作为控制器输出的第 1 级执行机构，通过继电器的触点控制大功率接触器的通断，从而控制交流电机的启、停。执行机构中的电磁离合器、制动器需要采用专用输出驱动控制电路。

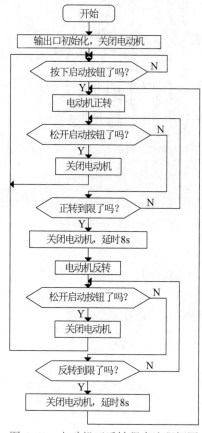

图 6-60　电动机正反转程序流程框图

6. PLC选型

本设计采用日本松下公司的 FP1-C24 系列 PLC 系统作为主机。日本松下电工公司的 FP 系列 PLC 是可编程控制器市场中的后起之秀，它具有丰富的指令系统，即使是小型机也有近 200 条指令。CPU 处理速度快，运行速度为 1.6μs/ 步。程序容量高达 2720 步，小型机一般可达到 3 千步左右，最高可达 5 千步。

7. I/O地址分配

（1）输入设备

限位开关：SQ1、SQ2、SQ3、SQ4、SQ5、SQ6、SQ7。

停止、启动按钮：SB1、SB2。

（2）输出设备

一块板料剪切完成并落入小车时，光电检测开关 SQ7 合一次，计数器作减 1 计数。本设计中假设小车可最多载 40 块板料。

KM1 为控制送料机构电动机的接触器；KM2、KM2′为控制压块电动机的接触器，驱动电动机的正反转，控制压块压紧和放松板料；KM3、KM3′分别为控制剪切电动机的接触器，驱动电动机的正反转，控制剪切刀上下运行；KM4 和 KM4′为控制送料小车电动机的接触器，驱动电动机的正反转，从而控制小车的左行和右行。HL1 为小车空载指示，根据需要，还可增设其他信号指示。PLC 端子分配及接线图如图 6-61 所示。

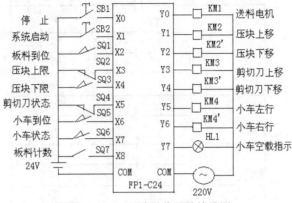

图 6-61　PLC 端子分配及接线图

6.5.3　系统程序设计

1. 控制系统流程图设计

分析可知，本系统是一个多工步的顺序控制系统，可运用模块化程序结构进行设计。利用 PLC 移位寄存器的移位功能，可实现步进顺序控制，使每一步严格按顺序动作。计数器对每车板料进行计数，其值由用户根据需要设定。控制系统的流程图如图 6-62 所示。

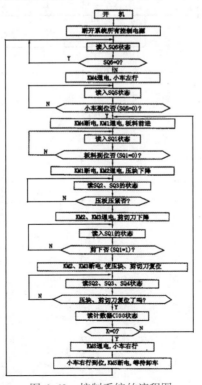

图 6-62　控制系统的流程图

2. 系统梯形图及其程序语句表

（1）PLC 梯形图，如图 6-63 所示。

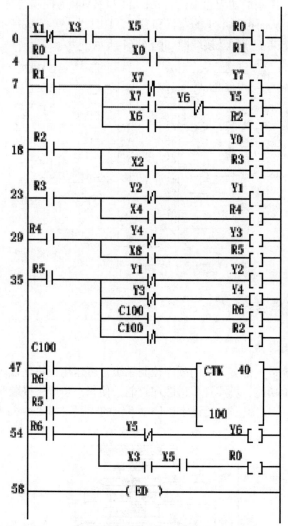

图 6-63　PLC 梯形图

（2）程序语句表如下。

0	ST	X	3
1	AN/	X	1
2	AN	X	5
3	OT	R	0
4	ST	R	0
5	AN	X	0
6	OT	R	1
7	ST	R	1
8	PUSH		
9	AN/	X	7
10	OT	Y	7

11	RDS		
12	AN/	X	7
13	AN/	Y	6
14	OT	Y	5
15	POPS		
16	AN	X	6
17	OT	R	2
18	ST	R	2
19	OT	Y	0
20	ST	R	2
21	AN	X	2
22	OT	R	3
23	ST	R	3
24	AN/	Y	2
25	OT	Y	1
26	ST	R	3
27	AN	X	4
28	OT	R	4
29	ST	R	4
30	AN/	Y	4
31	OT	Y	3
32	ST	R	4
33	AN	X	8
34	OT	R	5
35	ST	R	5
36	AN/	Y	1
37	OT	Y	2
38	ST	R	5
39	AN/	Y	3
40	OT	Y	4
41	ST	R	5
42	AN/	C	100
43	OT	R	6
44	ST	R	5
45	AN/	C	100
46	OT	R	2
47	ST	R	6
48	ST	R	5
49	CT	100	
50	K	40	
51	ST	R	6
52	AN/	Y	5

53	OT	Y	6
54	ST	R	6
55	AN	X	3
56	AN	X	5
57	OT	R	0
58	ED		

第 7 章

识读 PLC 梯形图

梯形图是 PLC 使用得最多的图形编程语言，被称为 PLC 的第一编程语言。PLC 初学者，除了懂一些理论，重在实践，多阅读、借鉴一些比较成熟的梯形图，再进行一些实际的梯形图编写、程序下载、调试等操作，增加对 PLC 的感性认识，很快就可以掌握 PLC 这项技术。其实，PLC 的原理是差不多的，掌握了一种类型的 PLC，其他的只要翻阅一下手册就能上手使用了。

7.1 识读PLC梯形图技巧

🔍 7.1.1 PLC梯形图的特点与结构

1. PLC梯形图的特点

（1）PLC控制系统的输入信号和输出负载。继电器电路图中的交流接触器和电磁阀等执行机构用PLC的输出继电器来控制，它们的线圈接在PLC的输出端。按钮、控制开关、限位开关、接近开关等用来给PLC提供控制命令和反馈信号，它们的触点接在PLC的输入端。

（2）继电器电路图中的中间继电器和时间继电器的处理。继电器电路图中的中间继电器和时间继电器的功能通过PLC内部的辅助继电器和定时器来完成，它们与PLC的输入继电器和输出继电器无关。

（3）设置中间单元。在梯形图中，若多个线圈受某一触点串/并联电路的控制，为了简化电路，在梯形图中可设置用该电路控制的辅助继电器，辅助继电器类似于继电器电路中的中间继电器。

（4）时间继电器瞬动触点的处理。时间继电器除了有延时动作的触点外，还有在线圈得电或失电时立即动作的瞬动触点。对于有瞬动触点的时间继电器，可以在梯形图中对应的定时器的线圈两端并联辅助继电器，后者的触点相当于时间继电器的瞬动触点。

（5）外部联锁电路的设立。为了避免三相电源短路，控制正/反转的两个接触器不能同时动作，在梯形图中，除了设置与它们对应输出继电器的线圈串联的动断触点组成的软互锁电路外，还应在PLC外部设置硬互锁电路。

2. PLC梯形图的结构

一般的PLC控制系统都给出了PLC控制电路与梯形图。PLC控制电路包括PLC控制电路主电路与PLC外部的I/O接线。这就是识读PLC梯形图的原始资料。

识读前，首先必须深入研究被控对象（机械设备、生产线或生产过程等）的工艺流程的特点与控制要求，明确控制任务。所谓控制要求是指控制的方式所要完成的动作时序与动作条件应具备的操作方式（如连续、断续；手动、自动、半自动等），必要的保护措施和联锁等。对被控对象的工艺过程、工作特点及控制系统的控制过程、控制规律、功能和特征进行详细分析，明确I/O物理量是开关量还是模拟量，明确划分控制的各个阶段及其特点，阶段之间的转换条件，画出完整的工作流程图和各执行元件的动作节拍表。

梯形图的分解由操作主令电路（如按钮）开始，查线追踪到主电路控制电器（如接触器）动作，中间要经过许多编程元件及电路，查找起来比较困难。无论多么复杂的梯形图，都是由一些基本单元构成的。按主电路的构成情况，利用逆读溯源法，把梯形图和指令语句表分解成与主电路的用电器（如电动机）相对应的几个基本单元，然后一个环节、一个环节地分析，最后再利用顺读跟踪法把各环节串起来。了解输入信号和对应输入继电器的配置、输出继电器的配置及其所接的对应负载。在没有给出I/O设备定义和PLC的I/O配置的情况下，应根据PLC的I/O接线图或梯形图和指令语句表，做出I/O设备定义和PLC的I/O配置。

（1）根据用电器（如电动机、电磁阀、电加热器等）主电路控制电器（接触器、继电器）主触点的文字符号，在PLC的I/O接线图中找出相应编程元件的线圈，便可得知控制该控制电器的输出继电器，然后在梯形图或语句表中找到该输出继电器的程序段，并做出标记和说明。根据 PLC 的 I/O 接线图的输入设备及其相应的输入继电器，在梯形图（或语句表）中找出输入继电器的动合触点、动断触点，并做出相应标记和说明。

（2）按钮、行程开关、转换开关的配置情况及作用。在 PLC 的 I/O 接线图中有许多行程开关和转换开关，以及压力继电器、温度继电器等，这些电器元件没有吸引线圈，它们的触点的动作是依靠外力或其他因素实现的，因此必须先把引起这些触点动作的外力或因素找到。其中行程开关由机械联动机构来触压或松开，而转换开关一般由手动操作，从而使这些行程开关、转换开关的触点在设备运行过程中便处于不同的工作状态，即触点的闭合、断开情况不同，以满足不同的控制要求，这是看图过程中的一个关键。这些行程开关、转换开关的触点的不同工作状态单凭看电路图难以搞清楚，必须结合设备说明书、电器元件明细表，明确该行程开关、转换开关的用途，操纵行程开关的机械联动机构，触点在不同的闭合或断开状态下电路的工作状态等。

（3）采用逆读溯源法将多负载（如多电动机电路）分解为单负载（如单电动机）电路。

根据主电路中控制负载的控制电器的主触点文字符号，在 PLC 的 I/O 接线图中找出控制该负载的接触器线圈的输出继电器，再在梯形图和指令语句表中找出控制该输出继电器的线圈及其相关电路，这就是控制该负载的局部电路。在梯形图和指令语句表中，很容易找到该输出继电器的线圈电路及其得电、失电条件，但引起该线圈的得电、失电及其相关电路就不容易找到，可以采用逆读溯源法进行寻找。

1）在输出继电器线圈电路中，串、并联的其他编程元件触点的闭合、断开就是该输出继电器得电、失电的条件。

2）由这些触点再找出它们的线圈电路及其相关电路，在这些线圈电路中还会有其他接触器、继电器的触点……

3）如此找下去，直到找到输入继电器（主令电器）为止。

🔔 【友情提示】

当某编程元件得电吸合或失电释放后，应该把该编程元件的所有触点所带动的前、后级编程元件的作用状态全部找出，不得遗漏。找出某编程元件在其他电路中的动合触点、动断触点，这些触点为其他编程元件的得电、失电提供条件或者为互锁、联锁提供条件，引起其他电器元件动作，驱动执行电器。

（4）将单负载电路进一步分解。控制单负载的局部电路可能仍然很复杂，还需要进一步分解，直至分解为基本单元电路。

1）若电动机主轴接有速度继电器，则该电动机按速度控制原则组成停车制动电路。

2）若电动机主电路中接有整流器，表明该电动机采用能耗制动停车电路。

（5）集零为整，综合分析。把基本单元电路串起来，采用顺读跟踪法分析整个电路。

🔘 7.1.2 梯形图的识读方法

识读 PLC 梯形图和语句表的过程同 PLC 扫描用户过程一样，从左到右、自上而下，按程序段的顺序逐段识图。

在程序的执行过程中，在同一周期内，前面的逻辑运算结果影响后面的触点，即执行的程序用到前面的最新中间运算结果，但在同一周期内，后面的逻辑运算结果不影响前面的逻辑关系。该扫描周期内除输入继电器以外的所有内部继电器的最终状态（线圈导通与否、触点通断与否）将影响下一个扫描周期各触点的通与断。

由于许多读者对继电器—接触器控制电路比较熟悉，因此建议沿用识读继电器—接触器控制电路查线读图法，按下列步骤来看梯形图。

（1）根据 I/O 设备及 PLC 的 I/O 分配表和梯形图，找出输入 / 输出继电器，并给出与继电器—接触器控制电路相对应的文字代号。

（2）将相应输入 / 输出设备的文字代号标注在梯形图编程元件线圈及其触点旁。

（3）将梯形图分解成若干基本单元，每一个基本单元可以是梯形图的一个程序段 (包含一个输出元件) 或几个程序段 (包含几个输出元件)，而每个基本单元相当于继电器—接触器控制电路的一个分支电路。

（4）可对每一梯级画出其对应的继电器—接触器控制电路。

（5）如果某编程元件得电，则其所有动合触点均闭合、动断触点均断开；如果某编程元件失电，则其所有已闭合的动合触点均断开（复位），所有已断开的动断触点均闭合（复位）。因此编程元件得电、失电后，要找出其所有的动合触点、动断触点，分析其对相应编程元件的影响。

（6）一般来说，可从第一个程序段的第一自然行开始识读梯形图。第一自然行为程序启动行。按启动按钮，接通某输入继电器，该输入继电器的所有动合触点均闭合、动断触点均断开。再找出受该输入继电器动合触点闭合、动断触点断开影响的编程元件，并分析使这些编程元件产生什么动作，进而确定这些编程元件的功能。值得注意的是，这些编程元件有的可能立即得电动作，有的并不立即动作，而只是为其得电动作做准备。

由 PLC 的工作原理可知，当输入端接动合触点，在 PLC 工作时，若输入端的动合触点闭合，则对应于该输入端子的输入继电器线圈得电，它的动合触点闭合、动断触点断开；当输入端接动断触点且在 PLC 工作时，若输入端的动断触点未动作，则对应于该输入端的输入继电器线圈得电，它的动合触点闭合、动断触点断开。如果该动断触点与输出继电器线圈串联，则输出继电器线圈不能得电。因而，用 PLC 控制电动机的启停，如果停止按钮用动断触点，则与控制电动机的接触器相接的 PLC 输出继电器线圈应与停止按钮相接的输入端子相对应的动合触点串联。在继电器—接触器控制中，停止按钮和热继电器均用动断触点，为了与继电器—接触器控制的控制电路相一致，在 PLC 梯形图中，同样也用动断触点，与此同时，与输入端相接的停止按钮和热继电器触点就必须用动合触点。在识读程序时必须注意这一点。

在分析 PLC 控制系统的功能时，可以将它想象成一个继电器控制系统中的控制箱，其外部接线图描述了这个控制箱的外部接线，梯形图或语句表是这个控制箱的内部"线路图"，梯形图中的输入继电器和输出继电器是这个控制箱与外部世界联系的"接口继电器"，这样就可以用分析继电器电路图的方法来分析 PLC 控制系统。在分析时，可以将梯形图中输入继电器的触点想象成对应的外部输入器件的触点或电路，将输出继电器的线圈想象成对应的外部负载的线圈。外部负载的线圈除了受梯形图的控制外，还可能受外部触点的控制。

7.2 识读梯形图实例

7.2.1 识读闪光信号报警系统梯形图

在工业生产过程中，由于操作不当或设备故障等原因，各种过程参数会超出正常工作范围，为了及时发现越限的过程参数，需要设置信号报警控制系统，采用 PLC 可以实现信号报警控制系统。设置信号报警控制系统的主要目的是安全生产，因此，对信号报警控制系统需要有与一般控制系统不同的要求。

如图 7-1 所示为普通闪光信号报警系统的 PLC 梯形图，系统的 I/O 分配表见表 7-1。

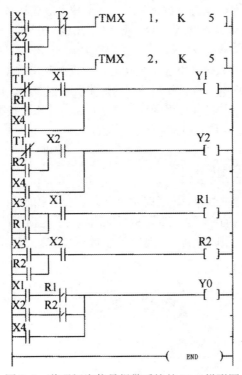

图 7-1　普通闪光信号报警系统的 PLC 梯形图

表 7-1　I/O 分配表

输 入 分 配		输 出 分 配	
输入设备元件	PLC 输入继电器编号	输出设备元件	PLC 输出继电器编号
温度上限传感器	X1	电铃	Y0
压力下限传感器	X2	温度报警指示灯	Y1
确认按钮	X3	压力报警指示灯	Y2
试验按钮	X4		

该梯形图有 7 个梯级，电路的工作过程如下。

（1）第 1 梯级和第 2 梯级：用于产生振荡信号。当过程参数温度或压力超限时，X1 或 X2 接通，计时器 T1 开始计时，0.5s 后 T1 接通。T1 常开触点接通，计时器 T2 开始计时，0.5s 后 T2 接通。T2 常闭触点断开，使计时器 T1 断开。T1 常开触点断开，计时器 T2 也断开。T2 常闭触点接通，计时器 T1 又开始计时，如此循环往复。当过程参数恢复正常时，振荡停止。

（2）第 3 梯级：当温度参数超限时，X1 接通，T1 常闭触点接通 0.5s，断开 0.5s，使温度指示灯闪亮。

（3）第 4 梯级：当压力参数超限时，X2 接通，T1 常闭触点接通 0.5s，断开 0.5s，使压力指示灯闪亮。

（4）第 5 梯级：当按下事故确认按钮 X3 时，内部继电器 R1 接通并保持；R1 常开触点闭合，使温度指示灯变为常亮（只亮不闪）；直到温度参数恢复正常，X1 复位，温度指示灯灭；按下试验按钮 X4，X4 接通，Y1 接通，温度指示灯应亮。

（5）第6梯级：当按下事故确认按钮 X3 时，内部继电器 R2 接通并保持；R2 常开触点闭合，使压力指示灯变为常亮（只亮不闪）；直到压力参数恢复正常，X2 复位，压力指示灯灭。按下试验按钮 X4，X4 接通，Y2 接通，压力指示灯应亮。

（6）第7梯级：当温度或压力参数超限时，并未按事故确认按钮 X3，输出继电器 Y0 接通，使电铃响；按下事故确认按钮 X3，R1 或 R2 常闭触点断开，电铃不响；按下试验按钮 X4，X4 接通，Y0 接通，电铃应响。

综合上述分析，普通闪光信号报警系统功能是一旦过程参数（温度或压力）超限，立即进行报警，一般是灯光闪烁电铃响，并用不同的灯来区别报警点。按下确认（消音）按钮 X3 后，电铃不响，灯变为常亮。只有过程参数恢复正常，灯才灭。按下试验按钮 X4，指示灯全亮，电铃响，这是为了便于对信号报警系统进行检查。

🔘 7.2.2 识读时间控制梯形图

三菱 PLC FX 系列的定时器为通电延时定时器，其工作原理是，定时器线圈通电后，开始延时，待定时时间到，触点动作；在定时器的线圈断电时，定时器的触点瞬间复位。在实际应用中，常遇到如断电延时、限时控制、长延时等控制要求，这些都可以通过程序设计来实现。

1. 通电延时控制梯形图

通电延时接通控制梯形图如图 7-2 所示。它所实现的控制功能是，X1 接通 5s 后，Y0 才有输出。

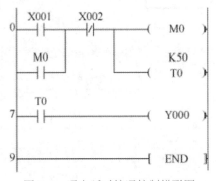

图 7-2　通电延时接通控制梯形图

工作原理分析如下。

（1）当 X1 为 ON 状态时，辅助继电器 M0 的线圈接通，其常开触点闭合自锁，可以使定时器 T0 的线圈一直保持得电状态。

（2）T0 的线圈接通 5s 后，T0 的当前值与设定值相等，T0 的常开触点闭合，输出继电器 Y0 的线圈接通。

（3）当 X2 为 ON 状态时，辅助继电器 M0 的线圈断开，定时器 T0 被复位，T0 的常开触点断开，使输出继电器 Y0 的线圈断开。

2. 断电延时控制梯形图

断电延时控制梯形图如图 7-3 所示。它所实现的控制功能是，输入信号断开 10s 后，输出才停止工作。工作原理分析如下。

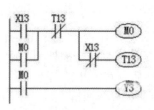

图 7-3　断电延时控制梯形图

（1）当 X13 接通时，M0 线圈接通并自锁，Y3 线圈通电，这时 T13 由于 X13 常闭触点断开而没有接通定时。

（2）当 X13 断开时，X13 的常闭触点恢复闭合，T13 线圈得电，开始定时。经过 10s 延时后，T13 常闭触点断开，使 M0 复位，Y3 线圈断电，从而实现从输入信号 X13 断开，经 10s 延时后，输出信号 Y3 才断开的延时功能。

3. 限时控制梯形图

在实际工程中，常遇到将负载的工作时间限制在规定时间内的控制。这可以通过如图 7-4 所示的程序来实现，它所实现的控制功能是，控制负载的最大工作时间为 10s。

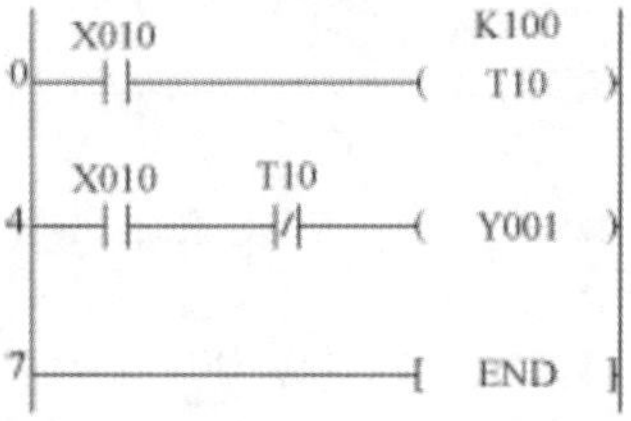

图 7-4　限时控制梯形图

该程序可以实现控制负载的最少工作时间。该程序实现的控制功能是，输出信号 Y2 的最少工作时间为 10s。

4. 长时间延时控制梯形图

在 PLC 中，定时器的定时时间是有限的，最大为 3276.7s，还不到 1h。要想获得较长时间的定时，可以用两个或两个以上的定时器串级实现，或者将定时器和计数器组合使用，也可以通过两个计数器组合使用来实现。

（1）定时器串级使用

定时器串级使用时，其总的定时时间为各个定时器设定时间之和。如图 7-5 所示是用两个定时器完成 1.5h 的定时，定时时间到，Y0000 得电。

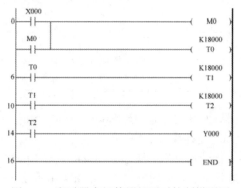

图 7-5　定时器串级使用长延时控制梯形图

（2）定时器和计数器组合使用

如图 7-6 所示是用一个定时器和一个计数器完成 1h 定时的程序。当 X0000 接通时，M0 得电并自锁，定时器 T0 依靠自身复位产生一个周期为 100s 的脉冲序列，作为计数器 C0 的计数脉冲。当计数器计满 36 个脉冲后，其常开触点闭合，使输出 Y0 接通。从 X000 接通到 Y000 接通，延时时间为 100s × 36 = 3600s，即 1h。

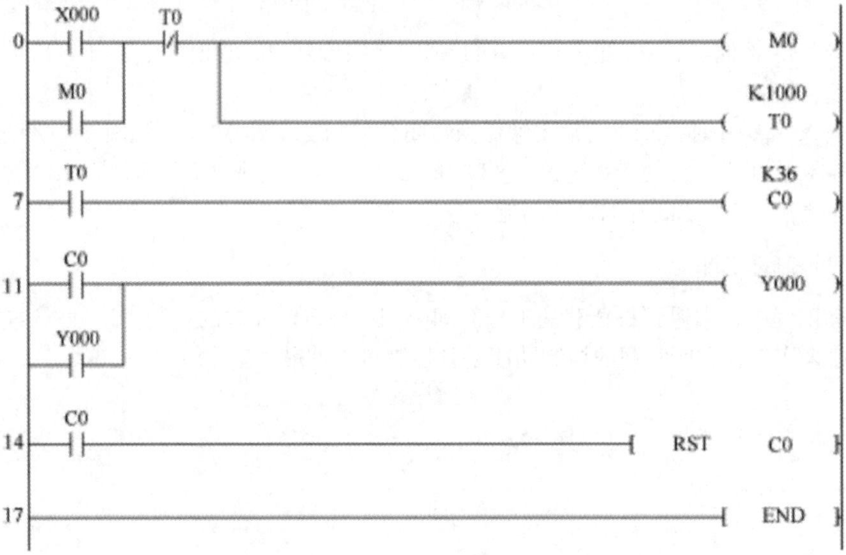

图 7-6　定时器和计数器组合使用长延时控制梯形图

（3）两个计数器组合使用

如图 7-7 所示是用两个计数器完成 1h 定时的程序。以 M8013（1s 的时钟脉冲）作为计数器 C0 的计数脉冲。

图 7-7　两个计数器组合使用长延时控制梯形图

当 X000 接通时，计数器 C0 开始计时。计满 60 个脉冲（60s）后，其常开触点 C0 向计数器 C1 发出一个计数脉冲，同时使计数器 C0 复位。

计数器 C1 对 C0 脉冲进行计数，当计满 60 个脉冲后，C1 的常开触点闭合，使输出 Y000 接通。从 X000 接通到 Y000 接通，定时时间为 60s × 60 = 3600s，即 1h。

（4）开机累计时间控制程序

PLC 运行累计时间控制电路可以通过 M8000、M8013 和计数器等组合使用，编制秒、分、时、天、年的显示电路。在这里，需要使用断电保持型的计数器（C100 ～ C199），这样才能保证每次开机的累计时间能计时，如图 7-8 所示。

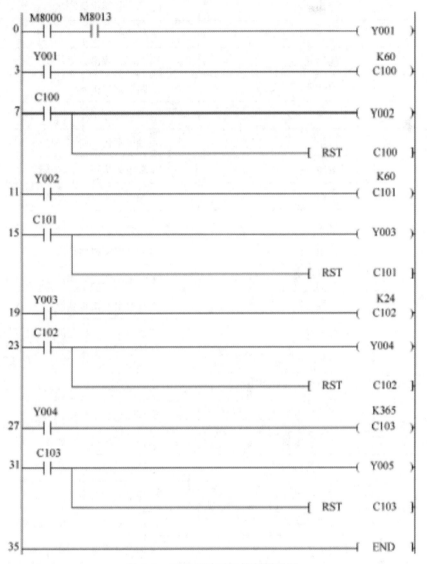

图 7-8　开机累计时间控制梯形图

7.2.3　识读 C650 型车床 PLC 控制梯形图

1. C650 车床接触器—继电器控制电路

C650 型普通卧式车床接触器—继电器控制电路如图 7-9 所示，图中所用的电气元件符号与功能说明见表 7-2。

表 7-2　C650 型车床电气元件符号与功能说明

符　号	名　称	作　用
M1	主轴电动机	主轴传动及进给传动
M2	冷却泵电动机	带动冷却泵供给冷却液
M3	快速移动电动机	刀架快速移动
QS	隔离开关	电源引入隔离开关
FU1 ～ FU6	熔断器	线路短路保护
SB1	按钮	总停止按钮
SB2	按钮	主轴电动机正向点动按钮
SB3	按钮	主轴电动机正转启动按钮
SB4	按钮	主轴电动机反转启动按钮
SB5	按钮	冷却泵电动机停止按钮
SB6	按钮	冷却泵电动机启动按钮
FR1	热继电器	主轴电动机过载保护
FR2	热继电器	冷却泵电动机过载保护
SQ	行程开关	快速移动电动机启停点动行程开关
KA	中间继电器	主轴电动机启动、停止、反接控制
KT	通电延时时间继电器	保护电流表
KM1	交流接触器	主轴电动机正转接触器
KM2	交流接触器	主轴电动机反转接触器
KM3	交流接触器	短接限流电阻及制动接触器
KM4	交流接触器	冷却泵电动机启动接触器
KM5	交流接触器	快速移动电动机启动接触器
PA	电流表	主轴电动机电流监视
R	限流电阻	反接制动限流
TA	电流互感器	电流变换和电气隔离
KS	速度继电器	主轴电动机反接制动速度检测
TC	变压器	控制及照明变压器
SA	转换开关	照明灯开关
EL	照明灯	工作照明

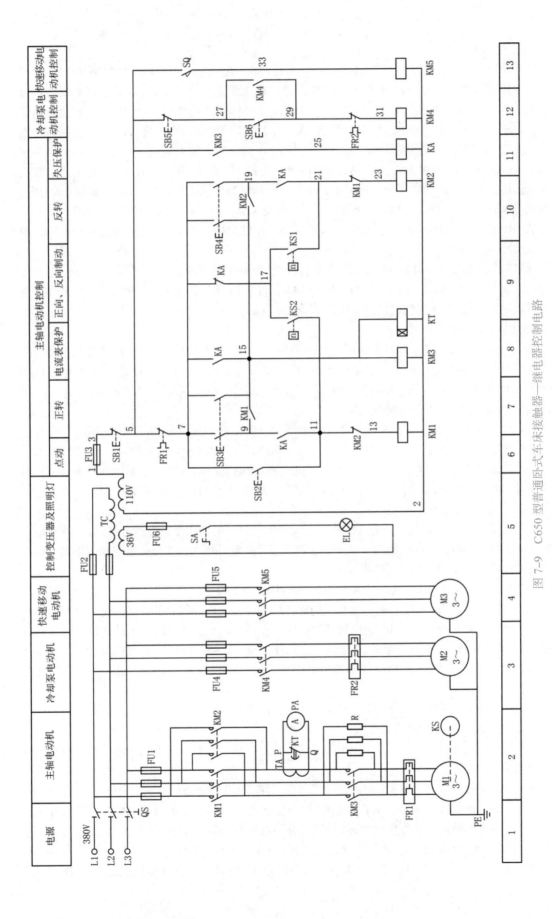

图 7-9 C650 型普通卧式车床接触器—继电器控制电路

（1）主电路图

车床电源采用三相 AC 380V 电源，由 QS 引入，主电路包括三台电动机的驱动电路。M1 的电路接线分为三部分：第一部分为 KM1、KM2 的主触点，分别控制 M1 的正转和反转；第二部分为 KM3 的主触点，控制 R 的接入与切除，在 M1 点动调整时，R 的串入可限制启动电流；第三部分为用来监视 M1 绕组电流的 PA，由于 M1 功率大，所以将 PA 接入 TA 回路。机床工作时，可调整切削用量，使 PA 的电流接近 M1 的额定电流对应值（经 TA 后减小了电流值），以便提高生产效率和充分利用电动机的潜力。为了防止 PA 在 M1 启动时大电流对它造成冲击损坏，在电路中设置了通电延时 KT 进行保护，当 M1 正向或反向启动时，KT 线圈通电，当延时未到时，PA 被 KT 延时动断触点短接，无电流通过，只有当延时结束后，KT 的延时断开的常闭触点才会有电流通过。KS 的速度检测部分与 M1 的输出轴相连，以实现正、反转的反接制动。

M2 的启动与停止由 KM4 的主触点控制，M3 则由 KM5 控制。为了保证主电路的正常运行，分别有 FU1、FU4、FU5 对 M1、M2、M3 实现短路保护；由 FR1、FR2 对 M1 和 M2 进行过载保护；M3 由于工作时间短，所以不需过载保护。

（2）控制电路图

由于控制电路电气元件较多，因此采用 TC 与三相电网进行隔离，以提高操作和维修时的安全性，控制电路所需的 AC 110V 电源由 TC 提供，采用 FU3 进行短路保护。控制电路可划分为 M1、M2 及 M3 的三个局部控制电路。下面对各局部控制电路逐一进行分析。

1）主轴电动机的点动调整控制

点动调整控制时，按下 SB2，KM1 线圈通电，其主触点闭合，由于 KM3 线圈并没有接通，因此电流必经 R 进入 M1，从而减少了启动电流，此时 M1 正向直接启动。KM3 线圈未得电，其辅助动合触点不闭合，KA 不工作。虽然 KM1 的辅助动合触点已闭合，但不自锁。因而松开 SB2 后，KM1 线圈立即断电，M1 停转。从而实现了 M1 的点动控制。

2）主轴电动机的启动与正、反转控制电路

车床主轴的正、反转是通过 M1 的正、反转实现的。M1 的额定功率为 30kW，虽然车削加工时消耗功率较大，但启动时负载很小，因此启动电流并不大，在非频繁点动工作时，仍可采用全压直接启动，工作控制过程如下。

当按下 SB3 时，KM3 线圈和 KT 线圈同时得电。KT 得电，其位于 M1 主电路中的延时动断触点短接 PA，在延时断开后，PA 接入电路正常工作，从而使其免受启动电流的冲击。KM3 通电，其主触点闭合，短接 R，辅助动合触点闭合，使 KA 线圈得电。KA 动断触点断开，分断反接制动电路。KA 动合触点闭合，一方面使 KM3 在 SB3 松开后仍保持通电，进而 KA 也保持通电；另一方面使 KM1 线圈通电并形成自锁，KM1 主触点闭合，此时 M1 正向直接启动。

SB4 为 M1 反转按钮，反向直接启动过程与正向类似，不再叙述。

3）主轴电动机的反接制动控制

车床停车时采用反接制动方式，用 KS 进行速度检测和控制。下面以正转状态下的反接制动为例说明电路的工作过程。

当 M1 正转运行时，由 KS 的工作原理可知，此时 KS 的动合触点 KS1 闭合。当按下 SB1 后，原来通电的 KM1、KM3、KT 和 KA 线圈全部断电，它们的所有触点均复位。当松开 SB1 后，由于 M1 的惯性，速度仍很大，KS 的动合触点 KS1 继续保持闭合状态，KA 动断触点复位闭合使 KM2 线圈通电。其电流通路是：SB1（3→5）→ FR1（5→7）→ KA（7→17）→ KS1（17→21）→ KM1（21→23）→ KM2 线圈。这样 M1 主电路反接，反向电磁转矩将平衡正向惯性转动转矩，M1正向转速迅速下降。当速度降到100r/min时，KS1动合触点断开，从而切断了KM2线圈的电路，正向反接制动结束。

反向时的反接制动过程与上述类似，只是在此过程中起作用的为KS2动合触点。

在反接过程中，由于KM3线圈没得电，因此R被接入主轴电动机电路，以限制反接制动电流。

通过对主轴电动机控制电路的分析，可看到KA在电路中一方面拓展KM3的触点，另一方面在制动控制电路中起着电子开关的作用。

4）冷却泵电动机的控制

对M2的控制为典型的直接启动控制电路环节，启停按钮分别为SB6和SB5，由它们控制KM4线圈的得电与断电，从而实现对M2的长动控制。

5）刀架的快速移动控制

刀架的快速移动是通过操作控制手柄压动SQ，使其动合触点闭合，KM5线圈通电，KM5主触点闭合，M3启动运转，其输出动力经传动系统最终驱动溜板箱带动刀架快速移动。当控制手柄复位时，KM5断电，M3停止转动，控制电路为典型的无自锁点动控制。

此外，TC的二次侧还有一路电压为36V，给车床提供照明。当SA闭合时，EL点亮；SA断开时，EL熄灭。

2. C650型车床电气控制PLC改造

（1）改造的原因

C650型车床目前采用传统的继电器—接触器控制系统。由于这种系统接线复杂，故障诊断和排除困难，并存在以下缺点：① 触点易被电弧烧坏而导致接触不良；② 机械方式实现的触点控制反应速度慢；③ 继电器的控制功能被固定在线路中，功能单一、灵活性差等。因而造成了企业的生产率低下，效益差，反过来，企业又没足够资金购买新的数控车床。因此，当务之急就是对这台车床进行技术改造，以提高企业的设备利用率，提高产品的质量和产量。将C650型车床电气控制线路改造为PLC控制，将克服原继电器—接触器控制电路的诸多缺点，从而提高车床整个电气控制系统的工作性能，减少其维护工作量，提高生产效率。

（2）改造方案

1）原车床的工艺加工方法不变。

2）在保留主电路原有元件的基础上，不改变原控制系统电气操作方法。

3）电气控制系统控制元件（包括按钮、行程开关、热继电器和交流接触器等）的作用与原电气线路中的作用相同。

4）主轴电动机的点动、正转、反转、正向制动、反向制动、冷却泵电动机及快速移动电动机的操作方法不变。

5）将原继电器—接触器控制中的硬件接线改为PLC编程实现。

6）原电路中用于短接电流表的时间继电器KT由中间继电器KA代替，由PLC内部时间继电器控制PLC输出点带动中间继电器KA动断触点，来执行主轴电动机正、反转启动时短接电流表的任务。

（3）PLC选型

在选用PLC型号上，考虑输入点只需11个，输出点只需6个，又因控制程序少，不需要远程控制，也没特殊要求，所以选用FX_{2N}-32MR，输入点数16，输出点数16，继电器输出。

（4）PLC控制的I/O配置

C650型车床电气元件与PLC控制的I/O配置见表7-3。

表 7-3 C650 型车床电气元件与 PLC 的 I/O 配置

输 入 设 备		PLC 输入继	输 出 设 备		PLC 输出继
代号	功 能	电器	代号	功 能	电器
SB1	总停止按钮	X0	KM1	M1 的正转接触器	Y0
SB2	M1 的正向点动按钮	X1	KM2	M1 的反转接触器	Y1
SB3	M1 的正转启动按钮	X2	KM3	M1 的短接限流电阻及制动接触器	Y2
SB4	M1 的反转启动按钮	X3	KM4	M2 接触器	Y3
SB5	M2 的停止按钮	X4	KM5	M3 接触器	Y4
SB6	M2 的启动按钮	X5	KA	电流表 PA 接入中间继电器	Y5
SQ	M3 的启、停行程开关	X6			
FR1	M1 的过载保护热继电器	X7			
FR2	M2 的过载保护热继电器	X10			
KS1	速度继电器正转触点	X11			
KS2	速度继电器反转触点	X12			

（5）PLC 控制 I/O 接线图

如图 7-10 所示为 C650 型车床 PLC 改造 I/O 接线图。

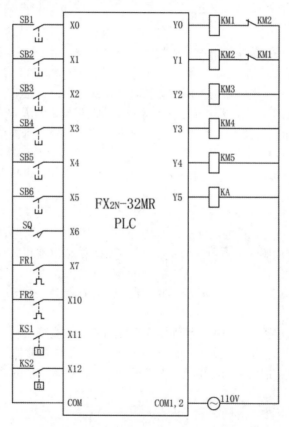

图 7-10　C650 型车床 PLC 改造 I/O 接线图

（6）PLC 控制梯形图

C650 型车床 PLC 控制梯形图如图 7-11 所示。

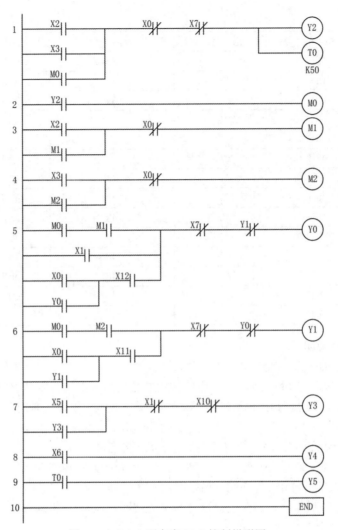

图 7–11　C650 型车床 PLC 控制梯形图

（7）PLC 指令语句表

C650 型车床 PLC 指令语句表见表 7–4。

表 7–4　C650 型车床 PLC 指令语句表

步　序	指　令	元件号	步　序	指　令	元件号
0	LD	X2	11	LD	X2
1	OR	X3	12	OR	M1
2	OR	M0	13	ANI	X0
3	ANI	X0	14	OUT	M1
4	ANI	X7	15	LD	X3
5	OUT	Y2	16	OR	M2
6	OUT	T0	17	ANI	X0
		K50	18	OUT	M2
9	LD	Y2	19	LD	M0
10	OUT	M0	20	AND	M1

步 序	指 令	元件号	步 序	指 令	元件号
21	OR	X1	35	ANI	X7
22	LD	X0	36	ANI	Y0
23	OR	Y0	37	OUT	Y1
24	AND	X12	38	LD	X5
25	ORB		39	OR	Y3
26	ANI	X7	40	ANI	X1
27	ANI	Y1	41	ANI	X10
28	OUT	Y0	42	OUT	Y3
29	LD	M0	43	LD	X6
30	AND	M2	44	OUT	Y4
31	LD	X0	45	LD	T0
32	OR	Y1	46	OUT	Y5
33	AND	X11	47	END	
34	ORB				

（8）程序设计说明

1）主轴电动机的正转控制

按下主轴电动机正转启动按钮 SB3，第 1 逻辑行中的 X2 闭合，Y2 接通并自锁，T0 接通并开始计时；第 3 逻辑行中的 X2 闭合，通用继电器 M1 接通；第 2 逻辑行中的 Y2 常开触点闭合，通用继电器 M0 接通；第 5 逻辑行中的 M0、M1 常开触点闭合，Y0 接通，主轴电动机正向启动运转。

视频：电机正反
转识图

当主轴电动机正向旋转速度达到 130r/min 时，第 6 逻辑行中的 X11 常开触点闭合，为主轴电动机正向旋转反向制动做好准备。

T0 计时经过 5s 后动作，第 9 逻辑行中的 T0 常开触点闭合，接通 Y5，电流表 PA 开始监测主轴电动机的电流。

2）主轴电动机的反转控制

按下主轴电动机反转启动按钮 SB4，第 1 逻辑行中的 X3 闭合，Y2 接通并自锁，T0 接通并开始计时；在第 4 逻辑行中的 X3 闭合，通用继电器 M2 接通；第 2 逻辑行中的 Y2 常开触点闭合，通用继电器 M0 接通；第 6 逻辑行中的 M0、M2 常开触点闭合，Y1 接通，主轴电动机反向启动运转。

当主轴电动机反向旋转速度达到 130r/min 时，第 5 逻辑行中的 X12 常开触点闭合，为主轴电动机反向旋转正向制动做好准备。

T0 计时经过 5s 后动作，第 9 逻辑行中的 T0 常开触点闭合，接通 Y5，电流表 PA 开始监测主轴电动机的电流。

3）主轴电动机的点动控制

按下主轴电动机点动按钮 SB2，第 5 逻辑行中的 X1 常开触点闭合，Y0 接通，主轴电动机串电阻 R 启动运转。

4）主轴电动机的正向启动运转反向制动停止控制

当 Y0、Y2、T0、Y5 闭合，主轴电动机正向运转时，按下总停止按钮 SB1，第 1 逻辑行中的 X0 常闭触点断开，Y2、T0 失电，第 3 逻辑行中的 X0 常闭触点断开，M1 失电；而第 5 逻辑行中的 M1 常开触点复位断开，Y0 失电，主轴电动机停止正转。同时，第 6 逻辑行中的

X0 常开触点闭合，Y1 接通，给主轴电动机通入反转电源，使之产生一个反转力矩制动主轴电动机的正向旋转，主轴电动机的正转速度迅速下降。当正转速度下降至 100r/min 时，速度继电器 KS1 触点断开，X11 常开触点复位断开，Y1 失电，完成主轴电动机的正向启动运转反向制动停止过程。

5）主轴电动机的反向启动运转正向制动停止控制

当 Y1、Y2、T0、Y5 闭合，主轴电动机反向运转时，按下总停止按钮 SB1，第 1 逻辑行中的 X0 常闭触点断开，Y2、T0 失电，第 4 逻辑行中的 X0 常闭触点断开，M2 失电，而第 6 逻辑行中的 M2 常开触点复位断开，Y1 失电，主轴电动机停止反转。同时，第 5 逻辑行中的 X0 常开触点闭合，Y0 接通，给主轴电动机通入正转电源，使之产生一个正转力矩制动主轴电动机的反向旋转，主轴电动机的反转速度迅速下降。当反转速度下降至 100r/min 时，速度继电器 KS2 触点断开，X12 常开触点复位断开，Y0 失电，完成主轴电动机的反向启动运转正向制动停止过程。

6）冷却泵电动机的控制

按下冷却泵电动机的启动按钮 SB6，第 7 逻辑行中的 X5 常开触点闭合，Y3 接通，冷却泵电动机启动运转。

7）快速移动电动机的控制

按下行程开关 SQ，第 8 逻辑行中的 X6 常开触点闭合，Y4 接通，快速移动电动机启动运转。

8）当主轴电动机过载，热继电器 FR1 动作时，第 1 逻辑行、第 5 逻辑行、第 6 逻辑行中的 X7 常闭触点断开，Y0、Y1、Y2 失电，主轴电动机停止运转。

参考文献

［1］杨清德，周万平 .PLC 技术 [M]. 北京：化学工业出版社，2015.

［2］阳兴见，周永平 .PLC 技术与应用 [M]. 北京：科学出版社，2020.

［3］蔡杏山 .PLC，变频器技术咱得这么学 [M]. 北京：机械工业出版社，2017.